中国高等教育学会工程教育专业委员会新工科"十四五"规划教材

U0179590

Python 程序设计

（第 2 版）

陈春晖　　翁　恺　　季江民　编著

ZHEJIANG UNIVERSITY PRESS
浙江大学出版社
·杭州·

图书在版编目（CIP）数据

Python 程序设计 / 陈春晖，翁恺，季江民编著. —
2 版. —杭州：浙江大学出版社，2022.1(2025.1 重印)

　ISBN 978-7-308-21501-5

　Ⅰ.①P… Ⅱ.①陈… ②翁… ③季… Ⅲ.①软件工
具—程序设计—高等学校—教材 ②Python Ⅳ.①TP311.561

中国版本图书馆 CIP 数据核字（2021）第 120856 号

Python 程序设计(第 2 版)

陈春晖　翁　恺　季江民　编著

策　　划	黄娟琴	
责任编辑	王元新　黄娟琴	
责任校对	阮海潮	
封面设计	程　晨	
出版发行	浙江大学出版社	
	（杭州市天目山路 148 号　邮政编码 310007）	
	（网址：http://www.zjupress.com）	
排　　版	杭州青翊图文设计有限公司	
印　　刷	浙江省邮电印刷股份有限公司	
开　　本	787mm×1092mm　1/16	
印　　张	20.5	
字　　数	463 千	
版 印 次	2022 年 1 月第 2 版　2025 年 1 月第 11 次印刷	
书　　号	ISBN 978-7-308-21501-5	
定　　价	59.00 元	

为了深入贯彻党的二十大关于实施科教兴国战略及适应信息技术的发展，切实满足社会各个领域对计算机应用人才不断增长的需求，本书设计了"Python 程序设计"通识课程教学方案，力求融入计算思维的思想，将多年教学实践所形成的解决实际问题的思维模式和方法渗透到整个教学过程。与传统的程序设计类教材不同，本书在介绍程序设计的基本技能外，还着重介绍分析问题和解决问题的方法与思路，通过构建典型案例，为学生在未来利用 Python 程序设计语言解决各自专业中遇到的实际问题打下良好的基础。

本教材具有以下特点：

1.注重与中学内容的衔接

本书的内容编排凝聚了作者多年的教学经验与体会，如第 2 章就引入列表解析并用于求和编程。新生很熟悉的求和形式是：

$$1+2+3+\cdots+100=\sum_{i=1}^{100}i$$

$\sum$ 对应于 sum() 函数，$\sum i$ 就是 sum(i)，$\sum_{i=1}^{100}$ 对应 for i in range(1,101)，合起来就是：

$$\text{sum}(i \text{ for } i \text{ in range}(1,101))$$

程序完成了？是的！这样编程简单明了，非常容易学习，还符合 Python 的编程习惯。这种情况在本书中有不少，读者可自己研究。

2.配套的 MOOC 课程和完善的习题系统

Python 程序设计教材、Python 程序设计 MOOC、Python 习题系统构成了一个完整的教学体系。

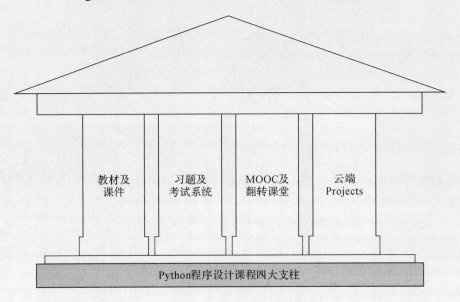

本书配套的 MOOC 是 https://www.icourse163.org/course/ZJU-1206456840。

本书配套的教学网站是 PTA(Programming Teaching Assistant),网址为 https://pintia.cn/,本书配套的练习都可在该网站上进行。PTA 教师账号申请可与陈越老师联系:chenyue@zju.edu.cn。

3.精心选择第三方模块教学

Python 有十几万个官方认可的第三方模块,同一功能可能有好几个模块都能完成,因此选择合适的模块教学就很重要。本书尽量选择成熟、使用方便、功能强大的模块进行教学。数据处理选用 Pandas 模块教学,图形绘制选用 Plotly 模块教学,Web 应用框架选用 Dash 模块教学,网络爬虫选用"Requests-HTML"模块教学。

本书所有的程序均在 Python 3.7 版本下调试通过。

4.教学内容符合社会实际需求

具有开发 Web 应用程序的能力是社会的普遍需求。本书重点介绍了 Python 的 Web 应用程序开发,用一个实例展示了开发的整个过程。学生被要求结合本专业的实际情况,完成相应的 Web 应用程序,并部署到云端。从实际的教学效果看,各专业的同学都能完成,学生成就感满满!

几种典型的教学安排如下:

教学课时是 32 学时,可完成第 1,2,3 章和 4.1—4.3,5.1,5.2,6.1—6.4,7.1 节的教学内容;

教学课时是 64 学时，每周 4 节课，2 节上课，2 节上机实践，可完成第 1，2，3，4，5，6，8 章和 7.1、7.2 节的教学内容；

16 学时的 Project 教学，可完成 7.3，7.4 节以及第 9，10 章和附录 C、附录 D 的教学内容。

本书由陈春晖老师负责全书的统稿。第 1，2，6，7，9，10 章、3.4、4.5、5.2、5.3 节和附录由陈春晖老师执笔，第 3，4，5 章的其他部分由翁恺老师执笔，第 8 章由季江民老师执笔。

本书是在许端清教授的大力支持下完成的，方宁、沈钦仙、干红华、沈睿、孟炳泉、李峰、张引、肖少拥等老师在教材的编写过程中提出了许多宝贵意见，陈越老师为教学工作提供了优质的教学实践平台 PTA，在此一并表示特别感谢！

由于时间仓促和作者水平有限，书中难免有不妥之处，恳请广大读者批评指正并与我们联系。

本书的配套课件、例题源代码和习题答案等资料，教师可以从 pintia. cn 网站上获得。关于本书使用中的问题，请邮件联系：cchui@zju. edu. cn。

编　者

目 录
CONTENTS

Python语言概述

1.1 计算机基础

1.1.1 计算机特点

自1946年第一台电子计算机问世以来,计算机科学与技术已成为20世纪发展最快的一门学科,尤其是微型计算机的出现和计算机网络的发展,使计算机的应用渗透到社会的各个领域,有力地推动了信息社会的发展。计算机作为一种通用的信息处理工具,具有极高的处理速度、很强的存储能力、精确的计算和逻辑判断能力。它的主要特点如下:

1.运算速度快

当今计算机系统的运算速度已达到每秒几十亿亿次,微机也可达每秒亿次以上,使大量复杂的科学计算问题得以解决。例如,卫星轨道的计算、大型水坝的计算、24小时天气预报的计算等,过去人工计算需要几年、几十年,而现在用计算机只需几天甚至几分钟就可完成。2020年,Fugaku的峰值浮点性能高达537PFLOPS。

2.计算精确度高

科学技术的发展特别是尖端科学技术的发展,需要高度精确的计算。计算机控制的导弹之所以能准确地击中预定的目标,是与计算机的精确计算分不开的。一般计算机可以有十几位甚至几十位(二进制)有效数字,计算精度可由千分之几到百万分之几,是任何计算工具所望尘莫及的。

3.具有记忆和逻辑判断能力

随着计算机存储容量的不断增大,可存储记忆的信息越来越多。计算机不仅能进行计算,而且能把参加运算的数据、程序以及中间结果和最后结果保存起来,以供用户随时调用;还可以对各种信息(如语言、文字、图形、图像、音乐等)通过编码技术进行算术运算和逻辑运算,甚至进行推理和证明。

4.自动控制能力

计算机内部操作是根据事先编好的程序自动控制进行的。用户根据解题需要,事先设计好运行步骤与程序,计算机十分严格地按程序规定的步骤操作,整个过程不需人工干预。

1.1.2 计算机常用的数制及编码

数制也称计数制,是指用一组固定的符号和统一的规则来表示数值的方法。编码是采用少量的基本符号,选用一定的组合原则,以表示大量复杂多样的信息的技术。计算机是信息处理的工具,任何信息必须转换成二进制形式数据后才能由计算机进行处理、存储和传输。

1.二进制数

我们习惯使用的十进制数由 0、1、2、3、4、5、6、7、8、9 十个不同的符号组成,每一个符号处于十进制数中不同的位置时,它所代表的实际数值是不一样的。例如,1999 可表示成:

$$1\times1000+9\times100+9\times10+9\times1=1\times10^3+9\times10^2+9\times10^1+9\times10^0$$

式中每个数字符号的位置不同,它所代表的数值也不同,这就是经常所说的个位、十位、百位、千位的意思。二进制数和十进制数一样,也是一种进位计数制,但它的基数是 2。数中 0 和 1 的位置不同,它所代表的数值也不同。例如,二进制数 1101 表示十进制数 13:

$$(1101)_2=1\times2^3+1\times2^2+0\times2^1+1\times2^0=8+4+0+1=13$$

一个二进制数具有下列两个基本特点:

(1)有两个不同的数字符号,即 0 和 1。

(2)逢二进一。

一般我们用()加角标表示不同进制的数。例如,十进制数用$()_{10}$表示,二进制数用$()_2$表示。

2.其他数制

数位是指数码在一个数中所处的位置;基数是指在某种进位计数制中,每个数位上所能使用的数码的个数。例如,二进制数基数是 2,每个数位上所能使用的数码为 0 和 1 两个数码。在数制中有一个规则,如果是 N 进制数,必须是逢 N 进 1。下面主要介绍与计算机有关的常用的几种进位计数制。

(1)十进制(十进位计数制)

十进制具有十个不同的数码符号 0、1、2、3、4、5、6、7、8、9,其基数为 10,特点是逢十进一,例如:

$$(1011)_{10}=1\times10^3+0\times10^2+1\times10^1+1\times10^0$$

（2）八进制（八进位计数制）

八进制具有八个不同的数码符号 0、1、2、3、4、5、6、7，其基数为 8，特点是逢八进一，例如：

$$(1011)_8 = 1 \times 8^3 + 0 \times 8^2 + 1 \times 8^1 + 1 \times 8^0 = (521)_{10}$$

（3）十六进制（十六进位计数制）

十六进制具有十六个不同的数码符号 0、1、2、3、4、5、6、7、8、9、A、B、C、D、E、F（或小写 a,b,c,d,e,f），其基数为 16，特点是逢十六进一，例如：

$$(1011)_{16} = 1 \times 16^3 + 0 \times 16^2 + 1 \times 16^1 + 1 \times 16^0 = (4113)_{10}$$

4 位二进制数不同进制对照如表 1-1 所示。

表 1-1　4 位二进制数的不同进制对照

二进制	十进制	八进制	十六进制	二进制	十进制	八进制	十六进制
0000	0	0	0	1000	8	10	8
0001	1	1	1	1001	9	11	9
0010	2	2	2	1010	10	12	A
0011	3	3	3	1011	11	13	B
0100	4	4	4	1100	12	14	C
0101	5	5	5	1101	13	15	D
0110	6	6	6	1110	14	16	E
0111	7	7	7	1111	15	17	F

3. ASCII 码

计算机中，对非数值的文字和其他符号进行处理时，要对文字和符号进行数字化处理，即用二进制编码来表示文字和符号。字符编码（Character Code）是用二进制编码来表示字母、数字以及专门符号。在计算机系统中，目前普遍采用的是 ASCII（American Standard Code for Information Interchange）码，即美国信息交换标准代码。ASCII 码有 7 位版本和 8 位版本两种，国际上通用的是 7 位版本，7 位版本的 ASCII 码有 128 个元素，只需用 7 个二进制位（$2^7 = 128$）表示，其中控制字符 34 个，阿拉伯数字 10 个，大小写英文字母 52 个，各种标点符号和运算符号 32 个，如表 1-2 所示。在计算机中，实际用 8 位二进制表示一个字符，最高位为"0"。

表 1-2　ASCII 码表

ASCII 值	控制字符	ASCII 值	字　符	ASCII 值	字　符	ASCII 值	字　符
0	NUT	32	(space)	64	@	96	`
1	SOH	33	!	65	A	97	a
2	STX	34	"	66	B	98	b
3	ETX	35	♯	67	C	99	c
4	EOT	36	$	68	D	100	d
5	ENQ	37	%	69	E	101	e
6	ACK	38	&.	70	F	102	f
7	BEL	39	,	71	G	103	g
8	BS	40	(	72	H	104	h
9	HT	41	)	73	I	105	i
10	LF	42	*	74	J	106	j
11	VT	43	+	75	K	107	k
12	FF	44	.	76	L	108	l
13	CR	45	—	77	M	109	m
14	SO	46	.	78	N	110	n
15	SI	47	/	79	O	111	o
16	DLE	48	0	80	P	112	p
17	DCI	49	1	81	Q	113	q
18	DC2	50	2	82	R	114	r
19	DC3	51	3	83	S	115	s
20	DC4	52	4	84	T	116	t
21	NAK	53	5	85	U	117	u
22	SYN	54	6	86	V	118	v
23	TB	55	7	87	W	119	w
24	CAN	56	8	88	X	120	x
25	EM	57	9	89	Y	121	y
26	SUB	58	:	90	Z	122	z
27	ESC	59	;	91	[	123	{
28	FS	60	<	92	/	124		
29	GS	61	=	93	]	125	}
30	RS	62	>	94	ˆ	126	`
31	US	63	?	95	_	127	DEL

4. Unicode 编码和 UTF-8 编码

Unicode 码(统一码、万国码、单一码)是计算机科学领域的一项标准,包括字符集、编码方案等。Unicode 是为了解决传统的字符编码方案的局限而产生的,它为每种语言中的每个字符设定了统一且唯一的二进制编码,以满足跨语言、跨平台进行文本转换、处理的要求。1990 年开始研发,1994 年正式公布。Unicode 通常用两个字节表示一个字符,原有的英文编码从单字节变成双字节,只需要把高字节全部填为 0 就可以了。

在 Unicode 码中,"汉字"这两个字对应的 Unicode 码是\u6c49\u5b57,"\u"表示 Unicode 码。

我们有很多方式将 Unicode 码\u6c49 表示成程序中的数据,包括 UTF-8、UTF-16、UTF-32。UTF 是"Unicode Transformation Format"的缩写,可以翻译成 Unicode 字符集转换格式,即怎样将 Unicode 定义的数字转换成程序使用的二进制数据。UTF-8 格式用得最多,UTF-8 以字节为单位对 Unicode 进行编码。

UTF-8 的特点是对不同范围的字符使用不同长度的编码。对于 0x00－0x7F 之间的字符,UTF-8 编码与 ASCII 编码完全相同。UTF-8 编码的最大长度是 6 个字节。Python 3 中的字符串是 Unicode 字符串而不是字节数组,这是与 Python 2 的主要差别之一。

1.1.3 进制转换和二进制运算

常用的进制包括二进制、八进制、十进制和十六进制。可以以二进制为中心,实现各种进制的转换,如图 1-1 所示。

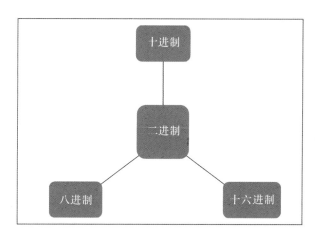

图 1-1 以二进制为中心实现进制转换

1. 二进制、八进制和十六进制的转换

1 位八进制数等于 3 位二进制数,1 位十六进制数等于 4 位二进制数。

$34.71_{(8)} = 011100.111001_{(2)}$ $A02.D4_{(16)} = 101000000010.11010100_{(2)}$

$11.01_{(2)} = 011.010_{(2)} = 3.2_{(8)}$ $11000.01_{(2)} = 00011000.0100_{(2)} = 18.4_{(16)}$

2.十进制数转二进制数

十进制数转二进制数需要整数部分和小数部分分别处理。

整数部分不断除以 2,直到商为 0。倒序收集每次得到的余数就可以。

$79_{(10)} = 1001111_{(2)}$

```
79÷2=39  余 1
39÷2=19  余 1
19÷2=9   余 1
9÷2=4    余 1
4÷2=2    余 0
2÷2=1    余 0
1÷2=0    余 1
```

小数部分不断乘以 2,直到小数部分为 0。顺序收集每次得到的整数部分就可以。

$0.625_{(10)} = 0.101_{(2)}$

```
0.625 * 2 = 1.25
0.25 * 2 = 0.5
0.5 * 2  = 1.0
```

3.二进制运算

二进制加法运算规则:$0+0=0$ $0+1=1$ $1+0=1$ $1+1=10$。

二进制乘法运算规则:$0×0=0$ $0×1=0$ $1×0=0$ $1×1=1$。

二进制减法比较复杂,可以把减法变成加上一个负数:$a-b=a+(-b)$。

用最高位是 0 表示正数,用最高位是 1 表示负数,这称为数的原码。如用 8 位二进制数表示一个符号数,则 3 和 −3 分别表示为:3 = 00000011,− 3 = 10000011。

正数的原码、反码和补码都一样。负数的反码是用它的原码转化得到。转化规则是符号位不变,其他位 0 变 1,1 变 0。负数的补码是它的反码加 1。计算机内部用补码进行运算,两个数相减变成两个数的补码相加。如 $14 - 23 = 14 + (-23) = -9$ 的运算过程如下。

	原　码	反　码	补　码
14	00001110	00001110	00001110
−23	10010111	11101000	11101001

计算机内部用补码进行运算。用补码做加法运算,运算结果也是补码。

```
      00001110
+     11101001
   ─────────────
      11110111
```

11110111 是补码,要变成原码才能知道本来的值。补码的补码就是原码。

11110111 的原码是 10001001,变成十进制数是 −9。

1.1.4 计算机系统组成

完整的计算机系统包括,硬件系统和软件系统两大部分。硬件是指构成计算机的物理设备,即由机械、电子器件构成的具有输入、存储、计算、控制和输出功能的实体部件。广义地说,软件是指系统中的程序以及开发、使用和维护程序所需的所有文档的集合。我们平时讲到"计算机"一词,都是指含有硬件和软件的计算机系统,其结构如图 1-1 所示。

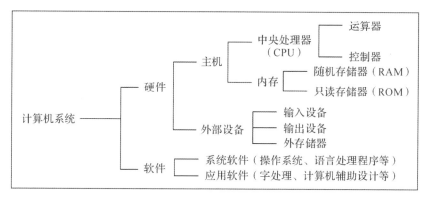

图 1-2 计算机系统组成

计算机硬件系统由运算器、控制器、存储器、输入设备和输出设备五个基本部分组成,也称为计算机的五个部件。

运算器又称算术逻辑单元(Arithmetic Logic Unit,ALU),是计算机对数据进行加工处理的部件,它的主要功能是对二进制数码进行加、减、乘、除等算术运算和与、或、非等基本逻辑运算,实现逻辑判断。运算器在控制器的控制下实现其功能,运算结果由控制器指挥送到内存储器中。

控制器是用来控制计算机各部件协调工作,并使整个处理过程有条不紊地进行。它的基本功能就是从内存中取指令和执行指令,即控制器按程序计数器指出的指令地址从内存中取出该指令进行译码,然后根据该指令功能向有关部件发出控制命令,执行该指令。另外,控制器在工作过程中,还要接受各部件反馈回来的信息。

存储器具有记忆功能,用来保存信息,如数据、指令和运算结果等。存储器可分为两种:内存储器与外存储器。内存储器也称主存储器(简称主存),它直接与 CPU 相连接,存储容量较小,但速度快,用来存放当前运行程序的指令和数据,并直接与 CPU 交换信息。内存储器由许多存储单元组成,每个单元能存放一个二进制数,或一条由二进制编码表示的指令。存储器的存储容量以字节为基本单位,每个存储单元都有自己的编号,称为"地址",如要访问存储器中的某个信息,就必须知道它的地址,然后再按地址存入或取出信息。如果地址线是 8 位,则可以标识 256 单元。如表 1-3 所示。

表 1-3　存储器地址和单元内容

二进制内存单元地址	单元内容
00000000	01010001
00000001	11001110
00000010	00110011
…	…
11111110	10010000
11111111	01100010

为了度量信息存储容量,将 8 位二进制码(8 bits)称为一个字节(Byte,简称 B),字节是计算机中数据处理和存储容量的基本单位。1024 字节称为 1K 字节(1KB),1024K 个字节称 1 兆字节(1MB),1024M 个字节称为 1G 字节(1GB),1024G 个字节称为 1T 字节(1TB),现在微型计算机主存容量大多数在几百兆字节。

计算机处理数据时,一次可以运算的数据长度称为一个"字"(Word)。字的长度称为字长。一个字可以是一个字节,也可以是多个字节。常用的字长有 8 位、16 位、32 位、64 位等。如某一类计算机的字由 4 个字节组成,则字的长度为 32 位,相应的计算机称为 32 位机。

外存储器又称辅助存储器(简称辅存),它是内存的扩充。外存储容量大,价格低,但存取速度较慢,一般用来存放大量暂时不用的程序、数据和中间结果,需要时,可成批地和内存储器进行信息交换。外存只能与内存交换信息,不能被计算机系统的其他部件直接访问。常用的外存有硬盘、磁带、光盘等。

输入/输出设备简称 I/O(Input/Output)设备。用户通过输入设备将程序和数据输入计算机,输出设备将计算机处理的结果(如数字、字母、符号和图形)显示或打印出来。

常用的输入设备有:键盘、鼠标、扫描仪、数字化仪等。

常用的输出设备有:显示器、打印机、绘图仪等。

人们通常把内存储器、运算器和控制器合称为计算机主机;而把运算器、控制器做在一个大规模集成电路块上,称为中央处理器,又称 CPU(Central Processing Unit)。也可以说主机是由 CPU 与内存储器组成的,而主机以外的装置称为外部设备,外部设备包括输入/输出设备、外存储器等。

1.1.5　操作系统

操作系统(Operating System,OS)是管理和控制计算机硬件与软件资源的计算机程序,是直接运行在"裸机"上的最基本的系统软件。操作系统是用户和计算机的接口,同时也是计算机硬件和其他软件的接口。操作系统的功能包括管理计算机系统的硬件、软件及数据资源,控制程序运行,改善人机界面,为其他应用软件提供支持,让计算机系统所有资源最大限度地发挥作用,提供各种形式的用户界面,使用户有一个好的工作环境,为其他软件的开发提供必要的服务和相应的接口等。

操作系统的种类相当多,各种设备安装的操作系统从简单到复杂,可分为智能卡操作系统、实时操作系统、传感器节点操作系统、嵌入式操作系统、个人计算机操作系统、多处理器操作系统、网络操作系统和大型机操作系统。

桌面操作系统常见的有 Windows 系列、MacOS 系列和 Unix/Linux,不同的操作系统需要不同的 Python 版本。

计算机系统对系统中的软件资源,无论是程序或数据,还是系统软件或应用软件都以文件方式来管理。文件是存储在某种介质上的(如磁盘、磁带等)并具有文件名的一组有序信息的集合。文件名是由字符和数字组成的。路径名,简称路径,包含了文件名和目录。

Windows 路径由三部分组成,格式如下:

［<盘符>］:\目录\<文件名>［.扩展名］

格式［ ］中是可以省略,盘符为存放文件的磁盘驱动器号,文件名由不超过 255 个字符组成。扩展名通常表示文件的性质,如 docx 表示 Word 文件。Windows 用文件夹表示目录。D 盘 python 目录下的 hellp. py 文件可表示为:

d:\python\hello.py

不同的操作系统,路径名的写法是有区别的。Unix/Linux 只有一个根目录,路径名的第一个字符用"/"来引用,没有盘符。另外它的路径表示用"/"字符,而 Windows 用"\"字符。下面是 Linux 系统的路径表示:

/home/yu/hello

绝对路径是从盘符开始的路径或从根目录开始的路径,Windows 系统的绝对路径,形如

C:\windows\system32\cmd.exe

相对路径是从当前路径开始的路径,假如当前路径为 C:\windows,要描述上面的路径,只需输入 system32\cmd.exe。实际上,严格的写法应为:

.\system32\cmd.exe

其中,"."表示当前路径,在通常情况下可以省略,只有在特殊的情况才不能省略。

一般情况下,相对路径是对当前的工作目录而言。程序在哪个目录下运行,这个目录就是相对路径的基准。

1.1.6 程序设计语言

程序设计语言是用于书写计算机程序的语言。语言的基础是一组记号和一组规则。根据规则由记号构成的记号串的总体就是语言。在程序设计语言中,这些记号串就是程序。程序设计语言有 3 个方面的因素,即语法、语义和语用。语法表示程序的结构或形式,亦即表示构成语言的各个记号之间的组合规律,但不涉及这些记号的特定含义,也不涉及使用者。语义表示程序的含义,亦即表示按照各种方法所表示的各个记号的特定含义,但不涉及使用者。虽然大多数的语言既可被编译又可被翻译,但大多数只在一种情况下能够良好运行,Python 语言采取翻译这种方式。

自 20 世纪 60 年代以来,世界上公布的程序设计语言已有上千种之多,但是只有很小一部分得到了广泛的应用。

从发展历程来看,程序设计语言可以分为 4 代。

第一代　机器语言

机器语言是由二进制 0、1 代码指令构成,不同的 CPU 具有不同的指令系统。机器语言程序难编写、难修改、难维护,需要用户直接对存储空间进行分配,编程效率极低。这种语言已经被渐渐淘汰了。

第二代　汇编语言

汇编语言指令是机器指令的符号化,与机器指令存在着直接的对应关系,所以汇编语言同样存在着难学难用、容易出错、维护困难等缺点。但是汇编语言也有自己的优点:可直接访问系统接口,汇编程序翻译成的机器语言程序的效率高。从软件工程角度来看,只有在高级语言不能满足设计要求,或不具备支持某种特定功能的技术性能(如特殊的输入输出)时,汇编语言才被使用。

第三代　高级语言

高级语言是面向用户的、基本上独立于计算机种类和结构的语言。其最大的优点是:形式上接近于算术语言和自然语言,概念上接近于人们通常使用的概念。高级语言的一个命令可以代替几条、几十条甚至几百条汇编语言的指令。因此,高级语言易学易用,通用性强,应用广泛。高级语言种类繁多,可以从应用特点和对客观系统的描述两个方面对其进一步分类。C、Java 和 Python 都是第三代高级语言。

第四代　非过程化语言

第四代语言是非过程化语言,编码时只需说明"做什么",不需描述算法细节。数据库查询和应用程序生成器是第四代语言的两个典型应用。用户可以用数据库查询语言(SQL)对数据库中的信息进行复杂的操作。用户只需将要查找的内容在什么地方、根据什么条件进行查找等信息告诉 SQL,SQL 将自动完成查找过程。应用程序生成器则是根据用户的需求"自动生成"满足需求的高级语言程序。

除了机器语言,其他语言编写的程序都需要一个翻译系统把它翻译成机器语言,这样程序才能运行。翻译系统分为编译器和解释器两种。

编译器是将"一种语言(通常为高级语言)"翻译为"另一种语言(通常为低级语言)"的程序。它保存翻译的成果,即可执行程序。可执行程序是获得的机器代码,它是计算机可以直接执行的程序。

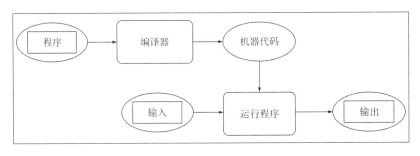

图 1-3　编译器的翻译过程

解释器不是将整个源代码翻译成机器语言的等效程序,而是根据需要一条条语句的分析结果执行程序。下次运行时还要一条条的分析源程序。

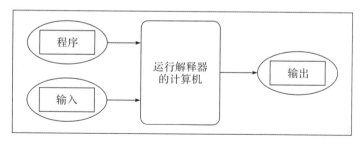

图 1-4 解释器的翻译过程

1.2 Python 语言简介

Python 是一种面向对象的解释型计算机程序设计语言,由荷兰人 Guido van Rossum 于 1989 年发明,第一个公开发行版发行于 1991 年。1989 年圣诞节期间,在阿姆斯特丹,Guido 为了打发圣诞节的无趣,决心开发一个新的脚本解释程序,作为 ABC 语言的一种继承。之所以选中 Python(大蟒蛇的意思)作为该编程语言的名字,是因为他是一个叫 Monty Python 的喜剧团体的爱好者。ABC 是由 Guido 参加设计的一种教学语言。Guido 认为,ABC 这种语言非常优美和强大,是专门为非专业程序员设计的。但是 ABC 语言并没有成功,究其原因,Guido 认为是其非开放造成的。Guido 决心在 Python 中避免这一错误。同时,他还想实现在 ABC 中闪现过但未曾实现的东西。就这样,Python 在 Guido 手中诞生了。可以说,Python 语言是从 ABC 语言发展起来的,并且结合了 Unix shell 和 C 的习惯。

2020 年,Python 语言再度荣获 2020 年度 TIOBE 编程语言奖! Python 语言共获得 4 次年度 TIOBE 编程语言奖,也是有史以来所有编程语言中获该奖项最多的一种语言。

Python 语言的设计哲学是"优雅"、"明确"、"简单"。因此,Perl 语言中"总是有多种方法来做同一件事"的理念在 Python 开发者中通常是难以忍受的。Python 开发者的哲学是"用一种方法,最好是只有一种方法来做一件事"。在设计 Python 语言时,如果面临多种选择,Python 开发者一般会拒绝花哨的语法,而选择明确的没有或者很少有歧义的语法。由于这种设计观念的差异,Python 源代码通常被认为比 Perl 具备更好的可读性,并且能够支撑大规模的软件开发。这些准则被称为 Python 格言。在 Python 解释器内运行"import this"可以获得完整的列表。

Python 开发人员尽量避开不成熟或者不重要的优化。一些针对非重要部位的加快运行速度的补丁通常不会被合并到 Python 内。所以很多人认为 Python 很慢。不过,根据二八定律,大多数程序对速度要求不高。在某些对运行速度要求很高的情况,Python 设计师倾向于使用 JIT 技术,或者使用 C/C++ 语言改写这部分程序。使用 JIT 技术的 Python 解释器是 PyPy。

Python 是完全面向对象的高级语言。函数、模块、数字、字符串等都是对象。它完全支持继承、封装、多态等面向对象的特性。Python 对函数式程序设计提供了有限的支持。有两个标准库(functools,itertools)提供了 Haskell 中久经考验的函数式程序设计工具。

Python 程序在执行时，首先会将.py 文件中的源代码翻译成 Python 的字节码，然后再由 Python Virtual Machine(Python 虚拟机)来执行这些翻译好的字节码。这种机制的基本思想跟 Java 是一致的。基于 C 的 Python 解释器翻译出的字节码文件，通常是.pyc 格式。

Python 采用动态类型系统。在翻译的时候，Python 不会检查对象是否拥有被调用的方法或属性，而是直至运行时，才做出检查，所以操作对象时可能会抛出异常。虽然 Python 采用动态类型系统，但它同时也是强类型的。Python 禁止没有明确定义的操作，比如数字加字符串。

Python 语言的特点如表 1-4 所示。

表 1-4　Python 语言的特点

特点	说明
简单，易学	Python 是一种代表简单主义思想的语言，极其容易上手。阅读一个良好的 Python 程序就感觉像是在读英语一样。它使你能够专注于解决问题
免费，开源	Python 是自由软件之一。使用者可以自由地发布这个软件的拷贝、阅读它的源代码、对它做改动、把它的一部分用于新的自由软件中
可移植性	由于它的开源本质，Python 已经被移植到许多平台上。这些平台包括 Unix/Linux、Windows、MacOS
多种编程范式	Python 同时支持面向过程的编程范式、面向对象的编程范式和面向函数的编程范式。在面向过程的语言中，程序是由过程或函数构建起来的。在面向对象的语言中，程序是由数据和功能组合而成的对象构建起来的
可嵌入性	可以把 Python 嵌入 C/C++ 程序，从而向程序用户提供脚本功能
可扩展性	如果需要一段关键代码运行得更快或者希望某些算法不公开，可以部分程序用 C 或 C++ 编写，然后在 Python 程序中使用它们
丰富的第三方模块	Python 的第三方模块数量非常多。它可以帮助处理各种工作，这些工作包括系统维护、文档生成、单元测试、数据库操作、Web 应用程序开发等

Python 语言设计者规定了 Python 的语法规则，实现了 Python 语法的解释程序就成为 Python 的解释器。

Python 有多种解释器，下面列出了常用的几种解释器，如表 1-5 所示。

表 1-5　各种版本的 Python 解释器

名　称	说　明
Cpython	C 语言实现的 Python 解释器，这是最常用的 Python 解释器
Jython	Java 语言实现的 Python 解释器，Jython 可以直接调用 Java 的各种函数库
PyPy	使用 Python 语言写的 Python 解释器，速度快

续表

名　　称	说　　明
IronPython	IronPython 解释器能够直接调用.net 平台的各种函数库,可以将 Python 程序编译成.net 程序

Python 有许多集成开发环境,常用的如表 1-6 所示。

表 1-6　Python 开发环境

名　　称	说　　明
IDLE	Python 内置 IDE,随 python 安装包提供
PyCharm	JetBrains 公司开发,带有一整套可以帮助用户在使用 Python 语言开发时提高其效率的工具
Spyder	安装 Anaconda 自带的高级 IDE,与 Matlab 开发环境类似
jupyter	安装 Anaconda 自带的高级 IDE,数据科学家首选开发环境
Visual Studio Code	Microsoft 提供的开发工具,需要安装 Python 插件
Thonny	为初学者准备的开发环境
Python Tutor	在线开发环境,网址是 http://www.pythontutor.com/

1.3　Python IDLE 开发环境

1.3.1　Python IDLE 开发环境安装

1. Windows 操作系统下安装

打开浏览器 前往 Python 下载页(https://www.python.org/downloads/)。
点击准备安装的 Python 语言版本,建议安装 Python 3.7 及以后的版本,如图 1-5 所示。

图 1-5　Python 的各种版本

如你的操作系统是 Windows,64 位机器,可下载 Windows x86-64 executable install；

如你的操作系统是 Windows,32 位机器,可下载 Windows x86 executable install，如图 1-6 所示。

图 1-6　Python 不同操作系统的安装文件

如下载 64 位的"Python 3.7.7",就会出现"python-3.7.7-amd64.exe"文件。执行"python-3.7.7-amd64.exe"文件,出现如图 1-7 所示界面。

图 1-7　Python 3.7.7 的安装界面

选择"ADD PATH 3.7 TO PATH"选项可以确保 Path 路径中已包含 python.exe 的路径。

选择"Install Now"就可以安装了。注意要用管理员身份安装！本书的全部示例都可在这个版本下运行。

如希望安装别的 Python 开发环境,请打开网页:https://www.python.org/download/alternatives/,如图 1-8 所示。

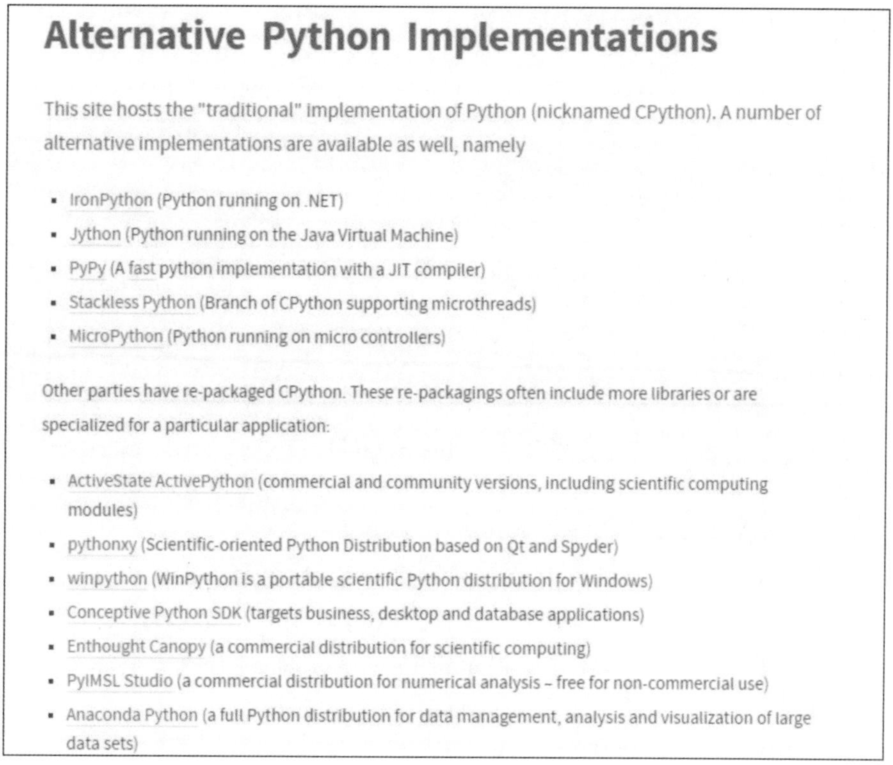

Alternative Python Implementations

This site hosts the "traditional" implementation of Python (nicknamed CPython). A number of alternative implementations are available as well, namely

- IronPython (Python running on .NET)
- Jython (Python running on the Java Virtual Machine)
- PyPy (A fast python implementation with a JIT compiler)
- Stackless Python (Branch of CPython supporting microthreads)
- MicroPython (Python running on micro controllers)

Other parties have re-packaged CPython. These re-packagings often include more libraries or are specialized for a particular application:

- ActiveState ActivePython (commercial and community versions, including scientific computing modules)
- pythonxy (Scientific-oriented Python Distribution based on Qt and Spyder)
- winpython (WinPython is a portable scientific Python distribution for Windows)
- Conceptive Python SDK (targets business, desktop and database applications)
- Enthought Canopy (a commercial distribution for scientific computing)
- PyIMSL Studio (a commercial distribution for numerical analysis – free for non-commercial use)
- Anaconda Python (a full Python distribution for data management, analysis and visualization of large data sets)

图 1-8　其他 Python 开发环境

建议下载 Anaconda Python 软件，安装使用。

2.Mac OS X 和 Linux/Unix 操作系统下安装

根据操作系统从对应的网址下载相应的软件：

Python Releases for Mac OS X(https://www.python.org/downloads/mac-osx/)

Python Source Releases for Unix/Linux(https://www.python.org/downloads/source/)

如下载的是 Mac OS X 64-bit/32-bit installer，则链接下载 Mac 中使用的.dmg 文件。下载完成后双击它，桌面上会弹出一个包含 4 个图标的窗口。右键单击 Python.mpkg，在弹出的对话框中点击"打开"，连续点击"继续"按钮，期间会显示一些法律声明，最后的对话框出现后点击"安装"。

Linux 和 Unix 操作系统通常自带 Python 解释器，不用安装，直接运行就可。

1.3.2　运行 Python 程序

安装好 Python 3.7.7 之后，运行 IDLE 程序，启动 Python IDLE 开发环境，如图 1-9 所示。

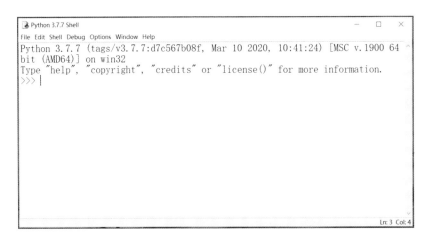

图 1-9　IDLE 运行界面

运行 Python 程序通常有以下三种方法：

第一种是用 Python 自带的交互式解释器执行 Python 表达式或程序。你可以一行一行输入命令然后立刻查看运行结果。这种方式可以很好地结合输入查看结果，从而快速进行一些实验。交互式解释器的提示符是"＞＞＞"。看到提示符是"＞＞＞"，说明解释器已处于等待输入的状态，输入表达式后回车，就能看到结果。

＞＞＞ 3 + 5 * 6

33

＞＞＞ print("hello world")

hello world

第二种方法是选择菜单"File"→"New"：出现编程界面。

输入程序：print("hello world")

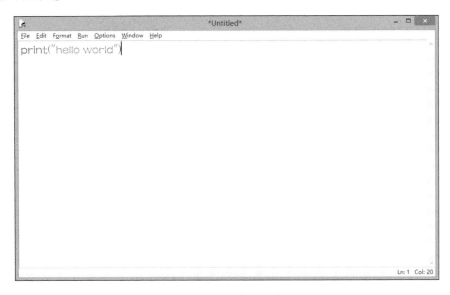

图 1-10　程序保存到文件中

选择 Save 菜单，保存程序到文件"hello. py"。

选择"Run"→"Run Module"菜单运行，可看见结果"hello world"。

第三种方法是在命令行环境中运行 Python 程序。如文件"hello. py"在 d 盘的根目录下，执行下面命令就可以：

D:\> python hello. py

1.4　标识符和变量

1.4.1　标识符和关键字

标识符是指用来标识某个实体的一个符号。在不同的应用环境下有不同的含义。在日常生活中，标识符是用来指定某个东西，要用到它名字；在数学中解方程时，我们也常常用到这样或那样的变量名或函数名；在编程语言中，标识符是用户编程时使用的名字，对于变量、常量、函数、语句块也有名字；我们统统称为标识符。标示符由字母、下划线和数字组成，且不能以数字开头。

这些是正确的标识符：

my_Boolean Obj2 myInt Mike2jack _test

这些是不正确的标识符：

my - Boolean 2ndObj test!32 haha(da) if jack&rose G.U.I

Python 中的标识符是区分大小写的，Andy 与 andy 是不同的标识符。

if 完全符合标识符的定义，为什么会错？

Python 语言中一些具有特殊功能的标识符，是所谓的关键字。关键字是 Python 语言已经使用的，所以不允许开发者自己定义和关键字相同的名字的标识符，if 是关键字，所以不能当标识符。

交互式解释器输入如下命令，就可显示 Python 关键字。

```
>>> help

help > keywords
Here is a list of the Python keywords. Enter any keyword to get more help.
```

False	class	from	or
None	continue	global	pass
True	def	if	raise
and	del	import	return
as	elif	in	try
assert	else	is	while
async	except	lambda	with
await	finally	nonlocal	yield
break	for	not	

1.4.2 常量和变量

所谓的常量就是不能改变的量,比如常用的数学常数 3.14159 就是一个常量。可以用标识符标记常量,该标识符称为常量名。常量名全部大写是一个惯例,如 MAX_SIZE＝64,MAX_SIZE 是常量名。

编程语言允许你定义变量,变量就是程序为了方便地引用内存中的值而为它取的名称。Python 变量名是大小写敏感的,如 Julie 和 julie 就是不同的变量名。在 Python 中,我们用“＝”创建变量并给变量赋值。

```
>>> a = 7
>>> a
7
```

7 是一个对象,可以通过变量 a 引用这个对象。

注意,Python 中的变量有一个非常重要的性质:变量是将名字和对象关联起来,变量名就是对象的一个标签。赋值操作并不会实际复制值,它只是为数据对象取个相关的名字。名字是对象的引用而不是对象本身。

id 是 Python 的内置函数,用 CPython 实现时,显示对象的地址。

```
>>> id(a)
1566532000
>>> id(7)
1566532000
```

这表示“7”这个对象的地址是 1566532000,变量名 a 指向“7”这个对象,是一个标签。

再执行以下命令:

```
>>> a = 5
>>> a
5
>>> id(a)
1566531936
>>> id(5)
1566531936
>>> id(7)
1566532000
```

a 这个变量现在引用对象“5”,地址是 1566531936,对象“7”地址还是 1566532000,没有变。

1.5 输入及输出函数

1.5.1 程序注释

注释是位于程序不同位置的一些简短文本,用来解释相应位置程序段是如何工作的。注释是程序的重要的组成部分,但在程序的执行过程中,Python 解释器将忽略它们。注释不是为电脑设置的,而是为阅读程序源代码的人设置的。"♯"右边的任何数据都是注释。下面程序的注释是对分号的说明。

通常,一行输入一句语句。

```
>>> a = 1
>>> b = 2
>>> c = 3
```

可以用分号一行输入多条语句。"♯用分号表示一行输入多条语句。"是程序注释。

```
>>> a = 1;b = 2;c = 3      ♯用分号表示一行输入多条语句。
```

可以用"\"符号表示用多行输入一句语句。

```
>>> a = 1;b = 2;c = 5;d = 67;h = 89
>>> s = a + b + c      \
     + d + h          #\表示续行
>>> s
164
```

1.5.2 输入函数

Python 输入函数是 input()函数。input()函数从键盘输入一个字符串。'9'表示是一个字符串。

```
>>> a = input()
9
>>> a
'9'
```

如需要输入数字,则需要用 int 函数。input 函数的参数"请输入一个数字:"是输入的提示符。

```
>>> b = int(input("请输入一个数字:"))
请输入一个数字: 9
>>> b
9
```

可用 split()函数在一行中输入多个值,输入时用空格分开。

```
>>> m,n = input("请输入多个值:").split()
请输入多个值:3 5
>>> m
'3'
>>> n
'5'
```

1.5.3 输出函数

Python 输出函数是 print()函数。print()函数输出参数值。

```
>>> print(3)          #输出1个数字
3
>>> print(3,7)        #输出2个数字
3 7
>>> a = 6
>>> print(a)          #输出1个变量
6
>>> b,c = 3,4
>>> print(b,c,5)      #输出1个数字,两个变量
3 4 5
```

print()函数是执行一次换一行,如何做到不换行呢?

【例 1-1】 用 3 个 print()函数,在同一行输出 3 个数"3 4 5".

参数 end = ' '表示下一个 print()函数接着上一个 print()函数在同一行输出。

程序代码:

```
#每行输出一个值
print(3)
print(4)
print(5)
#一行输出三个值
print(3,end = ' ')
print(4,end = ' ')
print(5,end = ' ')
```

程序运行:

```
3
4
5
3 4 5
```

【例 1-2】 输入三角形的三条边的长度3,4,5,求这个三角形的面积。

程序代码：

```
import math        #引入数学库
a = int(input())
b = int(input())
c = int(input())
s = (a + b + c)/2
area = math. sqrt(s * (s − a) * (s − b) * (s − c))        #'*'表示乘,math. sqrt 表示开根号
print("三角形的边长:",a,b,c,end = ' ')
print("三角形的面积:",area)
```

程序输入：

```
3
4
5
```

程序输出：

```
三角形的边长:3 4 5 三角形的面积:6.0
```

特别注意,语句要对齐,不要随便加空格。下面程序"b = int(input())"语句前多了一个空格就错了。

```
import math        #引入数学库
a = int(input())
  b = int(input())
c = int(input())
s = (a + b + c)/2
area = math. sqrt(s * (s − a) * (s − b) * (s − c))        #'*'表示乘,math. sqrt 表示开根号
print("三形的边长:",a,b,c,end = ' ')
print("三形的面积:",area)
```

程序运行错误。

```
File "<ipython − input − 5 − 49a965827e2e>",line 3
b = int(input())
IndentationError: unexpected indent
```

【例 1-3】 画五角形。

Python 有很多库,turtle 是一个绘图库,用下面程序画五角形。

```
import turtle              #引入 turtle 绘图库
turtle.forward(200)        #turtle.forward(200)向正方向绘制 200 个像素的线段
turtle.right(144)          #turtle.right(144)代表向右转 144 度
turtle.forward(200)
turtle.right(144)
turtle.forward(200)
turtle.right(144)
turtle.forward(200)
turtle.right(144)
turtle.forward(200)
turtle.hideturtle()        #隐藏箭头显示
turtle.done()
```

程序输出：

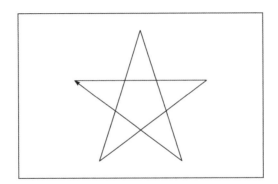

本章小结 ▶

本章主要介绍：

1. 计算机系统组成

2. 二进制、八进制、十进制和十六进制

3. ASCII 码、Unicode 码和 UTF 码

4. Python 开发环境 IDLE 的安装和运行

5. Python 的输入 input() 和输出 print() 函数的使用

✎ 习 题 --

一、选择题

1. 计算机存储器的单位使用字节(Byte,B),1B 等于_____。

A. 一位二进制   B. 四位二进制

C. 八位二进制   D. 十六位二进制

2. Python 程序的扩展名是_____。

A. py   B. exe   C. docx   D. jpg

3. Python 的输出函数是_____。

A. input   B. print   C. math   D. turtle

4. 10 的二进制值是_____。

A. 1100   B. 1010   C. 0011   D. 1110

5 八进制 35 的十进制值是_____。

A. 30   B. 29   C. 19   D. 25

6 计算机系统由硬件和_____组成。

A. 软件   B. 语言   C. 控制器   D. 内存

7 _____是不等长编码

A. ASCII 码   B. UTF-8 码

C. Unicode 码   D. 前三种编码都不是

8 _____表示后面部分是注释。

A. #   B. *   C. %   D. &

9. 正确的标识符是_____。

A. 2you   B. my-name   C. _item   D. abc * 234

10. Python 语言的官方网站是_____。

A. www. python. com   B. www. python. org

C. www. python. edu   D. www. pythonic. org

11. 不是面向对象的程序设计语言是_____。

A. Java   B. Python   C. C ++   D. C

二、判断题

1. 高级语言程序要被机器执行,只有用解释器来解释执行。

2. Python 是一种跨平台、开源、免费的动态编程语言。

3. 不可以在同一台计算机上安装多个不同的 Python 版本。

4. Python 3. X 完全兼容 Python 2. X。

5 math 模块是 python 语言的数学模块。

7. 在 Python 3. x 中,input()函数把用户的键盘输入作为字符串返回。

8. 在 Python 中,可以用 else 作为变量名。

9.已知 x = 3,则执行语句 x = '3'会出现错误。

10.已知 x = 3,则执行" x = 7"后,id(x)的返回值与原来没有变化

11.字母 A 的 ASCII 编码值和 Unicode 编码值相同。

三、编程题

1.从键盘输入两个数,求它们的和并输出。

2.从键盘输入三个数到 a,b,c 中,求 b*b-4*a*c 的值并输出。

3.在屏幕上输出"Python 语言简单易学"

4.字母 H 可以这样输出。编程序输出 H.

```
*       *
*       *
* * * * *
*       *
*       *
```

CHAPTER 2
第2章
用Python语言编写程序

计算机就是可以做数学计算的机器,计算机程序理所当然地可以处理各种数字。但是,计算机能处理的远不止数字,还可以处理文本、图形、音频、视频等各种各样的数据,不同的数据,需要定义不同的数据类型。在Python中,能够直接处理的数据类型如表 2-1 所示。

表 2-1　基本数据类型

数据类型	说　　明
整数	可以处理非常大的整数,整数运算永远是精确的,如 57
浮点数	浮点数运算则可能有误差,如 3.14159
复数	由实部(real)和虚部(imaginary)两部分组成的数
字符串	字符串是以''或""括起来的任意文本,比如'abc',"xyz"
布尔值	只有 True、False 两种值,要么是 True,要么是 False
空值	Python 里的一个特殊值,用 None 表示

2.1　数字类型

Python 数字类型包括整数、浮点数和复数。

2.1.1　整数类型

任何仅含数字的序列在 Python 中都被认为是整数,int 表示整数类型。

```
>>> 66
66
>>> 0
0
>>> 07
SyntaxError: invalid token
>>>
```

你可以单独使用数字 0,但不能把它作为前缀放在其他数字前面。

一个数字序列定义了一个正整数。你也可以显式地在前面加上正号＋,这不会使数字发生任何变化。

```
>>> 5
5
>>> + 5
5
```

在数字前添加负号(－)可以定义一个负数:

```
>>> － 123
－ 123
```

在 Python 中,整数默认使用十进制数,除非你在数字前添加前缀,显式地指定使用其他进制。也许你不会在自己的代码中用到其他进制,但你很有可能在其他人编写的 Python 代码里见到它们。

进制指的是在必须进位前可以使用的最大数字。以 2 二进制为例,可以使用的数字只有 0 和 1。这里的 0 和十进制的 0 代表的意义相同,1 和十进制的 1 所代表的意义也相同。然而是二进制时,1 与 1 相加得到的将是 10。

在 Python 中,除十进制外你还可以使用其他三种进制的数字。

- 0b 或 0B 代表二进制
- 0o 或 0O 代表八进制
- 0x 或 0X 代表十六进制

Python 解释器会打印出它们对应的十进制整数。我们来试试这些不同进制的数。

```
>>> 0b10
2
>>> 0O10
8
>>> 0x10
16
```

在 Python3 中,整数类型可以存储很大的整数,甚至超过 64 位。在许多其他编程语言中,进行类似下面的计算会造成整数溢出,这是因为计算中的数字或结果需要的存储空间超过了计算机语言所提供的(例如 32 位或 64 位)。在程序编写中,溢出会产生许多负面影响。Python 在处理超大整数计算方面不会产生任何错误,这也是它的一个加分点。

```
>>> google = 10 ** 50      #10 的 50 次方
>>> google
100000000000000000000000000000000000000000000000000
```

你可以对整数进行表 2-2 中的计算。

表 2-2　运算符

运算符	说　明	示　列	运算结果
＋	加法	5＋10	15
－	减法	100－5	95
*	乘法	8 * 9	72
/	浮点数除法	100/5	20.0
//	整除	100//5	20
%	模（求余）	9％4	1
**	幂	2 ** 3	8

可以连续运算多个数字：

```
>>> 5 + 6 * 2
17
```

数字和运算符之间的空格不是强制的,你也可以写成下面这种格式：

```
>>> 5   +   6 * 2
17
```

根据 Python 语言的规定,幂的优先级高于乘除,乘除的优先级高于加减。

Python 语言有两种除法：

/用来执行浮点除法

//用来执行整除运算

在 Python 中,即使运算对象是两个整数,使用/仍会得到浮点数结果。

```
>>> 9 / 5
1.8
```

两个整数使用整除运算得到的是一个整数,余数会被截去：

```
>>> 9 // 5
1
```

如果除数为 0,任何一种除法运算都会产生错误：

```
>>> 5 / 0
Traceback (most recent call last):
File "<pyshell#4>",line 1,in <module>
5/0   ZeroDivisionError : division by zero
```

2.1.2 浮点数类型

浮点数表示实数,用 float 表示浮点数。浮点数是指一个数的小数点位置不固定,是可以浮动的。浮点数可以用数学写法,如 1.23,3.14,−9.01,等等。但是对于很大或很小的浮点数,就要用科学计数法表示,把 10 用 e 替代,$1.23×10^9$ 就是 1.23e9 或者 12.3e8,0.000012 可以写成 1.2e−5。

```
>>> -9.5
-9.5
>>> 1.2e3
1200.0
```

科学计数法 e 的前面不能为空。

```
>>> e3
Traceback (most recent call last):
File "<pyshell#2>",line 1,in <module>
e3 NameError: name 'e3' is not defined
```

科学计数法 e 的后面不能空,而且必须是整数。

```
>>> 3.5e4.0
SyntaxError: invalid syntax
>>> 3.5e
SyntaxError: invalid syntax
```

整数和浮点数在计算机内部存储的方式是不同的,整数运算是精确的,而浮点数运算则可能会有四舍五入的误差。

浮点数与整数一样,你可以使用运算符(+ 、− 、* 、/、//、%)进行计算。

```
>>> 6.0/3.0
2.0
>>> 6.0//3.0
2.0
>>> 6.0%4.0
2.0
```

注意:浮点数的整除运算还是浮点数。

divmod()函数同时计算商和余数,下面示例中 4 是商,1 是余数。

```
>>> divmod(9,2)
(4,1)
>>> divmod(9.0,2)
(4.0,1.0)
```

使用 float( )函数可以将整数转换为浮点型,用 int( )函数可以将浮点数转换为整数。

```
>>> float(9)
9.0
>>> int(3.7)
3
```

round(x,n)函数返回 x 的四舍五入值,n 是小数点位数。

```
>>> round(80.23456,2)
80.23
>>> round( - 100.00023456,3)
- 100.0
```

round( )函数返回结果有时可能令人惊讶。这不是错误,这是由于大多数十进制小数不能精确表示为浮点数的结果,

详细说明可查看 Python 语言文档。

abs( )函数返回参数的绝对值。

```
>>> abs( - 75.3)
75.3
```

Python 支持对整数和浮点数直接进行四则混合运算,运算规则和数学上的四则运算规则完全一致:先把整数变成浮点数,然后再计算。整数和浮点数混合运算的结果是浮点数。

```
>>> 2 + 0.5 * 6
5.0
```

2.1.3 复数类型

Python 语言支持复数类型。complex 表示复数类型。所谓复数,就是由实部(real)和虚部(imaginary)两部分组成的数,虚部用 j 表示。

```
>>> 3 + 2j
(3 + 2j)
>>> 8j              #只有虚部
8j
>>> (7 + 1j) * 1j
- 1 + 7j
>>> abs(3 + 4j)     #abs 求复数的模
5.0
```

real 方法取复数实部,imag 方法取复数虚部,complex( )函数用于创建一个值为 real＋imag ＊ j 的复数。

```
>>> a = 5 - 4j
>>> a.real
5.0
>>> a.imag
-4.0
>>> complex(4,-6)
4-6j
```

2.1.4　数学库的使用(math 库)

math 模块是一个数学库,包含了很多的数学常数和数学函数,如表 2-3 所示。

表 2-3　math 库的常用函数和常数

函数名或数学常数	含　　义	示　　列
math.e	自然常数 e	math.e
math.pi	圆周率 pi	math.pi
math.log(x[,base])	返回 x 的以 base 为底的对数,base 默认为 e	math.log(math.e) math.log(2,10)
math.log10(x)	返回 x 的以 10 为底的对数	math.log10(2)
math.pow(x,y)	返回 x 的 y 次方	math.pow(5,3)
math.sqrt(x)	返回 x 的平方根	math.sqrt(3)
math.ceil(x)	返回不小于 x 的最小整数	math.ceil(5.2)
math.floor(x)	返回不大于 x 的最大整数	math.floor(5.8)
math.trunc(x)	返回 x 的整数部分	math.trunc(5.8)
math.fabs(x)	返回 x 的绝对值	math.fabs(-5)
math.sin(x)	返回 x(弧度)的三角正弦值	math.sin(3)
math.asin(x)	返回 x 的反三角正弦值	math.asin(0.5)
math.cos(x)	返回 x(弧度)的三角余弦值	math.cos(1.8)
math.acos(x)	返回 x 的反三角余弦值	math.acos(math.sqrt(2)/2)
math.tan(x)	返回 x(弧度)的三角正切值	math.tan(4)
math.atan(x)	返回 x 的反三角正切值	math.atan(1.77)
math.atan2(x,y)	返回 x/y 的反三角角正切值	math.atan2(2,1)

注意:三角函数的参数是用弧度表示的。如 180°要写成 math.pi,或 3.14159。

要使用 math 模块,先要用"import math"语句引入 math 模块。

```
>>> import math
```

math 模块的常量:

```
>>> math.pi
3.141592653589793
>>> math.e
2.7182818284590
```

math 模块的函数示例：

```
>>> math.pow(3,3)
27.0
>>> math.sqrt(9)
3.0
>>> math.sin(3)
0.1411200080598672
>>> math.sin(math.pi/6)
0.49999999999999994
>>> math.cos(5)
0.28366218546322625
>>> math.cos(3.14159/2)
1.3267948966775328e-06
>>> math.tan(4)
1.1578212823495777
>>> math.ceil(5.8)
6
>>> math.floor(5.8)
5
>>> math.log(math.e)
1.0
>>> math.fabs(-3)
3.0
```

2.2 字符串类型

字符串是以' '或" "括起来的任意文本,比如'abc',"xyz"等。请注意,' '或" "本身只是一种表示方式,不是字符串的一部分,因此,字符串'abc'只有 a,b,c 这 3 个字符。str 表示字符串类型。

```
>>> 'hello world'
'hello world'
>>> "hello world"
'hello world'
```

交互式解释器输出的字符串永远是用单引号包裹的,除非单引号本身就是字符串的字符。但无论使用哪种引号，Python 对字符串的处理方式都是一样的，没有任何区别。

既然如此，为什么要使用两种引号？这么做的好处是可以创建本身就包含引号的字符串。可以在双引号包裹的字符串中使用单引号，或者在单引号包裹的字符串中使用双引号。

你还可以使用连续三个单引号'''，或者连续三个双引号"""创建字符串，三个引号在创建短字符串时没有什么特殊用处，它多用于创建多行字符串。

```
>>> '''hello python
    人生苦短
    我用 python'''
'hello python\n        人生苦短\n        \n 我用 python'
>>> ''''    #空字符串
''
```

Python 允许空字符串的存在，它不包含任何字符且完全合法.

Python 允许你对某些字符进行转义操作，以此来实现一些难以单纯用字符描述的效果。在字符的前面添加反斜线符号"\"会使该字符的意义发生改变。最常见的转义字符是"\n"，它代表换行符，这样你在一行内可创建多行字符串。

```
>>> print('hello python\n 人生苦短\n 我用 python')
hello python
人生苦短
我用 python
```

转义符\t(tab 制表符，等于 8 个空格)常用于对齐文本，之后会经常见到。有时你可能还会用到\'和\"来表示单、双引号，尤其当该字符串由相同类型的引号包裹时。

```
>>> print('\thello python')
        hello python
>>> testimony = "\"I did nothing! \" he said.\"Not that either! Or the otherthing.\""
>>> testimony
'"I did nothing!" he said."Not that either! Or the other thing."'
```

如果你需要输出一个反斜线字符，连续输入两个反斜线即可:\\。

表 2-4　常用转义字符

转义字符	描　　述
\\	反斜杠符号
\'	单引号
\"	双引号

转义字符	描　述
\a	响铃
\b	退格（Backspace）
\n	换行
\t	横向制表符
\r	回车
\f	换页
\ooo	最多三位八进制数,例如:\12 代表换行
\xyy	两位十六进制数,例如:\x0a 代表换行

```
>>> "\12"        #八进制
'\n'
>>> "\x0a"       #十六进制
'\n'
>>> "\141"       #八进制
'a'
```

在 Python 中,你可以使用"＋"将多个字符串或字符串变量拼接起来,产生新字符串。

```
>>> "人生苦短" + "我用 Python"
'人生苦短我用 Python'
```

也可以直接将一个字面字符串(非字符串变量)放到另一个的后面直接实现拼接。

```
>>> "人生苦短" "我用 Python"
'人生苦短我用 Python'
```

使用 ＊ 可以进行字符串复制,产生新字符串。

```
>>> "2" * 3
'222'
>>> i = 5
>>> "2" * i
'22222'
```

Python 3 的字符串缺省编码方式是 Unicode 码,这与 Python 2 不同。

type()函数是一个内置的函数,调用它就能知道想要查询对象的类型信息,该函数的返回值为查询对象的类型。下面举例说明 type 函数的使用。

```
>>> type(1)          #int 表示整数
<class 'int'>
>>> type("python")    #str 表示字符串
<class 'str'>
>>> type(3 + 2j)      #complex 表示复数
<class 'complex'>
```

2.3 布尔类型、空值和列表类型

2.3.1 布尔类型

Python 的布尔类型用于逻辑运算,bool 表示布尔类型。布尔数据类型的量只有 True、False 两种值,要么是 True,要么是 False。在 Python 中,可以直接用 True、False 表示布尔值(请注意大小写),也可以通过逻辑运算符和关系运算符计算得出布尔值。关系运算符是<、<= 、>、>=、== 和!= ,逻辑运算符是 and、or 和 not。

1. 关系运算符

Python 关系运算符可以连用,其含义与人们日常的理解完全一致。使用关系运算符的一个最重要的前提是操作数之间必须可以比较大小。例如,把一个字符串和一个数字进行大小比较是毫无意义的,所以 Python 也不支持这样的运算。如表 2-5 所示。

表 2-5 关系运算符

运算符	表达式	含 义	实 例	结 果
==	x == y	x 等于 y	"ABCD" == "ABCD"	True
!=	x != y	x 不等于 y	"ABCD"!= "abcd"	True
>	x > y	x 大于 y	"ABC"> "ABD"	False
>=	x >= y	x 大于等于 y	123 >= 23	True
<	x < y	x 小于 y	"ABC"<"DEF"	True
<=	x <= y	x 小于等于 y	"123"<="23"	True

基本比较法则:
(1) 关系运算符的优先级相同。
(2) 两个数字的比较,关系运算符按照数字大小进行比较。

（3）两个字符串比较，关系运算符比较字符串中字符的 Unicode 码值，从左到右一一比较：

首先比较两个字符串的第一个字符，其 Unicode 码值大的字符串大；

若第一个字符相等，则继续比较第二个字符；

以此类推，直至出现不同的字符为止或字符串中字符都比较完成。

以下是关系运算符的运算实例：

```
>>>1 <3 <5          #等价于 1 <3 and 3 <5
True
>>> 3 <5 >2          #等价于 3 <5 and 5 >2
True
```

```
>>> import math          #sqrt 是 math 模块下的函数,使用前必须先导入 math 模块
>>> 1 <6 <math.sqrt(9)     #等价于 1 <6 and 6 <math.sqrt(9)
False
```

下面比较字符串"Hello"和"world"的大小。因为 ascii('H') = 72 <119 = ascii('w') 所以

```
>>> "Hello">"world"
False
```

而"Hello"与"Hello"这两个字符串是一样的，所以相等。

```
>>> a = "Hello"
>>> a == "Hello"
True
```

字符串和数字不能比较大小。下面表达式错误。

```
>>> 'Hello'>3
TypeError: unorderable types: str()>int()
```

2.逻辑运算符

逻辑运算符 and、or、not 常用来连接条件表达式构成更加复杂的条件表达式，并且 and 和 or 具有惰性求值或者逻辑短路的特点，即当连接多个表达式时只计算必须要计算的值。在编写复杂条件表达式时可充分利用这个特点，合理安排不同条件的先后顺序，在一定程度上可以提高代码的运行速度。另外要注意的是，运算符 and 和 or 并不一定会返回 True 或 False，而是得到最后一个被计算的表达式的值，但是运算符 not 一定会返回 True 或 False。

and 运算是与运算，只有所有值都为 True，and 运算结果才是 True。or 运算是或运算，只要其中有一个为 True，or 运算结果就是 True。not 运算是非运算，它是一个单目运算符，把 True 变成 False，False 变成 True。如表 2-6 至表 2-8 所示。

表 2-6　and 运算

逻辑量量 1	逻辑量量 2	结　　果
False	False	False
True	False	False
False	True	False
True	True	True

表 2-7　or 运算

逻辑量量 1	逻辑量量 2	结　　果
False	False	False
True	False	True
False	True	True
True	True	True

表 2-8　not 运算

逻辑量	结　　果
False	True
True	False

以下是逻辑和关系运算符运算实例。

由于 3>5 的结果是 False,因此 3>5 and a>3 的结果肯定是 False。根据逻辑运算短路的特点,从而 a>3 就不比较了。

```
>>> 3>5 and a>3          #注意,此时并没有定义变量a
False
```

3>5 or a>3 的结果要执行 a>3 后才能确定,但 a 变量没有赋值,所以出错。

```
>>> 3>5 or a>3          #3>5 的值为 False,所以需要计算后面的表达式 a>3
NameError: name 'a' is not defined
```

改成 or 运算,3<5 为 True 就可以确定整个表达式的结果,所以 a>3 就不运算。

```
>>> 3<5 or a>3          #3<5 的值为 True,不需要计算后面的表达式
True
```

Python 语言中,数字非 0 为 True,0 为 False。逻辑表达式 3 and 5 需要计算表达式 5 才能确定结果。表达式的结果等于最后被计算的子表达式的值,结果是 5。

```
>>> 3 and 5    #最后一个计算的表达式 5 的值作为整个表达式的值
5
>>> 3 and 5>2    #最后一个计算的表达式 5>2 的值作为整个表达式的值
True
>>> 3 or 5    #最后一个计算的表达式 3 的值作为整个表达式的值
3
```

3 表示 True,not 3 为 False;0 表示 False,not 0 为 True。

```
>>> not 3
False
>>> not 0
True
```

3.空值

空值是 Python 的一个特殊的值,用 None 表示。None 不能理解为 0,因为 0 是有意义的,而 None 是一个特殊的空值。

```
>>> bool(None)
False
>>> None == 0
False
```

4.运算符的优先级和结合性

数值数据常用运算符的优先级由高到低如表 2-9 所示。

表 2-9　运算符的优先级和结合性

优先级 (1最高,8最低)	运算符	描述	结合性
1	x ** y	幂	从右向左
2	+ x, − x	正,负	
3	x * y,x / y,,x // y,x % y	乘,除,整除,取模	从左向右
4	x + y,x − y	加,减	从左向右
5	x<y,x <= y,x == y,x != y,x >= y,x>y	比较运算	从左向右
6	not x	逻辑否	从左向右
7	x and y	逻辑与	从左向右
8	x or y	逻辑或	从左向右

下面举例说明运算符的优先级和结合性。

```
>>> 3 + 5 * 4          #先乘后加
23
>>> 5 * 3/2            #从左向右
7.5
>>> - 2 ** 3           # ** 比 - 优先级高
- 8
>>> 2 ** 3 ** 2        #从右向左
512
>>> 3 <5 or a>3 #从左向右
True
```

布尔量与数字做运算时,True 为 1,False 为 0。

```
>>> 3.1 + True - False
4.1
```

2<True 这个表达式中,True 为 1,结果为 False。

```
>>> 0 and 1 or not 2 <True
True
```

2.3.2 列表类型

大多数编程语言都有特定的数据结构来存储由一系列元素组成的序列,这些元素以它们所处的位置为索引,从第一个到最后一个依次编号。前面已经见过 Python 字符串了,它本质上是字符组成的序列。列表非常适合利用顺序和位置定位某一元素,尤其是当元素的顺序或内容经常发生改变时。

列表可以由零个或多个元素组成,元素之间用逗号分开,整个列表被方括号所包裹:

```
>>> empty_list = [ ]          #空列列表
>>> weekdays = ['Monday','Tuesday','Wednesday','Thursday','Friday']
```

empty_list,weekdays 是列表名,代表整个列表。

在列表名后面添加[ ],并在括号里指定偏移量可以提取该位置的元素。第一个元素(最左侧)的偏移量量为 0,下一个是 1,以此类推。

```
>>> weekdays[2]
'Wednesday'
```

列表 weekdays 的第三个位置的元素是'Wednesday',偏移量量是 2。下面显示了如何把列表第五个元素改为 5。

同一列表中可以同时包含字符串和数字。列表也可以比较大小,规则与字符串比较类似。

```
>>> weekdays[4] = 5
>>> weekdays
['Monday','Tuesday','Wednesday','Thursday',5]
>>> [1,2,3]<[1,2,4]          #比较列表大小
True
```

列表也有加法和乘法运算。

```
>>> [1,2,3]+['c','java','python']
[1,2,3,'c','java','python']
>>> [1]*10            #可以用作列表初始化
[1,1,1,1,1,1,1,1,1,1]
>>>
```

列表的元素也可以是表达式。

```
>>> a = 3
>>> b = 45
>>> lst = [a + 4.5,b * 3]
>>> lst
[7.5,135]
```

2.4 内置转换函数

布尔、整数、浮点数、复数、字符串和列表可以通过内置函数进行转换,如表 2-10 所示。

表 2-10　内置转换函数

函数名	含　义
bool	根据传入的参数创建一个新的布尔值
int	根据传入的参数创建一个新的整数
float	根据传入的参数创建一个新的浮点数
complex	根据传入参数创建一个新的复数
str	创建一个字符串
ord	返回 Unicode 字符对应的整数
chr	返回整数所对应的 Unicode 字符
bin	将整数转换成二进制字符串
oct	将整数转化成八进制字符串
hex	将整数转换成十六进制字符串
list	根据传入的参数创建一个新的列表

1. bool( )函数

```
>>> bool()
False
>>> bool(1)
True
>>> bool([])          #空字符串、空序列的布尔值为 False
False
>>> bool('str')
True
```

2. int( )函数

```
>>> int()          #不传入参数时,得到结果 0
0
>>> int(3)
3
>>> int(3.6)
3
```

int( )函数可以把字符串转换成数字。

```
>>> int('02')
2
>>> int("  35  ")
35
```

当字符串无法转换成数字,则报错。

```
>>> int("  3   5   ")
Traceback (most recent call last):
  File "<pyshell>",line 1,in <module>
ValueError : invalid literal for int() with base 10 :'  3   5  '
>>> int("16.4")
Traceback (most recent call last):
  File "<pyshell>",line 1,in <module>
ValueError : invalid literal for int() with base 10 :'16.4'
```

int( )函数还可以带另一个参数,表示进制,如'8'表示字符串代表的数字是八进制。

```
>>> int("35",8)
29
```

3. float( )函数

```
>>> float()          #不提供参数的时候,返回 0.0
0.0
>>> float(3)
3.0
>>> float('54.3')
54.3
```

4. complex( )函数

```
>>> complex()          #当两个参数都不提供时,返回复数 0j
0j
>>> complex('1 + 2j')  #传入字符串创建复数
(1 + 2j)
>>> complex(1,2)       #传入数值创建复数 (1 + 2j)
(1 + 2j)
```

5. str( )函数

```
>>> str()        # 创建空字符串
' '
>>> str(None)
'None'
>>> str('abc')
'abc'
>>> str(123)
'123'
```

6. ord( )函数

```
>>> ord('a')
97
>>> ord('中')
20013          #汉字'中'的 Unicode 码
```

7. chr( )函数

```
>>> chr(97)        #参数类型为整数
'a'
```

8. bin( )函数

```
>>> bin(3)        #0b 为默认前缀
'0b11'
```

9. oct( )函数

```
>>> oct(10)        #0o 为默认前缀,返回 8 进制字符串
'0o12'
```

10. hex( )函数

```
>>> hex(15)        #0x 为默认前缀,返回 16 进制字符串
'0xf'
```

注意:bin( )、oct( )和 hex( )函数返回的是字符串。

11. list( )函数

```
>>> list()          #不传入参数,创建空列表
[]
>>> list('abcd')    #传入字符串,使用其元素创建新的列表
['a','b','c','d']
```

表达式是可以计算的代码片段,又称表达式语句,由常量、变量和运算符或函数按规则构成,返回运算结果。

计算表达式 cos(a(x + 1) + b)/2,a 等于 2,x 等于 5,b 等于 3。

```
>>> import math
>>> math.cos(2 * (5 + 1) + 3)/2
-0.37984395642941066
```

下面是条件表达式。奇数时,值是 1;偶数时,值是 0。

```
#计算表达式:当 n 是奇数时为 1,偶数时为 0
>>> n = int(input())
5
>>> 1 if n%2 == 1 else 0
1
```

2.5 语句

Python 语言常用的有赋值语句、if 语句和 for 语句。语句通常是一行一条语句。如一行中有多条语句,则用分号(;)分开,如语句太长要跨行时,可以用续行符(\)跨行表示一个语句。

2.5.1 赋值语句

基本形式的赋值语句是"变量=值"的形式。

【例 2-1】 基本赋值语句

程序代码:

```
x = 1
y = 2
k = x + y
print(k)
```

程序输出：

```
3
```

Python 支持序列赋值，可以把赋值运算符"="右侧的一系列值，依次赋给左侧的变量。

```
>>> x,y = 4,8
>>> print(x,y)
4 8
```

【例2-2】 输入两个数字存入变量 a,b 中，然后交换 a,b 值。

注意：赋值语句"a,b＝b,a"交换 a 和 b 的值。程序代码：

```
a = int(input())
b = int(input())
print(a,b)
a,b = b,a
print(a,b)
```

程序输入：

```
7
9
```

程序输出：

```
7 9
9 7
```

可以把值一次赋给多个变量，这叫多变量赋值。

```
>>> a = b = c = 5
>>> print(a,b,c)
5 5 5
```

a=b=c 表示变量 a,b,c 都引用同一对象"5"

```
>>> b = b + 6
>>> print(a,b,c)
5 11 5
```

注意：修改其中一个变量的值，不会影响其他变量的值。

赋值运算符可与"+"、"－"、"＊"和"/"组合在一起。"x = x + y"可以写成"x += y"。

```
>>> i = 2
>>> i ＊= 3 + 1      ＃i = i ＊ (3 + 1)
>>> i
8
```

2.5.2 if 语句

在 Python 中,if 语句可以是以下形式:

```
if 逻辑表达式:
    语句块 1
else:
    语句块 2
```

逻辑表达式的取值是 True 或 False。当逻辑表达式取值为 True,执行语句块 1;逻辑表达式取值为 False,执行语句块 2。用空格缩进语句块在 Python 中是具有语法意义的。例如,语句块 1 缩进的,表示它是属于 if 代码块。

【例 2-3】 输入一个整数,判断它的奇偶性。

程序代码:

```
x = int(input())
if x%2 == 0:
    print("偶数")
else:
    print("奇数")
```

程序输入:

```
8
```

程序输出:

```
偶数
```

程序输入:

```
9
```

程序输出:

```
奇数
```

当 x 除以 2 的余数为 0 时,表达式 x%2==0 取值为 True,否则为 False。请记住,"=="是用来做比较运算的,而"="用于赋值。

【例 2-4】 为鼓励居民节约用水,自来水公司采取按用水量阶梯式计价的办法,即居民应交水费 y(元)与月用水量 x(吨)相关:当 x 不超过 15 吨时,y=4x/3;超过后,y=2.5x−17.5,小数部分保留 2 位。请编写程序实现水费的计算。

程序代码:

```
x = float(input())
if x <= 15:
    y = 4 * x/3
else:
    y = 2.5 * x - 17.5
print("{:.2f}".format(y))    #格式化输出,小数部分保留 2 位
```

程序输入：

```
9.5
```

程序输出：

```
12.67
```

程序输入：

```
15
```

程序输出：

```
20.00
```

程序输入：

```
21.3
```

程序输出：

```
35.75
```

2.5.3 for 语句

for 语句的一种形式如下：

```
for variable in 列表:
    语句块
```

for 后面的变量先被赋于列表的第一个值，并执行下面的代码块。然后变量被赋给列表中的第二个值，再次执行代码块。该过程一直继续，直到穷尽这个列表。语句块缩进表示它是属于 for 代码块。

【例 2-5】 遍历列表，打印列表[1,2,3,4]所有元素。

程序代码：

```
for i in [1,2,3,4]:
    print(i)
```

程序输出：

```
1
2
3
4
```

range()函数返回在特定区间的自然数序列。range()函数的用法：

```
range(start,stop,step)
```

start:计数从 start 开始。默认是从 0 开始。例如，range(5)等价于 range(0,5)。

stop:计数到 stop 结束，但不包括 stop。例如，list(range(0,5))是[0,1,2,3,4]，没有 5。

step:步长，默认为 1。例如，range(0,5)等价于 range(0,5,1)

```
>>> list(range(10))          # 从 0 开始到 10,不包括 10
[0,1,2,3,4,5,6,7,8,9]
```

```
>>> list(range(1,11))        # 从 1 开始到 11,不包括 11
[1,2,3,4,5,6,7,8,9,10]
```

```
>>> list(range(0,30,4))      # 步长为 4
[0,4,8,12,16,20,24,28]
```

```
>>> list(range(0,-10,-1))# 步长为负数
[0,-1,-2,-3,-4,-5,-6,-7,-8,-9]
```

sum()函数是 Python 的另一个内置函数,它可以求列表的和。如求和:$1+2+3+\cdots+10$,用下面的程序就可以实现。

```
>>> sum([1,2,3,4,5,6,7,8,9,10])
55
```

用 range()函数可以写成:

```
>>> sum(list(range(1,11)))
55
```

【例 2-6】 输入 n(n>=10),求 $1+2+\cdots+n$ 之和。

程序代码:

```
n = int(input())
s = sum(list(range(n + 1)))
print(s)
```

程序输入:

```
100
```

程序输出:

```
5050
```

【例 2-7】 输入 n(n>=5),求 n!。

程序代码:

```
n = int(input())
factor = list(range(1,n + 1))
f = 1
for i in factor:
    f = f * i
print(f)
```

程序输入:

```
20
```

程序输出：

2432902008176640000

注意：这是一个很大的整数。

2.5.4 列表推导式

列表推导式是从一个或者多个列表快速简洁地创建列表的一种方法，又被称为列表解析。它可以将循环和条件判断结合，从而避免语法冗长的代码，同时提高程序性能。会使用推导式，说明你已经超越 Python 初学者的水平了。也就是说，使用列表推导式更符合 Python 的编程风格。

列表推导式最简单的形式如下：

lst = [expression for item in 列表]

通常情况下，expression 与 item 有关联。它与下面的语句块等价：

lst = []

for item in 列表:

    lst = lst + [expression]

列表 newlist 由列表[1,2,3,4,5]的每个元素乘以 2 组成。

```
>>> newlist = [2 * number for number in [1,2,3,4,5]]
>>> newlist
[2,4,6,8,10]
```

列表推导也可以有 if 条件。

lst = [expression for item in 列表 if condition]

它等价于下面语句块：

lst = []

for item in 列表:

    if condition:

        lst = lst + [expression]

下面产生元素是奇数的列表：

```
>>> number_list = [number for number in list(range(1,8)) if number % 2 == 1]
>>> number_list
[1,3,5,7]
```

【例 2-8】 求 $1+1/2+\cdots+1/20$ 之和。

如果能方便地产生列表：$[1,1/2,1/3,\cdots,1/20]$，则求和就很容易了。

程序代码：

```
print(sum([1/i for i in list(range(1,21))]))
```

程序输出：

3.597739657143682

【例 2-9】 求 $1-1/2+1/3-1/4+\cdots$之前 n 项和($n >= 10$)。

如何产生这样的列表？

$[1,-1/2,1/3,-1/4,1/5,\dots]$

下面列表推导式产生列表:$[1,-1/2,1/3,-1/4,1/5]$

```
>>> [1/i if i%2 == 1 else -1/i for i in list(range(1,6))]
[1.0, -0.5, 0.3333333333333333, -0.25, 0.2]
```

"1/i if i%2 == 1 else -1/i"是条件表达式,表示奇数项为正,偶数项为负。

程序代码:

```
n = int(input())
print(sum([1/i if i%2 == 1 else -1/i for i in list(range(1,n+1))]))
```

程序输入:

```
100
```

程序输出:

```
0.688172179310195
```

【例 2-10】 求 $1-1/3+1/5-1/7+\cdots-1/47+1/49$。

列表推导式的 if 条件和条件表达式可以同时使用!

注意如下列表推导式,用"i%2 == 1"这个条件取奇数,"i if i%4 == 1 else -i"这个条件表达式取正负值。

```
>>> [i if i%4 == 1 else -i for i in list(range(1,50)) if i%2 == 1]
[1, -3, 5, -7, 9, -11, 13, -15, 17, -19, 21, -23, 25, -27, 29, -31, 33, -35, 37, -39, 41, -43, 45, -47, 49]
```

程序代码:

```
print(sum([1/i if i%4 == 1 else -1/i for i in list(range(1,50)) if i%2 == 1]))
```

程序输出:

```
0.7953941713587581
```

【例 2-11】 6 是一个幸运的数字,求 $6+66+666+\cdots+666\cdots666$($n$ 个 $6, 5 \leqslant n \leqslant 10$)的和。

如何生成列表?

$[6,66,666,\cdots,666\cdots666]$

注意下面的表达式产生数字:66666

```
>>> int('6' * 5)
66666
```

程序代码:

```
n = int(input())
print(sum([int('6' * i) for i in list(range(1,n+1)]))
```

程序输入:

```
7
```

程序输出:

```
7407402
```

2.6 格式化输出

【例 2-12】 输入 2 个正整数 lower 和 upper(lower <upper <100),请输出一张取值范围为[lower,upper),且每次增加 2 华氏度的华氏—摄氏温度转换表,小数部分保留一位。温度转换的计算公式:C=5×(F−32)/9,其中:C 表示摄氏温度,F 表示华氏温度。

程序代码:

```
lower,upper = input().split()          # 一行输入两个数,是字符串类型
lower,upper = int(lower),int(upper)     # 字符串变成整数
for i in range(lower,upper,2):
    print("华氏:",i,"摄氏:","{:.1f}".format(5 * (i - 32)/9))
```

程序输入:

```
30 40
```

程序输出:

```
华氏: 30 摄氏: − 1.1
华氏: 32 摄氏: 0.0
华氏: 34 摄氏: 1.1
华氏: 36 摄氏: 2.2
华氏: 38 摄氏: 3.3
```

format()函数是 Python 的内置函数,用来设置输出格式,详细介绍见后面章节。

字符串格式化可以设置靠左、靠右或中间输出。

```
>>> s = "字符串格式化"
>>> "{0}".format(s)          #默认格式化,字符串左对齐
'字符串格式化
>>> "{0 :>30}".format(s)     #输出宽度 30,">"表示右对齐
'                              字符串格式化'
>>> "{0:$^30}".format(s)     #输出宽度 30,"^"表示居中,用 $ 字符代替空格
'$ $ $ $ $ $ $ $ $字符串格式化$ $ $ $ $ $ $ $ $'
```

下面的语句中,0 和 1 表示 format 函数中的第一和第二个参数,.2f 表示小数部分保留两位,四舍五入。

```
>>> x = 3.14159
>>> y = 2 * x * 3
>>> x
3.14159
>>> y
18.849539999999998
```

```
>>> print("first = {0 :.2f},second = {1 :.2f}".format(x,y))
first = 3.14,second = 18.85
>>>
```

2.7 位运算

位运算符用于按二进制位进行逻辑运算,操作数必须是整数。

Python 有 &、|、∧、~、<<、>> 6 个位运算符。表 2-11 中 a 等于 5,b 等于 17。写成 8 位二进制形式:

a = 00000101   b = 00010001

表 2-11   运算符说明

运算符	说 明	示 例
&	按位与运算符:参与运算的两个值,如果两个相应位都为 1,则该位的结果为 1,否则为 0。类似二进制乘法	a & b 等于 1
|	按位或运算符:只要对应的两个二进位有一个为 1 时,则该位就为 1。类似二进制加法	a | b 等于 21
^	按位异或运算符:当两对应的二进位值相异时,结果为 1	a ^ b 等于 20
~	按位取反运算符:对数据的每个二进制位取反,即把 1 变为 0,把 0 变为 1	~a 等于 −6
<<	左移动运算符:运算数的各二进位全部左移若干位,<< 右边的数字指定了移动的位数,高位丢弃,低位补 0	a << 2 等于 20
>>	右移动运算符:运算数的各二进位全部右移若干位,>> 右边的数字指定了移动的位数	a >> 2 等于 1

a&b = 00000101 & 00010001 = 00000001

a|b = 00000101 | 00010001 = 00010101

a^b = 00000101 ^ 00010001 = 00010100

~a = ~00000101 = 11111010

a<<2 = 00000101<<2 = 00010100

a>>2 = 00000101>>2 = 00000001

```
>>> a = 5
>>> b = 17
>>> print(a & b,a | b,a ^ b,~a,a<<2,a>>2)
1 21 20 − 6 20 1
```

思考:用原码、反码和补码解释 ~a 的值是 −6,即等于 − a − 1。

【例 2-13】   a&b 运算的二进制表示。

bin(a)[2:]表示先把 a 变成二进制字符串,然后取字符串从第二个到最后的所有字符。

程序如下：

```
a = 5
b = 17
print("  ","{:>08s}".format(bin(a)[2:]))
print("& ","{:>08s}".format(bin(b)[2:]))
print(" - - - - - - - - - -")
print("  ","{:>08s}".format(bin(a&b)[2:]))
```

运行程序，显示：

```
    00000101
&   00010001
- - - - - - - - - -
    00000001
```

本章小结

1.在 Python 中，不需要事先声明变量名和类型，直接赋值就可以创建任意类型的变量。

2.整数、浮点数、复数、布尔和字符串是基本数据类型。

3.Math 是一个数学库，包含大量的数学函数。

4.None 是一个特殊值，表示空值。

5.列表是 Python 常用的数据类型，非常有用。

6.语句主要有赋值、条件和循环三种，本章介绍了 for 循环。

7.列表推导式是 Python 编程的有力工具，书写简介，相对性能高。

8.format()是一个内置函数，用于字符串格式化。

✎ 习 题

一、单选题

1.下列数据类型中，Python 不支持的是_____。

A. char　　　　　　B. int　　　　　　C. float　　　　　　D. list

2.Python 语句 print(type(1J))的输出结果是_____。

A. <class 'complex'>　　　　　　B. <class 'int'>

C. <class 'float'>　　　　　　D. <class 'dict'>

3.Python 语句 print(type(1/2))的输出结果是_____。

A. <class 'int'>　　　　　　B. <class 'number'>

C. <class 'float'>　　　　　　D. <class 'double'>

4. Python 语句 print(type(1//2)) 的输出结果是_____。

A. <class 'int'>　　　　　　　　　B. <class 'number'>

C. <class 'float'>　　　　　　　　D. <class 'double'>

5. Python 语句 a＝121＋1.21;print(type(a)) 的输出结果是_____。

A. <class 'int'>　　　　　　　　　B. <class 'float'>

C. <class 'double'>　　　　　　　D. <class 'long'>

6. Python 语句 print(0xA＋0xB) 的输出结果是_____。

A. 0xA＋0xB　　　　B. A＋B　　　　C. 0xA0xB　　　　D. 21

7. Python 语句 x = 'car';y = 2;print（x＋y）的输出结果是_____。

A. 语法错　　　　　B. 2　　　　　　C. 'car2'　　　　　D. 'carcar'

8. Python 表达式 sqrt(4) * sqrt(9) 的值为_____。

A. 36.0　　　　　　B. 1296.0　　　　C. 13.0　　　　　D. 6.0

9. 关于 Python 中的复数,下列说法错误的是_____。

A. 表示复数的语法是 real＋image j　　B. 实部和虚部都是浮点数

C. 虚部必须加后缀 j,且必须是小写　　D. 方法 conjugate 返回复数的共轭复数

10. Python 语句 print(chr(65)) 的运行结果是_____。

A. 65　　　　　　　B. 6　　　　　　C. 5　　　　　　D. A

11. 关于 Python 字符串,下列说法错误的是_____。

A. 字符即长度为 1 的字符串

B. 字符串以\0 标志字符串的结束

C. 既可以用单引号,也可以用双引号创建字符串

D. 在三引号字符串中可以包含换行回车等特殊字符

二、填空题

1. Python 表达式 10＋5//3 －True＋False 的值为_____。

2. Python 表达式 3＊＊2＊＊3 的值为_____。

3. Python 表达式 17.0/3 ＊＊2 的值为_____。

4. Python 表达式 0 and 1 or not 2<True 的值为_____。

5. Python 语句 print(pow(－3,2),round(18.67,1),round(18.67,－1)) 的输出结果是_____。

6. Python 语句 print(round(123.84,0),round(123.84,－2),floor(15.5)) 的输出结果是_____。

7. Python 语句 print(int("20",16),int("101",2)) 的输出结果是_____。

8. Python 语句 print(hex(16),bin(10)) 的输出结果是_____。

9. Python 语句 print(abs(－3.2),abs(1－2j)) 的输出结果是_____。

10. Python 语句 x＝True;y＝False;z＝False;print(x or y and z) 的程序运行结果是_____。

11. Python 语句 x = 0;y = True;print(x >= y and 'A'<'B') 的程序运行结果

是_____。

12. 已知 a = 3;b = 5;c = 6;d = True,则表达式 not d or a >= 0 and a + c > b + 3 的值是_____。

13. Python 表达式 16 − 2 * 5 > 7 * 8/2 or "XYZ"! = "xyz" and not (10 − 6 > 18/2) 的值是_____。

14. Python 语句 print("hello" 'world') 的结果是_____。

15. 表达式 −−3 的结果是_____。

16. 表达式 True and print("right") 的结果是_____。

17. 汉字"张"的 Unicode 编码是_____。

三、编程题

1. 输入一个正整数 n,求 1+2+3+⋯+n 的累加和。

2. 计算分段函数。

本题目要求计算下列分段函数 $f(x)$ 的值:

$$y = f(x) = \begin{cases} \dfrac{1}{x}, & x \neq 0 \\ 0, & x = 0 \end{cases}$$

在一行中输入实数 x。

在一行中按"$f(x) = $ result"的格式输出,其中 x 与 result 都保留一位小数。

3. 阶梯电价

为了提倡居民节约用电,某省电力公司执行"阶梯电价",安装一户一表的居民用户电价分为两个"阶梯":月用电量 50 千瓦时(含 50 千瓦时)以内的,电价为 0.53 元/千瓦时;超过 50 千瓦时,超出部分的用电量,电价上调 0.05 元/千瓦时。请编写程序计算电费。

在一行中输入某用户的月用电量(单位:千瓦时)。

在一行中输出该用户应支付的电费(元),结果保留两位小数,格式如:"cost = 应付电费值";若用电量小于 0,则输出"Invalid Value!"。

4. 特殊 a 串数列求和.

给定两个均不超过 9 的正整数 a 和 n,要求编写程序求 a+aa+aaa+⋯+aa⋯a(n 个 a)之和。

在一行中输入不超过 9 的正整数 a 和 n。在一行中按照"s = 对应的和"的格式输出。

5. 求奇数和。

本题要求计算给定的一系列正整数中奇数的和。

输入是在一行中给出一系列正整数,其间以空格分隔。当读到零或负整数时,表示输入结束,该数字不要处理。如输入:8 7 4 3 70 5 6 101 −1。输出是:116。

6.求交错序列前 N 项和。

本题要求编写程序,计算交错序列 $1-2/3+3/5-4/7+5/9-6/11+\cdots$ 的前 N 项之和。

在一行中输入一个正整数 N,在一行中输出部分和的值,结果保留三位小数。

7.输入 2 个正整数 lower 和 upper($-20 <= $ lower $<= $ upper $<= 50$),表示摄氏范围。请输出一张取值范围为[lower,upper],且每次增加 2 摄氏度的摄氏-华氏温度转换表。温度转换的计算公式:F=C×1.8+32,其中,C 表示摄氏温度,F 表示华氏温度。

CHAPTER 3

第3章

使用字符串、列表和元组

3.1 序列的访问及运算符

3.1.1 什么是序列

数据容器是现代程序设计重要的基础设施。容器就是放数据的东西,一个容器里可以放很多的数据,随着数据不断地加入容器,容器自己会逐渐变大。容器的大小只受计算机本身的限制。

序列是其中一大类数据容器的统称,这一类容器中的每个数据被分配了一个序号,通过这个序号可以访问其中的每个数据,这个序号叫做索引或下标。序列中的第一个索引是0,第二个是1,以此类推。

序列的索引从0开始,是程序设计语言的传统,也是为了 Python 解释器自身的方便,但是对初学者会带来一些困扰。当有人说某个序列的第一个数据的时候,他到底指的是索引为0的那个还是索引为1的那个呢? 所以,有的时候,我们会用第1号数据(即索引为0)的方式来更明确地表达。

Python 包含6种内建的序列,包括列表、元组、字符串、Unicode 字符串、buffer 对象和 range 对象。

3.1.2 通用序列操作

所有序列类型都可以进行某些特定的操作,包括索引、分片、加、乘以及检查某个元素是否属于序列,如表 3-1 所示。另外,Python 还有计算序列长度、找出最大元素和最小元素的内建函数。

表 3-1　序列的操作

操　　作	描　　述
X1 + X2	连接序列 x1 和 x2,生成新序列

续表

操　作	描　述
X * n	序列 X 重复 n 次,生成新序列
X[i]	引用序列 X 中下标为 i 的成员
X[i:j]	引用序列 X 中下标为 i 到 j−1 的子序列
X[i:j:k]	引用序列 X 中下标为 i 到 j−1 的子序列,步长为 k
len(X)	计算序列 X 中成员的个数
max(X)	序列 X 中的最大值
min(X)	序列 X 中的最小值
v in X	检查 v 是否在序列 X 中,返回布尔值
v not in X	检查 v 是否不在序列 X 中,返回布尔值

1.访问单个数据

序列中所有的数据都是有编号的,我们把这个编号叫作索引或下标,把这些数据叫作元素或单元。

我们用[]来访问序列中的一个元素。比如:

```
prompt = 'hello'
print(prompt[0])
```

就会得到

```
h
```

这里,用一对单引号括起来的文字是一个字符串,它也是序列的一种,对这个字符串做[0]的操作,就可以得到它的第一个元素,也就是字符串中的第一个字符。

在[]中的数字就是要访问的元素的下标,最小的下标是 0,最大的下标是这个序列的元素个数减 1。对于上面的 prompt,它有 5 个字符:h、e、l、l、o。所以,prompt 能接受的最大下标为 4。

```
print(prompt[4])
```

结果是:

```
o
```

如果给序列提供了不存在的下标,比如大于等于其中元素的个数,就会发生运行错误:

```
print(prompt[5])
```

结果是:

```
Traceback (most recent call last):
File "<pyshell♯3>",line 1,in <module>
prompt[5]
IndexError:string index out of range
```

意思是发生了字符串下标越界。

但如果下标是负数呢？举例如下：

```
print(prompt[-1])
```

结果是：

```
o
```

当下标是负数时，表示从序列的最后面向前数，最后的那个元素的下标是−1，倒数第二个是−2，以此类推。所以：

```
print(prompt[-4])
```

结果是：

```
e
```

2.访问一部分数据

如果要获得一个序列中的一部分，可以使用切片。切片通过冒号分隔的两个索引来实现：

```
a = [2,3,5,7,11,13]
print(a[1:3])
```

结果是：

```
[3,5]
```

这里 a 是一个用方括号([])括起来的多个数值，每个值之间用逗号(,)分隔。这样的数据叫作列表。列表也是序列的一种。

和访问单个数据相似，序列变量后面的[]表示要访问序列中的一部分，如果[]里只有一个值，那么就是访问单个数据；当[]里有冒号(:)分隔的两个值的时候，就是要访问连续的一部分数据，这就叫作切片。

冒号前面的索引值，表示切片开始的位置，冒号后面的索引值，表示切到它前面为止，这个索引值本身并不进入切片。换句话说，冒号分隔的两个值，表示要在它们前面"切"一刀来分隔这个序列，如图 3-1 所示。

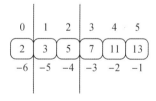

图 3-1 切片示意

所以，a[1:3]就是要在 1 号索引和 3 号索引之前各切一刀，于是这个切片所表达的就是 a[1]、a[2]这两个单元了。

访问单个数据的时候可以使用负的索引值，访问切片的时候也可以使用负索引值。所以：

```
a[1:-3]
```

结果就是

[3,5]

如果想获得从 2 号索引开始的所有数据,用 a[2:-1]是不行的,这样得到的切片是
[5,7,11],并不包括最后一个。要获得包括最后一个数据的切片,可以用 a[1:]。

当切片的第二个索引值不存在时,就表示要一直切到最后一个数据之后。当需要
获得一个序列的最后几个数据时,这样的切片会很方便:

a[-3:]

结果就是:

[7,11,13]

同样的,如果切片的起点是 0 号索引,这个起点也是可以省略的:

a[:-2]

结果就是:

[2,3,5,7]

切片还可以指定第三个参数,如:

a[0:5:2]

结果就是:

[2,5,11]

这里的第三个参数 2,表示每隔 2 个数据取一个来做切片。因此 3 和 7 就被略
过了。

如果第三个参数是负数,还可以表示逆向取切片:

a[-1:0:-1]

结果就是:

[13,11,7,5,3]

注意,当逆向取切片的时候,第二个数值所表示的索引位置同样也是不包含在结果
切片中的,所以 0 号数据并没有出现在结果的切片中。如果要表示将整个序列逆过来,
可以用[::-1]的切片形式。

3.复制一个序列

如果直接用赋值运算来将一个保存了序列的变量赋给另一个变量,实际的结果是
两个变量表达了同一个序列,如果对其中的一个变量中的序列内容做了修改,通过另一
个变量也会看到这个修改,如:

a = [2,3,5,7,11,13]

b = a

b[0] = 1

print(a)

就会得到:

[1,3,5,7,11,13]

如果想要复制一个序列给另一个变量,让两个变量各自拥有独立的序列,可以用

切片：

```
a = [2,3,5,7,11,13]
b = a[:]
b[0] = 1
print(a)
```

这时候的结果就是：

```
[2,3,5,7,11,13]
```

　　这里，a[:]这个切片的两个数值都省略了，就表示从头到尾的整个序列被"切"出来作为一个新的序列。

3.1.3　序列的运算符

　　用于数值计算的加减乘除运算符，也有两个可以用于序列，就是加号（＋）和乘号（＊）。当然它们的作用与数值计算是不同的。

　　1.加号连接两个序列

　　对两个序列做加法，结果就是把两个序列连接起来，并保持原有的顺序不变。比如：

```
a = [2,3,5,7,11,13]
b = [4,6,8,9,10,12]
print(a + b)
```

结果就是：

```
[2,3,5,7,11,13,4,6,8,9,10,12]
```

同样的，两个字符串的加法运算也就是形成了一个更大的字符串：

```
'hello' + ' world'
```

结果就是：

```
'hello world'
```

　　2.乘号重复序列

　　乘号用来把一个序列重复若干遍并连接成一个大的序列。比如：

```
[4,0,4] * 3
```

结果就是：

```
[4,0,4,4,0,4,4,0,4]
```

　　这个运算对于字符串也是一样的。

　　3.检查数据是否在序列中

　　如果要检查某个数值是否在序列中，可以用 in 运算符。比如：

```
a = [2,3,5,7,11,13]
print(3 in a)
```

结果就是：

```
True
```

in 运算符的结果是一个逻辑值:True 或 False。如果 in 前面的数据在 in 后面的序列中,这个运算的结果就是 True,反之就是 False。

不过,尽管所有的序列都可以用 in 来检查某个数据是否在序列中,但对于列表和字符串而言,in 还是有所不同的。

对于列表,我们只能用 in 检查单个数据是否在列表中,比如:

```
a = [2,3,5,7,11,13]
[2,3] in a
```

结果就是:

```
False
```

而:

```
b = [[2,3],5,6,11,13]
[2,3] in b
```

结果就是:

```
True
```

因为对于 a 而言,2,3 这样单个的数值才是其中的数据。[2,3] 是 a 的一个切片,但不是 a 的一个数据。而 b 的第一个数据是 [2,3],所以 [2,3] in b 的结果是 True。

而对于字符串来说情况有所不同:

```
s = 'hello'
print('e' in s)
print('he' in s)
```

结果就是:

```
True
True
```

也就是说,in 可以检查某个字符串是否是另一个字符串的一部分。

3.1.4 计算序列的长度和最值

len() 函数返回序列内数据的个数,比如:

```
len([2,3,5,7])
```

结果就是:

```
4
```

而:

```
len('hello world')
```

结果就是:

```
11
```

因为序列内数据的索引是从 0 开始编号的,所以序列 x 内的最大的索引就正好等于 len(x) − 1。

min() 和 max() 函数给出序列内所有数据的最小值和最大值。

如果序列内放的是数字,这个大小还比较好理解,就是数值的大小,比如:

```
min([2,3,5,7,11,13])
```
结果就是:
```
2
```

当序列内放的是字符串,或者序列本身就是字符串的时候,Python 会按照 Unicode 的编码大小来计算内容的大小,比如:
```
min('好好学习天天向上')
```
结果就是:
```
'上'
```

因为"好好学习天天向上"这几个字的 Unicode 编码以十六进制表示,依次为:
```
597d 597d 5b66 4e60 5929 5929 5411 4e0a
```
所以"4e0a"所代表的"上"是最小的,而:
```
min(['apple','orange','melon'])
```
结果就是:
```
'apple'
```

因为"a"的 Unicode 编码比"o"和"m"都小。

3.2　字符串使用

3.2.1　什么是字符串

计算机不仅仅能做狭义上的"计算",也就是数值计算,当然也能做涉及文字甚至是图片和音视频数据的广义上的"计算"。字符串是一种基本的信息表示方式,所有的编程语言都支持字符串的操作。

字符串就是一连串的字符。在 Python 中,用引号扩起来的都是字符串,这里的引号可以是单引号' ',也可以是双引号" "。下面两个都是字符串:
```
'Python is the best.'
"Programming is fun."
```

引号必须成对出现,如果一个字符串的开始用了单引号,那么在结束的地方也必须使用单引号。于是,如果单引号或双引号是字符串的内容之一,就可以使用另一种引号来做字符串的括号:
```
"It's amazing!"
'He said,"You are so cool!"'
```

1.长字符串

Python 还支持第三种形式的字符串字面量,就是用连续的三个引号(双引号或单引号都可以)括起来的字符串。这样的字符串支持多行:
```
'''This is a test
for multiple lines
of text.'''
```

这样产生的字符串，会带着两个表示换行的特殊符号：

'This is a test\nfor multiple lines\nof text.'

其实用普通的单对引号也可以表示跨行的长字符串，即在每一行结尾的地方，放一个反斜杠（\），就可以了。这个反斜杠表示这一行还没有结束，那么下一行的内容就还是那个字符串的一部分：

```
'hello \
world'
```

结果就是：

'hello world'

可以看到，和三个引号表示的长字符串不同，这里并不会为你产生表示换行的"\n"，而是直接把两行连接了起来。

2.原始字符串

在一个字符串字面量前加一个字符 r，表示这个字符串是原始字符串，其中的\不要被当作是转义字符前缀，而是直接被编进字符串中。比如：

```
s = 'hello\nworld'
r = r'hello\nworld'
print(s)
print(r)
```

结果就是；

```
hello
world
hello\nworld
```

"s"是普通字符串，其中的"\n"被当作是一个转义字符，从而形成了换行的效果。而"r"是原始字符串，其中的"\n"被当作是普通的两个字符，所以就没有了换行的效果，而是直接把"\n"给输出出来了。

3.字符串不可修改

字符串是 Python 的一种数据类型，可以用来赋给变量，可以打印输出，可以从外部输入，也可以做运算。Python 的字符串是一种序列，前面介绍的序列的所有操作，对字符串都是可行的。比如用加号（＋）可以合并（连接）两个字符串，用 len()函数可以得到字符串的长度（字符的数量），用切片可以得到子字符串或复制整个字符串。除此之外，字符串还有一些自己的特点和操作。

Python 的字符串是不可修改的数据。我们可以通过对字符串做运算来产生新的字符串，但不能对已有的字符串做修改。比如：

```
s = 'hello'
s[0] = 'k'
```

就会得到错误：

```
Traceback (most recent call last):
File "<stdin>",line 1,in <module>
TypeError:'str' object does not support item assignment
```

意思是说字符串不支持对其中的内容赋值。

如果把一个新的字符串赋值给一个已经保存了字符串的变量,所做的事情也不是修改原有的字符串的内容,而是让变量去管理新的字符串:

```
s = 'hello'
s = 'bye'
```

第二次对 s 的赋值,不会修改'hello'的内容,而是让 s 不再管理'hello',转而管理'bye'。

3.2.2 字符串常用方法或函数

字符串常用方法或函数,如表 3-2 所示。完整的函数和方法说明见附录 A.2。

表 3-2 字符串常用方法或函数

字符串常用方法或函数	解 释
S.title()	字符串 S 首字母大写
S.lower()	字符串 S 变小写
S.upper()	字符串 S 变大写
S.strip(),S.rstrip(),S.lstrip()	删除前后空格,删除右空格,删除左空格
S.find(sub[,start[,end]])	在字符串 S 中查找 sub 子串首次出现的位置
S.replace(old,new)	在字符串 S 中用 new 子串替换 old 子串
S.join(X)	将序列 X 合并成字符串
S.split(sep = None)	将字符串 S 拆分成列表
S.count(sub[,start[,end]])	计算 sub 子串在字符串 S 中出现的次数

1.查找子串

用 in 运算符可以得知某个子串是否存在,而字符串的 find()函数可以获得子串所在位置,如果不存在则返回−1。比如:

```
s = 'This is a test.'
print(s.find('is'))
```

结果就是:

```
2
```

这个 2 表明第一次(自左向右)出现的 is 出现在索引为 2 的位置上。

find()函数还可以指定搜索的起点和/或终点。因此,在找到了第一个 is 之后,可以用那个值继续寻找下一个。比如:

```
s = 'This is a test.'
k = s.find('is')
print(k)
k = s.find('is',k+1)          ♯不指定终点
print(k)
k = s.find('is',k+1,len(s)-1)
print(k)
```

结果就是：

```
2
5
-1
```

当指定搜索的终点时，所指定的终点并不包含在搜索的范围内，这和切片的原则是一样的。

除了可以从左边找起，rfind()函数还可以实现从右边开始搜索的功能。rfind()的其他细节和find()是一样的。

除了可以查找子串在哪里，Python还可以帮你数一下子串出现的次数。这要用到字符串的count()函数，比如：

```
s = 'This is a test.'
print(s.count('is'))
```

结果就是：

```
2
```

和find()函数一样，count()函数也可以指定搜索的起点和终点。

2.修改大小写

Python的字符串有三个函数可以用来产生大小写不同的新字符串：lower()、upper()和title()。

title()产生每个单词首字母大写的字符串，特别适合做英文文章的标题，比如：

```
name = 'john johnson'
print(name.title())
print(name)
```

结果就是：

```
John Johnson
john johnson
```

第一行的John Johnson是title()函数产生的新的字符串，所以第二行再输出name的值，还是全部小写的john johnson。

lower()和upper()函数的作用是直接把整个字符串所有的字母都变成小写或大写。和title()函数一样，它们也不会修改已有的字符串，而是产生一个新的字符串，比如：

```
name = 'Mary Robinson'
print(name.upper())
print(name.lower())
print(name)
```

结果就是:

```
MARY ROBINSON
mary robinson
Mary Robinson
```

3.删除两端的空白

有时候字符串两端可能会出现一些空格,当打印或输出在屏幕上时,这些空格是看不见的,如果前后没有其他内容,甚至可能都看不出来。但是对于计算机来说,'Python'和' Python ',其中有和没有空格是完全不同的内容。

在处理文本内容时,经常会遇到要对有空格或没有空格的字符串进行比较的操作。所以,去掉两端的空格是一种常见的运算。Python 的字符串有两个函数用来产生去掉了头部或尾部空格的新字符串,比如:

```
name = "Python "
name.rstrip()
```

就会得到:

```
'Python'
```

而此时 name 的值并没有改变,还是带有尾部的空格的。

rstrip()函数用于去掉字符串尾部,也就是右边的空格,这就是它的名字的第一个字母 r 的意思(right)。如果要去掉字符串头部的空格,需要用 lstrip()函数。比如:

```
name = " Python"
name.lstrip()
```

就会得到:

```
'Python'
```

如果要去掉字符串两端的空格,可以使用不带着 r 或 l 的 strip()函数,比如:

```
name = " Python "
name.strip()
```

就会得到:

```
'Python'
```

在具体的程序中,常常在从用户或外部得到一个字符串之后,对它做两端的去空格操作,再来做比较、保存等计算。

4.替换字符串中的字符

replace()函数返回某个字符串中的所有匹配项被替换后的新字符串。比如:

```
s = 'This is a test.'
t = s.replace('is','eez')
print(t)
print(s)
```

结果就是：

```
Theez eez a test.
This is a test.
```

s 中的两处 is 都被替换成了 eez,这个结果被赋给了 t,同时 s 保持不变。

3.2.3 将数字转换成字符串

程序通常是用数字(包括整数和浮点数)来做计算,用字符串来做输出,以得到对用户友好的输出内容。因此在输出的字符串中,往往需要夹带着计算结果的数字。直接把字符串和数字用加号连接是不行的,比如：

```
age = 23
print('Happy Birthday' + age + '! ')
```

会得到错误：

```
Traceback (most recent call last):
File "<stdin>",line 1,in <module>
TypeError:must be str,not int
```

意思是发生了类型错误,加号的后面必须是字符串,而不能是整数。

要把计算结果的数字放进字符串中,有两种方法:一是使用 str()函数把数字转换成字符串,然后用加号来连接前后的字符串;二是使用字符串的格式化函数 format()。比如：

```
age = 23
print('Happy Birthday' + str(age)  + '! ')
```

str()函数把任何可能转换成字符串的数据转换成对应的字符串表达形式,然后就可以参与字符串的运算了。

下面介绍 format()函数或方法格式化字符串,其基本形式如下：

格式字符串.format(值1,值2,...)

格式字符串由固定字符和格式说明符混合组成,格式说明符也称占位符,用{ }表示,由 format()函数的对应参数代替。格式说明符的语法形式如下：

{[参数索引或键]:格式控制标记}

参数索引从 0 开始,对应 format()函数的第一个参数,以此类推。如果不写参数索引,则按从左到右顺序决定参数索引,比如：

```
age = 23
name = 'John Johnson'
print('Happy Birthday {0:d},{1:s}'.format(age,name))
```

结果就是:

'Happy Birthday 23,John Johnson! '

这里的 d 表示要替换一个整数进来,s 表示要替换一个字符串进来:

'my name is {},age {}'.format('Mary',18)

'my name is {1},age {0}'.format(10,'Mary')

'my name is {1},age {0} {1}'.format(10,'lalala')

结果依次是:

'my name is Mary,age 18'

'my name is Mary,age 10'

'my name is lalala,age 10 lalala'

{[参数索引或键]:格式控制标记}的一般格式如下。

{[参数索引或键]:<填充字符><对齐方式><最小宽度.精度><数据类型>}

Python 字符串的数据类型如表 3-3 所示。

表 3-3　Python 字符串的数据类型

数据类型	含　　义
d	以十进制表示整数
f	表示浮点数
s	表示字符串
c	整数对应的 Unicode 字符
o	以八进制表示整数
x	以十六进制数表示整数,用小写字母
X	以十六进制数表示整数,用大写字母
%	浮点数的百分形式
%e	科学计数法表示的浮点数
%E	大写的 E 表示的科学计数法

下面给出了几种组合的例子:

'{0:*>10d}'.format(10)　　　　　　# *是填充字符,右对齐

'{0:*<10d}'.format(10)　　　　　　# *是填充字符,左对齐

'{0:*^10d}'.format(10)　　　　　　# *是填充字符,居中对齐

'{0:.2f}'.format(1/3)　　　　　　#小数点保留两位

'{0:b}'.format(10)　　　　　　#二进制

'{0:o}'.format(10)　　　　　　#八进制

'{0:x}'.format(10)　　　　　　#十六进制

相应的结果是：

```
'********10'
'10********'
'****10****'
'0.33'
'1010'
'12'
'a'
```

【例 3-1】 输入四个字符串,求这些字符串的最大长度。

程序代码：

```
length = 0
for i in range(4):
  a = len(input())
  if a>length:
    length = a

print(length)
```

程序输入：

```
red
blue
yellow
green
```

程序输出：

```
6
```

3.3 列表和元组使用

3.3.1 列表

列表是一种序列,是由一系列按照指定顺序排列的元素组成的。列表中的元素不需要有联系,甚至不需要是同一种类型的数据。列表的字面量用方括号([])表示,其中的元素之间用逗号(,)分隔。下面两个都是列表的例子：

```
[2,3,5,7,11,13]
['Jan','Feb','Mar']
```

列表是一种序列,所以前述的序列的所有特性和操作对于列表都是成立的。除此之外,列表还有自己特殊的操作。

有两种创建列表的方法:直接使用列表字面量或是用 list() 函数将其他数据类型转换成一个列表。

```
a = []
```

这样就创建了一个空的列表,之后可以向其中添加元素。

```
a = [2,3,5,7,11,13]
```

这样就创建了一个有一些值的列表,当然之后还可以继续向其中添加元素。

```
a = list('hello')
```

这会把'hello'这个字符串中的每一个元素,也就是每一个字符提取出来,每一个字符作为列表的一个元素,构成一个列表,所以 a 的内容是:

```
['h','e','l','l','o']
```

list()函数也可以把其他的序列类型的数据转换成列表。比如:

```
list(range(1,10,2))
```

就得到了 10 以内的奇数的列表:

```
[1,3,5,7,9]
```

要注意的是,尽管 list()看起来就是一个函数,但实际上它还是一个类型,而不只是一个函数。

列表的元素可以是任何类型,当然也可以是列表。当列表的元素是列表时,就可以构成多维的列表,就像一个矩阵。比如下面的列表:

```
matrix = [
  [1,2,3,4,5],
  [3,0,8,11,14],
  [5,6,9,12,16],
  [7,0,0,0,0],
  [9,11,17,0,15]
]
```

表示的就是图 3-2 的矩阵。

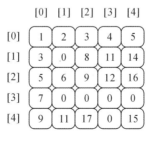

图 3-2 矩阵

这里,matrix[0]是一个列表,表达的是矩阵的第一行[1,2,3,4,5];而这一行中的第一个元素 1,可以用 matrix[0][0] 来访问。同样的,第 3 行第 3 列的那个 9,就是 matrix[2][2]。

矩阵的每一行都是一个列表,可以在行上做列表的各种操作。但是矩阵的列不是一个数据,而是由贯穿在各行中相同位置上的数据所组成的,因此对矩阵的列的操作不能直接用列表的方法来进行。

3.3.2　基本的列表操作

1.列表元素赋值

列表和字符串不同,列表中的元素都是可以修改的,所以可以直接对列表的某个元素赋值:

```
a = [1,3,5,7,11]
a[0] = 2
print(a)
```

就得到:

```
[2,3,5,7,11]
```

但是,不能为不存在位置上的元素赋值,即当所给的索引超过最大的范围时,就会产生一个错误。

2.删除元素

Python 提供了专门的 del 语句来删除列表中的元素。del 的一般形式是:

```
del <列表元素>
```

比如:

```
name = ['Alice','Kim','Karl','John']
del name[2]
print(name)
```

结果就是:

```
['Alice','Kim','John']
```

删除了 name[2] 之后,列表的元素个数减少了,原来的 name[2] 不见了,而新的 name[2] 就是原来的 name[3]。在上面的三行代码之后再执行:

```
print(len(name))
print(name[2])
```

就得到:

```
3
John
```

注意:这里 del 是一个语句,而不是列表的一个函数。

3.切片赋值

切片表达了列表中一段,它也可以放在赋值号的左边,接受一个别的列表,用来替换切片所表达的那一段。比如:

```
name = list('Perl')
name[2:] = list('ar')
print(name)
```

结果就是:

```
['P','e','a','r']
```

name 一开始的值是：['P','e','r','l']，它的切片[2:]就是['r','l']，这两个元素被替换成"ar"展开后的列表['a','r']，于是结果就成了['P','e','a','r']。

切片赋值的时候，甚至可以给切片赋数量不同的新列表（或切片），这样实际上就可以实现插入和删除了。比如：

```
number = [1,5]
number[1:1] = [2,3,4]
print(number)
```

结果就是：

```
[1,2,3,4,5]
```

如果给切片赋值一个空列表[]，实际上就意味着删除了那一段切片。

3.3.3 列表的函数或方法

列表的常用方法或函数如表 3-4 所示。

表 3-4 列表的常用方法或函数

列表的常用方法或函数	描　　述
L.append(x)	在列表 L 尾部追加 x
L.clear()	移除列表 L 的所有元素
L.count(x)	计算列表 L 中 x 出现的次数
L.copy()	列表 L 的备份
L.extend(x)	将列表 x 扩充到列表 L 中
L.index(value[,start[,stop]])	计算在指定范围内 value 的下标
L.insert(index,x)	在下标 index 的位置插入 x
L.pop(index)	返回并删除下标为 index 的元素，默认是最后一个
L.remove(value)	删除值为 value 的第一个元素
L.reverse()	倒置列表 L
L.sort()	对列表元素排序

列表提供了一些函数来对列表做操作。这些函数是列表的，所以要使用<列表>.<函数>的方式来调用。

1.追加函数 append()

append()函数用来在列表的末尾增加一个元素。比如：

```
a = [2,3,5,7,11]
a.append(13)
print(a)
```

结果就是：

[2,3,5,7,11,13]

　　这和字符串的函数完全不同。字符串是一种不可修改的数据类型，所以字符串的所有函数都是产生一个新的字符串，而不会修改自己的内容。列表的大多数函数都是直接对自己做修改。所以 a.append() 之后，a 就多了一个新的元素了。

　　2.扩展函数 extend( )

　　extend() 函数把另一个列表的内容添加到自己的末尾。比如：

```
a = [2,3,5,6,11]
a.extend([13,17])
print(a)
```

结果就是：

[2,3,5,6,11,13,17]

　　乍看之下这和用加号连接两个列表是一样的，不同的是，用加号连接的时候，加号两端的两个列表都没有被修改，而是产生了一个新的列表。用 extend() 函数的时候，就是直接修改了执行 extend() 函数的那个列表。

　　3.插入函数 insert( )

　　insert() 函数用来将一个数据插入到列表中的某处去。append() 函数只能在列表的末尾添加，而 insert() 函数可以插入到任何位置的前面去。insert() 函数需要两个值，第一个是插入的位置，第二个是值。当插入的位置不存在时，就会添加到末尾去。比如：

```
a = [2,3,5,6,11]
a.insert(2,4)
a.insert(12,13)
print(a)
```

结果就是：

[2,3,4,5,6,11,13]

　　第一个 insert() 函数在索引 2(也就是 5)之前插入了 4，而第二个 insert() 函数所给的位置明显超过了列表的大小，所以 13 就添加到了列表的末尾。

　　4.删除函数 remove( )

　　remove() 函数删除某个数据在列表中第一个出现的项，它需要的参数是要删除的那个值。比如：

```
a = [2,3,5,7,11]
a.remove(5)
print(a)
```

结果就是：

[2,3,7,11]

　　当那个值在列表中不存在时，会产生错误。

5.弹出函数 pop()

pop()函数会删除列表中指定位置上的数据,和 remove()不同的是,它还会把那个数据返回给你。pop()函数需要一个表示索引的值,如果不给出这个索引值,就删除列表末尾的那个数据。比如:

```
a = [2,3,5,7,11]
print(a.pop())
print(a.pop(2))
print(a)
```

结果依次是:

```
11
5
[2,3,7]
```

注意:remove()函数不会返回它所删除的那个值,因为那就是你交给它要求删除的那个值。

6.反转函数 reverse()

reverse()函数不需要值,它会把列表逆向存放。比如:

```
a = [2,3,5,7,11]
a.reverse()
print(a)
```

结果就是:

```
[11,7,5,3,2]
```

7.查找函数 index()

和字符串的 find()函数类似,列表的 index()函数能在列表中找出某个值第一次匹配时元素的索引位置。比如:

```
a = [2,3,5,7,11]
print(a.index(3))
```

结果就是:

```
1
```

如果要搜索的值不存在,就会产生错误。

3.3.4 字符串和列表的互操作

字符串和列表都是序列,它们有很多相同的操作和函数。在字符串和列表之间,也有一些用来互相转换或操作的函数。前面我们已经看到运用 list()函数可以把一个字符串的每个字符拆分出来形成一个列表。除此之外,Python 还有一些函数用于这两者之间的操作。

1.拆分字符串 split( )函数

字符串的一个函数 split(),可以用指定的字符或子串将一个字符串分隔成列表的元素,比如:

```
name = 'John Johnson'
a = name.split()
print(a)
```

结果就是:

```
['John','Johnson']
```

split()函数不给任何值的时候就是以空格来分割,这常常用来从用户输入的一行文本中分离出以空格分隔的各个单词和数据。再看一个例子:

```
date = '3/11/2018'
a = date.split('/')
print(a)
```

结果就是:

```
['3','11','2018']
```

split()函数实际上是可以支持正则表达式的,功能很强大,囿于篇幅,这里就不再展开了。

2.聚合字符串 join( )函数

字符串的另一个函数 join()可以用来把一个列表的各个字符串类型的元素组合成一个字符串,这些元素之间用指定的内容填充。join()函数的一般用法是:

```
<分隔字符串>.join(<列表>)
```

比如:

```
a = ['hello','good','boy','wii']
print(''.join(a))
print(':'.join(a))
```

结果就是:

```
hello good boy wii
hello:good:boy:wii
```

join()函数不仅能对列表操作,也可以对字符串操作。对字符串做 join()时,可以看作是先把字符串中的每个字符拆分出来组成了列表,再将列表聚合成了字符串:

```
s = "hello good boy wii"
print(':'.join(s))
```

结果就是:

```
h:e:l:l:o::g:o:o:d::b:o:y::w:i:i
```

【例 3-2】 求一句英文句子的单词数。单词是字母数字串,中间没有空格。

程序代码:

```
sentence = "This   is a   pen   "
words = sentence.split()
print(len(words))
```
程序运行：
```
4
```
【例 3-3】 一行输入若干整数（至少有一个整数），整数之间用空格分割，从小到大排序输出。

程序代码：
```
nums = input()
numl = [int(n) for n in nums.split()]
numl.sort()
print(numl)
```
程序输入：
```
5 - 76 8 345 67
```
程序输出：
```
[-76,5,8,67,345]
```

3.3.5 元组

字符串是不可修改的字符的序列，列表是可修改的任何类型的数据的序列，元组则是不可修改的任何类型的数据的序列。元组是像列表一样可以表达任何类型、任意数量的数据的有序序列，又像字符串一样不能对整个元组和其中的任何元素做修改。

1.创建元组

和列表类似，可以用元组字面量或 tuple() 来创建一个元组。元组字面量和列表字面量很像，唯一的不同是用圆括号而不是用方括号：
```
d = (100,20)
print(d)
print(d[0])
print(d[1])
```
第一行创建了一个有两个元素的元组(100,20)，并赋给了变量 d。如果要创建的元组只有一个元素，直接放一个元素是不行的，必须在那个元素之后加一个逗号：
```
print(3 * (24))
print(3 * (24,))
```
输出：
```
72
(24,24,24)
```
第一行，(24)被当作是简单值 24，而第二行，由于有了逗号，(24,)就是一个元组了。

另一种方法是用 tuple()，它把其他序列类型的数据转换成元组。常用的操作就是用一个列表来建立元组，从而固化其中的内容：

```
a = [2,3,5,7,11]
t = tuple(a)
print(t)
```

　　输出：

```
(2,3,5,7,11)
```

　　乍看似乎和列表没有区别，仔细观察会发现最外围的中括号变成了()，这表明它是一个元组的唯一标志。

　　创建了元组之后，如果只是取元组的元素来用，那么表面上看起来和列表并无不同。

　　2.元组不可修改

　　元组是不可修改的，列表的那些修改函数：append()、insert()、remove()，以及 del 语句，都不能用于元组。元组的一个元素，只能出现在赋值号的右边，或是用于调用函数时传入的值，而不能用于赋值号的左边。

　　也因为如此，对元组变量的每次赋值，也不是在修改它所代表的元组，而是让它代表了另一个元组。表 3-5 所示为元组常用方法和函数。

表 3-5　元组常用方法和函数

元组常用方法和函数	描　　述
T. count(x)	计算 x 元素出现的次数
T. index(x)	计算 x 元素的下标

　　列表的元素可以是元组。字符串"hello world"的每个字符及它的下标可表示成列表，该列表的每个元素是元组，元组的第一个元素是字符，元组的第二个元素是字符对应的下标。

```
[('h',0),('e',1),('l',2),('l',3),('o',4),('',5),('w',6),('o',7),('r',8),('l',9),('d',
10)]
```

　　下面这段代码是输入字符串，字符从小到大排序后输出字符及该字符在原字符串中的索引。

```
s = input()
lst = [(s[index],index) for index in range(len(s))]
lst.sort()
print(lst)
```

　　输入：

```
hello world
```

　　输出：

```
[('',5),('d',10),('e',1),('h',0),('l',2),('l',3),('l',9),('o',4),('o',7),('r',8),
('w',6)]
```

3.4 随机函数库(random库)

真正意义上的随机数(或者随机事件)在某次产生过程中是按照概率随机产生的,其结果是不可预测的。而计算机中的随机函数是按照一定算法模拟产生的,其结果是确定的。我们可以这样认为,这个可预见的结果其出现的概率是100%。所以,用计算机随机函数所产生的"随机数"并不随机,是伪随机数。计算机的伪随机数是由随机种子根据一定的计算方法计算出来的数值。所以,只要计算方法一定,随机种子一定,那么产生的随机数就是固定的。Python中的random模块用于生成伪随机数。表3-6所示为random库的常用函数。

表 3-6　random 库的常用函数

函数名	含　义	示　列
random.random()	返回一个介于左闭右开[0.0,1.0)区间的浮点数	random.random()
random.uniform(a,b)	返回一个介于[a,b]的浮点数。	random.uniform(1,10)
random.randint(a,b)	返回一个介于[a,b]的随机整数	random.randint(15,30)
random.randrange([start], stop[,step])	从指定范围内获取一个随机数	random.randrange(10,30,2)
random.choice(sequence)	从序列中获取一个随机元素	random.choice([3,78,43,7])
random.shuffle(x)	用于将一个列表中的元素打乱,即将列表内的元素随机排列	random.shuffle(l),l是序列
random.sample(sequence,k)	从指定序列中随机获取长度为k的序列,并随机排列	random.sample([1,4,5,89,7],3)
random.seed(n)	对随机数生成器进行初始化的函数,n代表随机种子。参数为空时,随机种子为系统时间	random.seed(2)

要使用random库,先要用"import random"语句引入random库。

```
>>> import random
>>> random.random()
0.11529299890219902

>>> random.uniform(1,10)
4.6467045646433975

>>> random.randint(20,30)
```

```
20

>>> random.randrange(10,30,2)
24

>>> random.choice([3,78,43,7])
3

>>> l = ['A',1,78,'b']
>>> random.shuffle(l)
>>> l
[1,'b',78,'A']

>>> random.sample([1,4,5,89,7],3)
[7,5,4]

>>> random.sample("This is a sample",5)
['s','h','','a','a']

>>> random.seed(2)
>>> random.random()
0.9560342718892494
>>> random.randint(1,10)
1


>>> random.seed(2)              #重复上面产生的随机数
>>> random.random()
0.9560342718892494
>>> random.randint(1,10)
1
```

【例 3-4】 掷硬币,正面向上的概率是多少?

程序代码:

```
#掷 10000 次硬币,正面向上用 1 表示,反面向上用 0 表示
import random
lst = [random.randint(0,1) for i in range(10000)]    #产生 10000 个随机数,值为 0 或 1
print(sum(lst)/len(lst))
```

程序输出：

0.5006

【例 3-5】 随机产生 8 位密码，密码由数字和字母组成。

程序代码：

```python
import random

digits = [chr(i) for i in range(48,58)]
ascii_letters = [chr(i) for i in range(65,91)] + [chr(i) for i in range(97,123)]

# 数字的个数随机产生
num_of_numeric = random.randint(1,7)
# 剩下的都是字母
num_of_letter = 8 - num_of_numeric
# 随机生成数字
numerics = [random.choice(digits) for i in range(num_of_numeric)]
# 随机生成字母
letters = [random.choice(ascii_letters) for i in range(num_of_letter)]
# 结合两者
all_chars = numerics + letters
# 重新排列
random.shuffle(all_chars)
# 生成最终字符串
result = ''.join(all_chars)
print(result)
```

程序输出：

GqG5B429

本章小结

1.本章我们学习了 Python 的序列类型数据，包括字符串、列表和元组。作为序列类型，它们有一些共同的操作和函数。

2.字符串是一连串的字符，字符串可以做计算，也可以将其他类型的数据组合进字符串形成格式化的内容来产生程序的输出。

3.列表用来保存任意类型、任意数量的数据。列表中的数据是动态的，随时可以修改，还可以增加和删除。而元组则是不可修改的序列类型。

4.本章还介绍了 Python 的随机数函数。

---✎ 习 题 --

一、判断题

1. 'age' + 23 不是正确的。 （　　）

2. 列表可以用 find() 函数来搜索数据是否在列表中。 （　　）

3. 将列表中的元素顺序打乱的函数 shuffle() 是列表的函数。 （　　）

4. 字符串和列表都是序列类型。 （　　）

5. 通过[]来访问字符串的某个字符，就可以将它修改成其他字符。 （　　）

二、单选题

6. max(3,5,1,7,4)的结果是_____。

A. 1　　　　　　　　B. 3　　　　　　　　C. 5　　　　　　　　D. 7

7. _____能打印出 smith\exam1\test.txt。

A. print("smith\exam1\test.txt")

B. print("smith\\exam1\\test.txt")

C. print("smith\"exam1\"test.txt")

D. print("smith"\exam1"\test.txt")

8. list("abcd")的结果是_____。

A. ['a','b','c','d']　　　　　　　　B. ['ab']

C. ['cd']　　　　　　　　　　　　D. ['abcd']

9. 如果 list1 = [1,2,3,4,5,4,3,2,1]，那么_____是 list1[:-1]。

A. 0　　　　　　　　　　　　　B. [1,2,3,4,5,4,3,2,1]

C. [1,2,3,4,5,4,3,2]　　　　　　D. [0,1,2,3,4,3,2,1,0]

10. 要把 5 加到 lst 的末尾，用的是_____。

A. lst.add(5)　　　　　　　　　B. lst.append(5)

C. lst.addLast(5)　　　　　　　D. lst.addEnd(5)

三、填空题

11. '23' * 3 的结果是：_____。

12. '3//11//2018'.split('/')的结果是：_____。

13. [3,4,5,6,5,4,3].remove(3)的结果是：_____。

14. list(range(2,12,2))[:-2].pop()的结果是：_____。

15. 要想得到[0,100]范围内的随机数，random.randint(n)里的 n 应该是：_____。

四、编程题

1. 中小学生每个学期都要体检，要量身高，因为身高可以反映孩子的生长状况。现在，一个班的身高已经量好了，请输出其中超过平均身高的那些身高。程序的输入为一行数据，其中以空格分隔，每个数据都是一个正整数。程序要输出那些超过输入的正整数的平均数的输入值,每个数后面有一个空格,输出的顺序和输入的相同。

比如,输入:

143 174 119 127 117 164 110 128

就输出:

143 174 164

2.一个合法的身份证号码由 17 位地区、日期编号和顺序编号加 1 位校验码 M 组成。校验码 M 的计算规则如下:

首先对前 17 位数字加权求和,权重分配为:{7,9,10,5,8,4,2,1,6,3,7,9,10,5,8,4,2};然后将计算的和对 11 取模得到值 Z;最后按照以下关系从 Z 值计算出校验码 M 的值:

Z:0 1 2 3 4 5 6 7 8 9 10

M:1 0 X 9 8 7 6 5 4 3 2

现在输入一个身份证号码,请你写出程序验证校验码的有效性。注意这里只检验校验码,不检查地区、生日等的正确性。

CHAPTER 4
第4章
条件、循环和其他语句

4.1　条 件 语 句

条件语句有三种格式,如表 4-1 所示。

表 4-1　条件语句语法格式

基本的条件语句	有分支的条件语句	连缀的 if-elif-else
if 条件： 　语句块 1	if 条件： 　语句块 1 else： 　语句块 2	if 条件 1： 　语句块 1 elif 条件 2： 　语句块 2 … elif 条件 n： 　语句块 n else： 　语句块 n+1

4.1.1　基本的条件语句

在地铁站和高铁站都可以见到自动售票机,选择了终点或线路之后,投入足够的纸币或硬币,就可以自动打印或制作出车票,还会自动找回零钱。

我们来写一个程序模拟这样的自动售票机的行为。自动售票机需要用户做两个操作:选择终点或路线、投入纸币或硬币,而自动售货机则根据用户的输入做出相应的动作:打印出车票并返回找零,或告知用户余额不足以出票。

从计算机程序的角度看,这就是意味着程序需要读用户的输入,然后进行一些计算和判断,最后输出结果。

我们先选择最简单的场景来映射:用户不需要选择终点或路线,直接投入硬币就打印车票并找零。因此,对应的计算机的描述就是:程序读用户输入的一个值,这代表用户投入的硬币,然后程序计算出找零,并打印出车票。

我们按照这个描述写出如下的简易售票机程序。

【例 4-1】 简易售票机程序。

程序代码:

```
#    读入投币金额
amount = int(input('请投币:'))
#    打印车票
print('*****************')
print('* Python 城际铁路专线 *')
print('*    票价:10 元    *')
print('*****************')
#    计算并打印找零
print('找零:{}'.format(amount - 10))
```

程序运行:

```
请投币:100
*****************
* Python 城际铁路专线 *
*    票价:10 元    *
*****************
找零:90
```

例 4-1 的自动售票机是很低能的:它不会判断你投入的金额是否足够购买一张车票,无论够不够都给你打印车票,还找你钱,甚至可能找你负数!

计算机显然是具有判断能力的,我们需要它在这个程序中判断用户输入的金额 amount 是否大于或等于票面价格 10,做这样的比较的表达式是这样的:

```
amount >= 10
```

试试把这个表达式放到 print()里,看看结果是什么吧。我们在例 4-1 的程序第二段加入一个比较的输出,先来做点测试。

【例 4-2】 比较输入的金额是否大于等于票面价格。

```
#    读入投币金额
amount = int(input('请投币:'))
print(amount >= 10)
```

输入不同的 amount,这段程序会输出:True 或 False。当输入的数大于等于 10 的时候,程序输出 True,当输入的数小于 10 的时候,程序输出 False。这个 amount >= 10 的运算,就是关系运算。

例 4-1 的简易售票机程序不能根据输入的金额决定是否售票;例 4-2 计算了输入的金额是否大于等于票面价格,但是也无法干预售票的行为。要让程序根据输入的金额是否大于等于票面价格来决定是否打印车票,我们需要引入新的 Python 语言成分:条件语句。

我们先看下面的程序。

【例 4-3】 根据输入的金额决定是否售票。

```
#     读入投币金额
amount = int(input('请投币:'))
if amount >= 10 :
        #     打印车票
        print('*******************')
        print('* Python 城际铁路专线 *')
        print('*    票价:10 元    *')
        print('*******************')
        #     计算并打印找零
        print('找零:{}'.format(amount - 10))
```

在读入了用户输入的 amount 之后,我们用了一个 if 语句来判断输入的 amount 是否大于等于 10。if 的意思就是如果,所以这一句就可以读成:

如果 amount 大于等于 10,那么。一个基本的条件语句由一个关键字 if 开头,跟上一个表示条件的逻辑表达式,然后是一个冒号(:)。从下一行开始,所有缩进了的语句就是当条件成立(逻辑表达式计算的结果为 True)的时候要执行的语句。如果条件不成立,就跳过这些语句不执行,而继续下面的其他语句。

if 语句这一行结束的时候有了一个冒号,之后的语句缩进了,这表明这些语句是 if 语句的一部分,if 语句拥有和控制这些语句,决定它们是否要被执行。在 if 之后的这些语句,必须保持相同的缩进,多一个或少一个空格都不行。大多数 Python 编程软件,当你在一行行末输入一个冒号就回车时,下一行就会自动缩进,并且会自动保持在下一行的相同的缩进,直到你用回退或删除取消这个缩进,或是直接输入一行空行。

下面的程序读入一个年龄,并根据年龄输出一些好听的话。

【例 4-4】 年龄。

```
MINOR = 35

age = int(input('请输入你的年龄:'))
print('你的年龄是{}'.format(age))
if age < MINOR :
    print('年轻是美好的,')
print('年龄决定了你的精神世界,好好珍惜吧。')
```

例 4-4 程序中的
```
print('年龄决定了你的精神世界,好好珍惜吧。')
```
因为没有缩进,并不是 if 语句的一部分,不管条件是否成立都会被执行。

4.1.2 有分支的条件语句

我们再来看一个例子,我们想要计算用户输入的两个整数中较大的一个,也就是说,让用户输入两个整数,并且程序判断哪个是较大的,然后输出那个较大的数。

记用户输入的两个数分别为变量 x 和 y,判断后令变量 max 为两者中较大的数。那么我们可以判断 x 是否大于 y,若是则令 max＝x。据此可以写出如下的程序。

【例 4-5】 比较两数大小的程序。

```
x,y = input().split()
x,y = int(x),int(y)
if x >y:
    max = x
print(max)
```

但是这个程序没有解决 y 大于 x 的问题,当 x>y 的条件不成立时,if 语句直接就结束了,max 没有得到值,所以这个程序是错误的。那么,我们在什么地方来处理 y 大于 x 的情况合适呢?

方案一:可以在例 4-5 的判断之后再加一个判断:如果 x>y,则 max = x;如果 y>x,则 max = y。这样的程序如下。

【例 4-6】 比较两数大小的程序(二)。

```
x,y = input().split()
x,y = int(x),int(y)
if x >y:
    max = x
if y >= x:
    max = y
print(max)
```

你可以尝试运行一下这个程序,无论 x 和 y 哪个大,它的结果都是正确的。

方案一中的两个判断条件是互斥的,一个成立另一个就不可能成立,所以,做两次判断是多余的、浪费的。计算机做一次判断的时间虽然非常短,我们是无法感觉出来的。但是当你的程序要运行很多次,这样的判断要反复做很多次的时候,很多次判断的时间累计起来就有影响了。其实,程序设计语言都提供了另外一种判断语句,使得这样的判断场景能以更清晰明了的方式得到表达。这就是 if-else 语句。

方案二:可以在 if 语句后面跟上一个 else 子句,形成一个 if-else 语句。比较两数大小的程序就可以用 if-else 语句设计成例 4-7。

【例 4-7】 比较两数大小的程序(三)。

```
x,y = input().split()
x,y = int(x),int(y)
if x >y:
    max = x
else:
    max = y
print(max)
```

程序在这里出现了分支:根据 x 和 y 关系的不同,程序在实际运行的时候会采取不同的路径,执行不同的语句。注意这里的 else 后面也必须跟上冒号:,并且下一行要有缩进。

下面的程序读入一个学生的一门课的分数,并根据分数大小输出一句话,表明这个成绩是及格了还是不及格,最后,不论成绩是否合格,都说"再见"。

【例 4-8】 成绩(一)。

```
PASS = 60

score = int(input('请输入成绩:')
print('你输入的成绩是{}'.format(score))

if score <PASS:
    print('很遗憾,这个成绩没有及格。')
else:
    print('祝贺你,这个成绩及格了。')
print('再见')
```

在判定了执行条件之后,也许我们想做更多的事情,而不是仅仅一条语句。我们把上面的学生成绩的程序改一下,最后一行加一个缩进。

【例 4-9】 成绩(二)

```
PASS = 60

score = int(input('请输入成绩:')
print('你输入的成绩是{}'.format(score))

if score <PASS:
    print('很遗憾,这个成绩没有及格。')
else:
    print('祝贺你,这个成绩及格了。')
    print('再见')
```

这样一来,print('再见')就成为 else 的一部分,如果 score >= PASS,那么要执行的就是后面的两条缩进相同的语句。

4.1.3 嵌套的条件语句

当 if 的条件满足或者不满足的时候要执行的语句也可以是一条 if 或 if－else 语句，这就是嵌套的 if 语句。比如下面的 if 语句：

```
if code == 'R':
    if count <20:
        print('一切正常')
    else:
        print('继续等待')
```

当 code 等于'R'时，我们再判断 count 是否小于 20，从而做出不同的动作。

在嵌套 if 语句里，最重要的问题是 else 的匹配。else 总是根据它自己所处的缩进和同列的最近的那个 if 匹配，比如上面的例子里，else 是和 if count< 20 匹配的。假如我们设计的逻辑不是这样的，而是如果 code 不等于"R"时，执行

```
print('继续等待')
```

那么我们必须改变 else 的缩进层次来明确 else 和 if 的匹配：

```
if code == 'R':
    if count <20:
        print('一切正常')
else:
        print('继续等待')
```

将 else 前的缩进去掉，就使得

```
if count <20:
    print('一切正常')
```

不再具有 else 部分了。

缩进在 Python 具有重要的意义，它表达了代码的层次和逻辑关系，所以必须认真对待。Python 在处理缩进的时候，会严格检查，多一个或少一个空格都是不行的。

4.1.4 连缀的 if-elif-else

分段函数在数学中也是常见的，比如下面的这个函数：

$$f(x) = \begin{cases} -1, & x<0 \\ 0, & x=0 \\ 2x, & x>0 \end{cases}$$

如何写出程序来计算这个 f(x)?
我们可以试着写出下面的代码片段：

```
if x <0:
    f = -1
else if x == 0:
    f = 0
else:
    f = 2 * x
```

在判断 x<0 且条件不满足的时候,我们还得再判断 x 是否等于 0,这样连着的 else if 可以直接用一个关键字 elif 取代。由于 elif 表达了 else if,所以 Python 就不再允许你使用分离的 else if 了,因此整个程序必须写成例 4-10。

【例 4-10】 分段函数

```
x = int(input())
f = 0
if x <0:
    f = -1
elif x == 0:
    f = 0
else:
    f = 2 * x
print(f)
```

在做了两个判断:x<0、x == 0 之后,我们在最后一个 else 后面不再需要判断了,因为之前的判断已经穷尽了所有其他的可能性,剩下的就是 x>0 的情况了。

例 4-10 的程序还有一个我们喜欢的地方:它用一个变量 f 来记录各种情况下的结果,最后统一用一条输出语句来输出这个 f 的值,而不是在各个 if 的语句块里输出。我们可以比较一下:

【例 4-11】 分段函数(不好的风格)。

```
x = int(input())
if x <0:
    print(-1)
elif x == 0:
    print(0)
else:
    print(2 * x)
```

尽管例 4-11 的程序比例 4-10 少用一个变量,少两行语句,而且执行结果也完全相同,但是我们认为例 4-11 的程序是不好的。主要的理由就是例 4-11 的程序是没有考虑未来修改的程序。例 4-10 的程序中的变量 f 可以再做计算,可以传给程序的其他部分,甚至要实现不做输出只做计算也很容易;而例 4-11 的程序就没有这样的条件面对未来的需求作出方便的调整。例 4-10 的风格叫作单一出口。我们在编写程序时需要考虑将来能如何再次利用,这是很重要的。

4.1.5　条件表达式

条件表达式有点像一条 if-else 语句,不过它是用来直接得到值的,而不是执行语句的。条件表达式是三元的,因为它需要三个值:条件满足时的值、条件和条件不满足时的值。下面是一个条件表达式的例子:

```
count = 10 if count >20 else 30
```

这里的 10 if count >20 else 30 就是一个条件表达式,在 if 前面的是一个值,如果 if 后面的条件满足,那么整个表达式的结果就是这个值。在 if 后面的是一个逻辑表达式,结果必须是 True 或 False。这个逻辑表达式之后是关键字 else,后面跟上当条件不满足时的值。

程序遇到条件表达式时,首先计算条件值。如果条件结果为 True,则计算第一个表达式的值,并将它作为整个表达式的值;如果条件结果为 False,则计算第二个表达式的值,并将它作为整个表达式的值。

上面的式子,当 count >20 时,整个条件表达式的值就是 10,否则就是 30。

条件表达式就像一个简化的简单 if-else 语句,比如上面的条件表达式就等价于下面的 if-else 语句:

```
if count >20 :
    count = 10
else :
    count = 30
```

4.2　while 循环

重复执行的语句(循环语句)可以多次执行其他语句。while 语句是一种循环语句,它检查一个逻辑条件是否满足,只在满足的时候才执行它的循环体。其语句语法格式如表 4-2 所示。

表 4-2　while 语句语法格式

无 else 子句	有 else 子句

while 条件:
　语句块 1
	while 条件:
	　语句块 1
	else:
	　语句块 2

4.2.1　while 循环语句

前面讲述的条件语句,能够在条件满足时执行相应的语句或语句块。如下面的代码:

```
if x >0:
    x = x //2
    print(x)
```

在 x>0 的时候,会将 x 除以 2,然后输出这个除以 2 以后的结果。算完这些,这段代码就结束了,程序继续去执行这段 if 语句下面的其他语句。

如果我们希望条件满足时能不断地反复执行语句或语句块,直到条件不满足的时候才结束,不再反复执行,转到下面的语句,我们可以用 while 替换上面的 if:

```
while x >0:
    x = x //2
    print(x)
```

while 语句是一个循环语句,它会首先判断一个条件是否满足,如果条件满足,则执行后面紧跟着的语句或语句块,然后再次判断条件是否满足,如果条件满足则再次执行,直到条件不满足为止。while 后面紧跟的语句或语句块,就是循环体。

我们和 if 语句对比一下,就会发现:if 语句如果条件满足,只会执行一次;而 while 语句只要条件满足,就会一直重复执行下去。

在循环体内,必须有代码来修改构成循环条件中的变量,要不然,while 循环将永远重复下去。

对于 while 循环,有两个细节要特别注意:一是在循环执行之前判断是否继续循环,所以有可能循环一次也没有被执行;二是条件成立是循环继续的条件。如果我们把 while 翻译为"当",那么一个 while 循环的意思就是:当条件满足时,不断地重复循环体内的语句。

下面来看具体的例子。

【例 4-12】 计算 $\log_2 x$

```
x = int(input())
count = 0
while x >1:
    x //= 2
    count += 1
print(count)
```

这段程序里有个简单的 while 循环,判断 x 是否大于 1,如果 x>1,则执行 x//=2,即将 x 除以 2,同时将计数器 count 加 1;循环一直继续,直到 x 小于或者等于 1 为止。

要理解程序 4-12 的运作,可以人脑模拟计算机的运行,在纸上列出所有的变量,随着程序的进展不断重新计算变量的值。当程序运行结束时,留在表格最下面的就是程序的最终结果。

如果执行这个程序的时候,用户输入 32,我们就可以一步一步模拟运行,计算变量的变化,得到下面的表格:

下面是例 4-12 的模拟运行,输入 32:

步骤	x	count	说明
1	32	0	进入循环之前
2	16	1	循环的第一轮
3	8	2	
4	4	3	
5	2	4	
6	1	5	

当程序运行到这里,x 的值已经被逐渐地除 2 到了 1。接下去程序回到 while x >1 的地方,这时候条件 x >1 已经不再满足,于是我们得到了最终的结果:$\log_2 32 = 5$。

32 正好是 2 的 5 次方,所以我们最终停下来的时候,x 的值是 1。如果程序执行的时候,用户输入的不是 2 的幂数,比如 31,这个程序的运行过程会是怎样呢?

下面是【例 4-12】的模拟运行,输入 31

步骤	x	count	说明
1	31	0	进入循环之前
2	15	1	循环的第一轮,31/2 ->15
3	7	2	
4	3	3	
5	1	4	

于是,答案就是 4。

编程套路:用表格列出所有的变量,随着模拟运行逐步记录变量的改变,就可以得到程序的运行结果。

我们再看一个例子,下面这个循环从 10 到 1 倒计数,就像卫星发射一样:

【例 4-13】 倒计数。

```
count = 10
while count >0 :
    print(count)
    count - = 1
print("发射!")
```

一开始 count 的值是 10,条件满足,执行循环体。在循环体内打印输出当前的 count 值,然后 count−1。接着重新判断条件,这时候 count 的值是 9,条件满足,继续循环。重复这个过程,直到 count 等于 1 的时候,条件还是满足的,我们执行循环体,打印输出 count 的值 1,然后 count−1,于是 count 得到了 0 值。这时候再判断条件,count >0 不满足,于是循环结束,执行循环后面的语句,打印输出"发射!"。

如果 count 的初始值是 10,这个循环需要执行多少次呢? 10 次、9 次,还是 11 次? 循环停下来的时候,有没有输出最后的 0 呢?

要回答这个问题,除了可以实际运行程序外,也可以用前面学到的表格方式来模拟运行。

下面是例4-13的模拟运行

步骤	count	输出
1	10	10
2	9	9
3	8	8
4	7	7
5	6	6
6	5	5
7	4	4
8	3	3
9	2	2
10	1	1
11	0	发射!

如果while的条件不是count>0,而是count>1或count >= 0,那么显然循环的次数就会不同了;循环之前对count做的初始化,如果不是10,那么循环的次数也会不同。像这样的计数循环,可以影响循环次数的因素很多,你还能找到哪个?

当然,这里count的初始值是10,循环的次数是11次,还算是可以数得过来的。如果count的初始值是100、1000呢?

对于这类问题,我们可以用一个较小的数,比如2或3来测试循环。比如用count=3这个初始值来测试,如果得到的结果是2,那么就可以知道当初始值为100时,结果应该是99,以此类推。

编程套路:如果要模拟运行一个很大次数的循环,可以模拟较少的循环次数,然后作出推断。

我们试着用while循环来解决一个数学问题:求两个数的最大公约数。求两个数的最大公约数可以用辗转相除法。

用辗转相除法求两个数的最大公约数的步骤如下:

(1)先用小的一个数除大的一个数,得第一个余数;

(2)再用第一个余数除小的一个数,得第二个余数;

(3)又用第二个余数除第一个余数,得第三个余数;

(4)这样逐次用后一个余数去除前一个余数,直到余数是0为止。那么,最后一个除数就是所求的最大公约数(如果最后的除数是1,那么原来的两个数是互质数)。

比如两个数60和18,第一次60/18=3余6,第二次18/6=3余0,于是最大公约数就是6。上面的描述虽然是正确的,但是并不适合直接写出程序来,程序需要更加形式

化的描述,我们改写如下:

(1)计算两个数 a 和 b 的余数 r;

(2)如果余数 r 不为 0,则以 b 和 r 作为新的 a 和 b,回到 1 重复计算;

(3)否则 b 就是余数。

据此我们写出例 4-14 的程序:

【例 4-14】 求最大公约数

```
a,b = input("请输入两个整数:").split()
a,b = int(a),int(b)
r = a % b
while r >0:
    a,b = b,r
    r = a % b
print("最大公约数是{}".format(b))
```

同样用前面的表格法,当用户输入 60 和 21 时,对这个程序的循环部分的变量变化情况进行一下模拟运行。

下面是例 4-14 的模拟运行:

步骤	a	b	r	说明
1	60	21	18	进入循环前
2	21	18	3	循环的第 1 轮
2	18	3	0	循环的第 2 轮

4.2.2 循环内的控制

1.跳出循环 break

我们来做个小游戏,你心里想一个 0 到 100 的整数,我来猜。每次我猜一个数,你得告诉我比你想的数大了还是小了。最后,我一定能在一定的次数内把这个数猜到。

我们可以写一个程序,让计算机来想一个数,然后让用户来猜,用户每输入一个数,就告诉它是大了还是小了,直到用户猜中为止,最后还要告诉用户它猜了多少次。

这样的程序显然需要某种形式的循环:不断地让用户猜,直到猜中为止。

在实际写出程序之前,我们可以先用文字描述程序的思路,然后再考虑写出程序来。这就是设计的过程。

猜数游戏是这样执行的:

(1)计算机随机想一个数,记在变量 number 里。

(2)一个负责计次数的变量 count 初始化为 0。

(3)让用户输入一个数字 a,计数值 count 加 1。

(4)如果 a 和 number 是相等的,程序输出"猜中",然后结束。

(5)a 和 number 不相等的话,再判断 a 和 number 的大小关系,如果 a 大,就输出

"大";如果 a 小就输出"小"。

(6)程序转回到第 3 步。

这样写下来的步骤,就叫做算法。这个算法中有一个明显的循环,但是当采用 while 循环的时候,我们需要确定写在 while 关键字后面的条件,这个条件应该怎么写呢?

当算法中有一个明显的循环,而循环结束的条件不那么容易构造的时候,我们不妨先写一个 while True 的无穷循环,然后在循环内部再寻找循环退出的条件来退出循环。

【例 4-15】 猜数游戏

```python
import random
number = random.randint(0,100)
count = 0
while True :
    a = int(input('输入你猜的数:'))
    count += 1
    if a == number :
        break
    elif a >number :
        print('你猜的大了')
    else :
        print('你猜的小了')
print('猜中了! 你用了{}次! '.format(count))
```

程序第 7 行的 if 语句,当 a == number 的时候,我们执行 break。break 是一个语句,表示退出它所在的那个循环。于是,当用户输入的 a 和 number 相等时,循环就结束了,从而输出"猜中了! 你用了...次!"这样的内容。这个程序写出来之后,我们也可以用变量表对它进行仿真运行,部分地检验它的正确性。

如何能用尽量少的步骤猜到计算机的数呢? 如果我告诉你,我一定能在 7 步之内猜到,你相信吗?

2.跳过一轮循环 continue

我们再看一个计算的例子:写一个程序,让用户输入一系列的整数,最后输入-1 表示输入结束,然后程序计算出这些数字中的偶数的平均数,输出输入的数字中的偶数的个数和偶数的平均数。

在写出这个程序的算法描述之前,我们得考虑一件事情:我们需要多少变量? 我们如何分析出一个程序需要的变量。

我们要从用户输入读到一个整数,要判断它是否是-1,要用它来计算最后的结果,显然,我们需要一个记录读到的整数的变量,不妨起名字为 number。

接下来,平均数要怎么算? 我们知道如果你有 n 个数:$i_x,x \in [1,n]$,那么这 n 个数的和应该是：

$$\text{sum} = \sum_{x=1}^{n} i_x$$

按照这个公式，似乎我们需要记录每个读到的偶数的 number，最后才能把它们累加起来。其实，我们并不需要这样做。我们只需要每读到一个偶数，就把它加到一个累加的变量里，到全部数据读完，再拿它去除读到的数的个数就可以了。因此，我们需要两个变量，一个变量记录累加的结果，一个变量记录读到的偶数的个数。这两个变量，不妨前者叫做 sum，后者叫做 count。

这两个变量在开始读数之前都应该得到妥善的初始化，最适合它们的初始值应该是 0。

不是所有的情况下，初始值都应该是 0 的，如果要做一个累积的计算，初始值就应该是 1。后面我们会看到这样的例子。

确定了变量，我们就可以开始考虑算法了：

(1)初始化变量 sum 和 count 为 0；

(2)读入 number；

(3)如果 number 是 −1，循环结束；

(4)如果 number 是奇数，继续下一轮循环；

(5)将 number 加入 sum，并将 count 加 1，回到 2；

(6)计算和打印出 sum / count。

程序＝数据结构＋算法。所以，设计程序就是先考虑需要怎样的变量，再考虑如何计算！

根据上面的算法，我们可以写出例 4-16 程序。

【例 4-16】 计算偶数的平均数。

```
sum = 0
count = 0
while True:
    number = int(input())
    if number == −1:
        break
    if number % 2 == 1:
        continue
    sum += number
    count += 1
average = sum / count
print(average)
```

这里继续用了 while True:循环来方便我们编写，循环中判断读到的 number 是否为 −1，如果是则 break 退出循环；然后再判断能否被 2 整除，如果不能，那么就 continue。这里 continue 是 Python 的一条语句，表示要跳过它所在循环中剩下的所有语句，回到

while True 去重新判断条件,决定是否需要再做下一轮循环。

【例 4-17】 输入一个大于等于 2 的正整数,判断是否为素数。

```
num = int(input())
a = num - 1
while a > 1:
    if num % a == 0:
        print("不是素数")
        break
    a = a - 1
else:
    print("是素数")
```

在这个程序中,循环控制变量 a 从 num-1 递减到 1,程序在每次循环判断 a 是否是 num 的因数。如是,则打印"不是素数",然后 break 语句跳出 while 语句,当然也跳过了 else 子句。如果循环过程中"num % a"始终不为 0,表示是素数,在循环结束后就会执行 else 子句,打印"是素数"。

Python 的 pass 语句是空语句,是为了保持程序结构的完整性。pass 语句不做任何事情,一般用作占位语句。

4.3 for 循环

当我们有一个序列,需要按照顺序遍历其中的每一个单元的时候,就可以用 for 循环,如表 4-3 所示。

表 4-3 for 语句语法格式

无 else 子句	带 else 子句

for 循环变量 in 序列:
　语句块 1
	for 循环变量 in 序列:
	　语句块 1
	else:
	　语句块 2

4.3.1 for...in 循环

我们在列表 month 里放了 12 个月的英文缩写:

```
month = ['JAN','FEB','MAR','APR','MAY','JUN','JUL','AUG','SEP','OCT','NOV','DEC']
```

如果要遍历这个列表,输出每个月的缩写,可以用 while 循环:

```
i = 0
while i < len(month):
    print(month[i])
    i = i + 1
```

也可以用 for 循环：

```
for name in month:
    print(name)
```

for 循环又被叫做 for...in 循环,因为它的一般形式是:

```
for <变量>in <列表>:
```

在循环的每一轮,<变量>会依次表示列表中的一个单元的值。要注意的是,在循环的每一轮,这个<变量>只是表达了列表中的一个单元的值,而不是表达了那个单元本身,所以,下面的代码:

```
a = [1,2,3,4,5]
for x in a:
    x = x + 1
```

执行后,a 的内容还是[1,2,3,4,5]。

除了可以遍历列表外,for 循环也可以用来遍历任何有序的数据集合。如果要遍历一定范围内的整数,我们还可以用 range()函数来构造一个有序序列。

4.3.2 range()函数

range()函数用来构造一个有序序列。它有三种用法:

(1)range(n)构造一个[0,n]之间所有整数的有序序列,包括 0,不包括 n,如 range(10)就得到 0,1,2,3,4,5,6,7,8,9 这样 10 个数的一个序列。

(2)range(a,b)构造一个[a,b]之间所有整数的有序序列,包括 a,不包括 b,如 range(1,10)就得到 1,2,3,4,5,6,7,8,9 这样 9 个数的一个序列。

(3)range(a,b,s)构造一个[a,b]之间的整数的有序序列,包括 a,不包括 b,从 a 开始,每次加 s,直到遇到或越过 b 为止。如 range(10,-10,-2)就得到 10,8,6,4,2,0,-2,-4,-6,-8 这样 10 个数的一个序列。

【例 4-18】 输入一个大于等于 2 的正整数,判断是否为素数(for 语句实现)。

```
num = int(input())
for i in range(num-1,1,-1):
    if num % i == 0:
        print("不是素数")
        break
else:
    print("是素数")
```

例 4-18 程序的逻辑结构与例 4-17 相似。

下面我们用一个比较复杂的例子来尝试这两种 for 循环。我们想写一个程序,用户输入两个正整数 m 和 n,m<n,程序要找出[m,n]之间所有的素数,将它们累加起来,输出累加和。

思考这个程序,我们发现首先需要一个循环来遍历[m,n]范围内所有的整数,这可以用 for x in range(m,n+1)来实现。

然后对于每一个 x,要写代码来验证它是否是素数,如果是素数,就把它加到总和 sum 里去。因此,基本的程序框架是这样的:

```
sum = 0
m,n = input().split()
m,n = int(m),int(n)
for x in range(m,n + 1):
    if x is prime:
        sum += x
print(sum)
```

接下去要解决怎么判断 x 是否是素数的问题。素数的定义是只能被 1 和它自己整除的整数,不包括 1。根据这个定义,我们可以写一个 for 循环,遍历[2,x]之间所有的整数,看能否整除 x,比如这样:

```
isprime = True
for k in range(2,x):
    if x % k == 0:
        isprime = False
        break
```

先假设 x 是素数,然后遍历[2,x),如果发现某个数能整除 x,就判定它不是素数,循环提前结束。这个算法是对的,但是我们有更好的算法。

对于一个数 x,如果所有小于 x 的素数都不能整除它,它就是素数。

根据这个算法,我们需要构造一个已知素数的列表,每次发现一个新的素数,就将它加入这个列表;而需要判断 x 是否是素数时,就用这个列表中的每一个素数来测试它。这样做,测试所需的循环次数可以大大降低。

【例 4-19】 求[m,n]之间的素数和。

```
sum = 0
m,n = input().split()
m,n = int(m),int(n)
if m == 1:          #1 不是素数
    m = 2
prime = []          #记录已知素数的列表
for x in range(2,n + 1):
    isprime = True
    for k in prime:
        if x%k == 0:
            isprime = False
            break
    if isprime:
```

```
    if x >= m:
        sum += x
    prime.append(x)          ♯加入已知素数的列表，用于下一次计算
print(sum)
```

4.4 搜索和排序

在一个数据集中搜索某个数据是否存在，或是对已有的数据集按照某个规则进行排序，是数据处理中最常见的两种任务。

4.4.1 线性搜索

在一个数据集中，要检查某个数据是否存在，可以使用简单的线性搜索。所谓线性搜索，就是依次检查数据集中的每一个数据，看是否与要搜索的数据相同，如果相同，就得到了结果。

据此，我们可以写出例 4-20 的程序。

【例 4-20】 线性搜索（一）。

```
a = [2,3,5,7,11,13,17,23,29,31,37]
x = int(input())
found = False
for k in a:
    if k == x:
        found = True
        break
print(found)
```

这个程序使用了 for...in 循环，可以知道用户输入的 x 是否在程序内置的数据集 a 中。如果 a 的某个单元的值 k 和 x 相等，就置 found 为 True，同时利用 break 提前结束循环。如果遍历了整个列表都找不到 x，当循环结束的时候，found 就还是 False。但是因为使用了 for...in 循环，所以这个程序只能知道 x 是否在 a 里面，却不能知道在 a 的哪个位置。如果需要知道 x 在 a 哪里，需要通过下标逐一访问 a 里的每个元素。

【例 4-21】 线性搜索（二）。

```
a = [2,3,5,7,11,13,17,23,29,31,37]
x = int(input())
found = -1
for i in range(len(a)):
    if a[i] == x:
        found = i
        break
print(found)
```

for 循环使用 range 来建立 a 的所有下标的有序序列，len(a)给出 a 的元素的数量，这样，range(len(a))所建立的序列就是从 0 到 a 的元素数量减 1，刚好就是全部有效的下标。在这个程序中，found 不再表示找到与否，而是表示 x 所在的位置。如果没有在 a 中找到 x，found 的值就是−1。当下标从左向右数，因为列表中元素的下标是从 0 开始的，−1 不是一个有效的下标，因此可以用来表示没有找到。用有效范围外的值来表示某种特殊的情况，比如找不到，或是出错，是一种常用的设计技巧。

4.4.2　搜索最值

还有一种搜索需求，是在一个数据集中寻找最大或最小的值。同样的，如果不需要给出最值所在的位置，可以直接遍历列表的每个单元；而如果需要给出位置，就需要用下标来做搜索。

例 4-22 的程序从用户读入一行行的数，以−1 标识结束，程序搜索给出最大值所在的位置。

【例 4-22】 搜索最大值所在的位置。

```
a = []
while True:
    x = int(input())
    if x == −1:
        break
    a.append(x)
maxidx = 0
for i in range(1,len(a)):
    if a[i] >a[maxidx]:
        maxidx = i
print(maxidx)
```

第 7 行令 maxidx=0，实际上就是先假设第 0 号单元就是最大值，然后第 8 行的 for 循环就可以从第 1 号单元开始遍历整个列表。如果发现当前的单元 a[i]比已知的最大的单元 a[maxidx]还要大，就让 maxidx 指向当前单元。

4.4.3　二分搜索

线性搜索可以找到目标是否在数据集中，但是当数据集很大的时候，这样的搜索可能会花费很多时间。如果运气很差，要搜索的数据正好位于数据集的最后一个位置，那么一个 n 个数据的数据集上的搜索就需要做 n 轮的循环。当 n 很大时，这个时间就会很可观了。

不过，当数据集中的数据已经排好序时，就有一种高效的算法，可以快速找到目标。假设数据集如下：

```
a = [11,14,17,24,31,31,34,39,46,52,58,61,61,62,73,79,80,90,92,93]
```

这可以被表示为图 4-1 所示的形式。

图 4-1　一个有序的数据集

如果我们要搜索的值 x 为 79,可以从中间的位置开始做比较。如果 a[10]的元素比 79 小,这说明 79 位于 a[10]的右边,而 a[10]左边的所有元素就不再需要被比较了。这样一下子就把搜索的范围减少了一半,如图 4-2 所示。

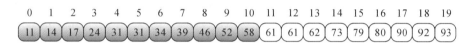

图 4-2　左边一半不再需要被搜索了

对剩下的右边一半,我们可以继续重复这个过程:用中间位置的元素做比较,如果中间位置的元素比要搜索的大,就丢掉右边一半,否则丢掉左边的一半。这样的搜索,每次都把数据集分成两部分,所以叫作二分搜索。

为了在程序中表达这个过程,我们用两个变量 left 和 right 分别表示正在搜索的数据集的上下界。显然开始的时候,left＝0 而 right＝len(a)−1。这样,中间的位置就是 mid＝(left−right)//2。如果 a[mid]>x,则令 right＝mid−1,就把搜索的范围缩小为左边的一半了;a[mid]<x,则令 left＝mid＋1,就把搜索的范围缩小为右边的一半了。这部分的代码如下:

```
found = − 1
left = 0
right = len(a) − 1
while True :
    mid = (left + right) // 2
    if a[mid] >x :
        right = mid − 1
    elif a[mid] <x :
        left = mid + 1
    else:   ♯ a[mid] == x
        found = mid
        break
```

如果中间位置的元素正好等于要搜索的值,我们就找到了。那么什么情况下表明找不到呢?搜索的过程在不断地减少搜索的范围,使得 left 和 right 越来越接近,到最后,无非两种可能,如图 4-3 所示。

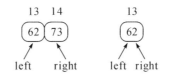

图 4-3　搜索不到的两种最后场景

观察可知,对于左边的情况,mid 的值就是 left。由于要搜索的 x 位于 left 和 right 之间,所以下一步就是 left＝mid＋1,也就变成了右边的情况。而对于右边的情况,下一步,不是 right＝mid－1,就是 left＝mid＋1,无论哪一个,都会使得 left＞right。所以,一旦出现 left＞right 的情况,也就可以认定搜索结束了。

根据上面的分析,我们给出完整的搜索代码。

【例 4-23】　二分搜索。

```python
a = [11,14,17,24,31,31,34,39,46,52,58,61,61,62,73,79,80,90,92,93]
x = int(input())
found = − 1
left = 0
right = len(a) − 1
while left <= right
    mid = (left + right) // 2
    if a[mid] >x:
        right = mid − 1
    elif a[mid] <x:
        left = mid + 1
    else:  # a[mid] == x
        found = mid
        break
print(found)
```

由于每次都能去掉一半的数据,所以对于一个大小为 n 的数据集来说,二分搜索的搜索次数就是 $\log_2 n$。当 n 很大的时候,$\log_2 n \ll n$。

4.4.4　选择排序

二分搜索有很好的效率,但是能够使用二分搜索有一个前提,就是数据集是已经排好序的。如果数据集不是已经排好序的,要如何能将数据集排好序呢?

例 4-18 可以找出数据集中最大的元素的位置,如果将这个最大的值和最后一个位置的值交换一下,就能把最大的值"就位"了,如图 4-4 所示。

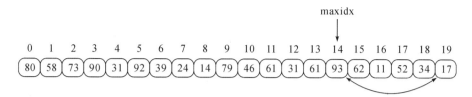

图 4-4　让最大的值"就位"

然后,在剩下的数据中继续寻找最大的值,交换到它应该在的位置,重复这样的过程,就能把数据集排好顺序,如图 4-5 所示。

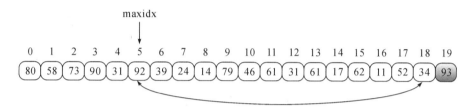

图 4-5　在剩下的数据中寻找新的最大值并就位

据此,我们可以写出例 4-24 程序。

【例 4-24】　选择排序。

```
a = [80,58,73,90,31,92,39,24,14,79,46,61,31,61,93,62,11,52,34,17]
for right in range(len(a),0,-1):
    maxidx = 0
    for i in range(1,right):
        if a[i]>a[maxidx]:
            maxidx = i
    a[maxidx],a[right-1] = a[right-1],a[maxidx]
print(a)
```

我们可以在第一个 for 循环里面加一句 print()输出,就可以观察到循环每一轮列表的变化:

```
for right in range(len(a),0,-1):
    maxidx = 0
    for i in range(1,right):
        if a[i]>a[maxidx]:
            maxidx = i
    print('{} max {} at {}'.format(a,a[maxidx],maxidx))
    a[maxidx],a[right-1] = a[right-1],a[maxidx]
```

这样,程序的运行结果如下:

[80,58,73,90,31,92,39,24,14,79,46,61,31,61,93,62,11,52,34,17] max 93 at 14
[80,58,73,90,31,92,39,24,14,79,46,61,31,61,17,62,11,52,34,93] max 92 at 5
[80,58,73,90,31,34,39,24,14,79,46,61,31,61,17,62,11,52,92,93] max 90 at 3
[80,58,73,52,31,34,39,24,14,79,46,61,31,61,17,62,11,90,92,93] max 80 at 0
[11,58,73,52,31,34,39,24,14,79,46,61,31,61,17,62,80,90,92,93] max 79 at 9
[11,58,73,52,31,34,39,24,14,62,46,61,31,61,17,79,80,90,92,93] max 73 at 2
[11,58,17,52,31,34,39,24,14,62,46,61,31,61,73,79,80,90,92,93] max 62 at 9
[11,58,17,52,31,34,39,24,14,61,46,61,31,62,73,79,80,90,92,93] max 61 at 9
[11,58,17,52,31,34,39,24,14,31,46,61,61,62,73,79,80,90,92,93] max 61 at 11
[11,58,17,52,31,34,39,24,14,31,46,61,61,62,73,79,80,90,92,93] max 58 at 1
[11,46,17,52,31,34,39,24,14,31,58,61,61,62,73,79,80,90,92,93] max 52 at 3
[11,46,17,31,31,34,39,24,14,52,58,61,61,62,73,79,80,90,92,93] max 46 at 1
[11,14,17,31,31,34,39,24,46,52,58,61,61,62,73,79,80,90,92,93] max 39 at 6
[11,14,17,31,31,34,24,39,46,52,58,61,61,62,73,79,80,90,92,93] max 34 at 5
[11,14,17,31,31,24,34,39,46,52,58,61,61,62,73,79,80,90,92,93] max 31 at 3
[11,14,17,24,31,31,34,39,46,52,58,61,61,62,73,79,80,90,92,93] max 31 at 4
[11,14,17,24,31,31,34,39,46,52,58,61,61,62,73,79,80,90,92,93] max 24 at 3
[11,14,17,24,31,31,34,39,46,52,58,61,61,62,73,79,80,90,92,93] max 17 at 2
[11,14,17,24,31,31,34,39,46,52,58,61,61,62,73,79,80,90,92,93] max 14 at 1
[11,14,17,24,31,31,34,39,46,52,58,61,61,62,73,79,80,90,92,93] max 11 at 0
[11,14,17,24,31,31,34,39,46,52,58,61,61,62,73,79,80,90,92,93]

从中可以明显看到列表是如何逐步由右向左排好顺序的。

选择排序虽然很容易理解和实现,但是它的效率很低,两重循环就需要执行 n^2 轮循环,而且没有任何可以改进的余地。

4.4.5　冒泡排序

冒泡是另一种简单排序算法。它的基本思想是,依次将列表中的元素与它的下一个元素做比较,如果下一个元素不如自己大,就将两者交换。这样一轮下来,就能将最大的元素交换到列表的最后面,就好像一个气泡慢慢地冒到了水面一样。具体的代码如下:

```python
a = [80,58,73,90,31,92,39,24,14,79,46,61,31,61,93,62,11,52,34,17]
right = len(a)
for i in range(0,right - 1):
    if a[i]>a[i + 1]:
        a[i],a[i + 1] = a[i + 1],a[i]
print(a)
```

这一轮冒泡的结果是:
[58,73,80,31,90,39,24,14,79,46,61,31,61,92,62,11,52,34,17,93]

就是说,93冒上来了。最大的元素冒上来之后,就相当于最大的元素已经就位了。再对剩下的数据集重复这个冒泡的动作,就能逐步地完成排序了。

和选择排序对比一下,我们发现,选择排序有两重循环,外重负责组织一次最大值的遴选,它遴选的范围是从[0,len)逐渐缩小到[0,1);内重则是负责找出这个范围内的最大值。而冒泡排序也需要这样两重循环,外重一样是负责组织一次冒泡,冒泡的范围同样是从[0,len)逐渐缩小到[0,1);内重则负责冒泡。所以,完整的冒泡排序程序是这样的:

【例 4-25】 冒泡排序。

```
a = [80,58,73,90,31,92,39,24,14,79,46,61,31,61,93,62,11,52,34,17]
for right in range(len(a),0, - 1):
    for i in range(0,right - 1):
        if a[i]>a[i + 1]:
            a[i],a[i + 1] = a[i + 1],a[i]
    print(a)
```

我们在内重循环结束后,打印出整个列表的情况,这样就可以看出这个"泡"是怎么冒上来的。程序执行的结果如下:

```
[58,73,80,31,90,39,24,14,79,46,61,31,61,92,62,11,52,34,17,93]
[58,73,31,80,39,24,14,79,46,61,31,61,90,62,11,52,34,17,92,93]
[58,31,73,39,24,14,79,46,61,31,61,80,62,11,52,34,17,90,92,93]
[31,58,39,24,14,73,46,61,31,61,79,62,11,52,34,17,80,90,92,93]
[31,39,24,14,58,46,61,31,61,73,62,11,52,34,17,79,80,90,92,93]
[31,24,14,39,46,58,31,61,61,62,11,52,34,17,73,79,80,90,92,93]
[24,14,31,39,46,31,58,61,61,11,52,34,17,62,73,79,80,90,92,93]
[14,24,31,39,31,46,58,61,11,52,34,17,61,62,73,79,80,90,92,93]
[14,24,31,31,39,46,58,11,52,34,17,61,61,62,73,79,80,90,92,93]
[14,24,31,31,39,46,11,52,34,17,58,61,61,62,73,79,80,90,92,93]
[14,24,31,31,39,11,46,34,17,52,58,61,61,62,73,79,80,90,92,93]
[14,24,31,31,11,39,34,17,46,52,58,61,61,62,73,79,80,90,92,93]
[14,24,31,11,31,34,17,39,46,52,58,61,61,62,73,79,80,90,92,93]
[14,24,11,31,31,17,34,39,46,52,58,61,61,62,73,79,80,90,92,93]
[14,11,24,31,17,31,34,39,46,52,58,61,61,62,73,79,80,90,92,93]
[11,14,24,17,31,31,34,39,46,52,58,61,61,62,73,79,80,90,92,93]
[11,14,17,24,31,31,34,39,46,52,58,61,61,62,73,79,80,90,92,93]
[11,14,17,24,31,31,34,39,46,52,58,61,61,62,73,79,80,90,92,93]
[11,14,17,24,31,31,34,39,46,52,58,61,61,62,73,79,80,90,92,93]
[11,14,17,24,31,31,34,39,46,52,58,61,61,62,73,79,80,90,92,93]
```

同样我们可以看到整个列表逐渐由右向左排好顺序。

4.5 多维列表

前面部分主要介绍了一维表格,但你也可以用多维列表存储数据。例如,你可以用二维列表存储二维表格数据。多个维度的列表称为多维列表。

多维列表中最常见的是二维列表。创建二维列表的语法涉及使用两个嵌套的中括号([])。

```
value = [[1,2,43,6],
         [45,78,5,9],
         [-3.4,"hello","john",5]]
```

value 列表创建了一张二维表格,它有 3 行 4 列。

行索引	列索引			
	0	1	2	3
0	1	2	43	6
1	45	78	5	9
2	-3.4	"hello"	"John"	5

用 value[行索引]取一行,用 value[行索引][列索引]取特定元素。

```
>>> value = [[1,2,43,6],
             [45,78,5,9],
             [-3.4,"hello","john",5]]
>>> value[1][1]
78
>>> value[2]
[-3.4,'hello','john',5]
```

当二维列表元素要由输入确定时,通常用程序来创建二维列表。

【例 4-26】 创建 3 行 2 列的二维列表。每行输入一个元素。

```
matrix = []                    #创建空的列表
for row in range(3):           #创建 3 行
    matrix.append([])          #增加空行,matrix 变成二维列表
    for col in range(2):
        matrix[row].append(input())
print(matrix)
```

运行程序,输入:

```
1
4
7
 - 6
45
0
```

输出：

```
[['1','4'],['7','-6'],['45','0']]
```

改变输入方式，每行输入一行，一行中的元素用空格分开：

```
1 4
7 - 6
45 0
```

程序修改如下。注意 input().split() 的返回值是列表。

```
matrix = []            #创建空的列表
for row in range(3):   #创建 n 行
    matrix.append(input().split())
print(matrix)
```

矩阵是高等代数的常用工具，由 $m * n$ 个数 a_{ij}，排成 m 行和 n 列的数表称为

$$\mathbf{A} = \begin{bmatrix} a_{11} & a_{12} & \cdots & a_{1n} \\ a_{21} & a_{22} & \cdots & a_{2n} \\ a_{31} & a_{32} & \cdots & a_{3n} \\ \cdots & \cdots & & \cdots \\ a_{m1} & a_{m2} & \cdots & a_{mn} \end{bmatrix}$$

m 行 n 列矩阵，简称 $m * n$ 矩阵。它可以用二维列表表示。当 m 等于 n 时，称为方阵。

$$A = [[a_{11}, a_{12}, \cdots, a_{1n}], [a_{21}, a_{22}, \cdots, a_{2n}], \cdots, [a_{m1}, a_{m2}, \cdots, a_{mn}]]$$

【例 4-27】 创建 n 行 n 列的整数方阵。求主对角线上的元素和。当元素的行下标和列下标相等时，这个元素就是主对角线上的元素，形如 a_{ii}。第一行输入行数，接着每行输入矩阵的一行。

```
lst = [int(matrix[i][j]) for i in range(n) for j in range(n) if i == j]
```

上面这句是有两个循环的列表解析，等价于下面语句：

```
lst = []
for i in range(n):
    for j in range(n):
        if i == j:
            lst.append(int(matrix[i][j]))
```

运行下面程序：

```
matrix = []          #创建空的列表

#输入矩阵
n = int(input())
for row in range(n):#创建 n 行
    matrix.append(input().split())

#求对角线元素和
s = sum([int(matrix[i][j]) for i in range(n) for j in range(n) if i == j])
print("对角线元素和等于{}".format(s))
```

输入：

3

1 2 3

4 5 6

7 8 9

输出：

对角线元素和等于 15

思考题：lst1 和 lst2 相同吗？

```
lst1 = [[3 * i + j for i in range(3)] for j in range(3) ]
lst2 = [[3 * i + j] for i in range(3) for j in range(3) ]
```

前面的示例是具有固定行数和列数的矩形表格。二维列表还可以存放列数不同的数据。

1

1 1

1 2 1

1 3 3 1

1 4 6 4 1

上面的数据第 1 行有 1 列，第 2 行有 2 列，……，第 5 行有 5 列。

每行数据的第一个和最后一个都是 1。

每行的中间值是前一行的上方和左侧两个值的和。

【例 4-28】 输入行数，输出满足上面规律的图形。

用二维列表 mat 存放二维数据。如输入行数是 5，则

mat = [[1],[1,1],[1,2,1],[1,3,3,1],[1,4,6,4,1]]

lst 是列表，产生每行的数据。

运行下面程序，输入 6：

```
line = int(input())              #line 表示行数
mat = []                         #存放二维数据
for row in range(line):
    lst = [0] * (row + 1)        #产生行列表,初始化元素是 0
    lst[0] = 1                   #第一个元素值是 1
    lst[row] = 1                 #最后一个元素值是 1
#每行的中间值是前一行的上方和左侧两个值的和
    for i in range(1, row):
        lst[i] = mat[row - 1][i - 1] + mat[row - 1][i]
    mat.append(lst)
#数据输出
for row in mat:                  #row 是一个列表,存放这行的所有数据
    s = [str(i) for i in row]
    print(" ".join(s))
```

程序输出:

```
1
1 1
1 2 1
1 3 3 1
1 4 6 4 1
1 5 10 10 5 1
```

转置是矩阵的基本运算。它把矩阵的每个元素行列互换,即把 a_{ij} 变成 a_{ji}。结果是行变列、列变行。下面是一个 3×3 矩阵转置的例子。

$$\begin{bmatrix} 1 & 2 & 3 \\ 4 & 5 & 6 \\ 7 & 8 & 9 \end{bmatrix} \text{转置成} \begin{bmatrix} 1 & 4 & 7 \\ 2 & 5 & 8 \\ 3 & 6 & 9 \end{bmatrix}$$

【例 4-29】 矩阵转置。

上面这个矩阵可以用二维列表表示。

```
mat = [[row * 3 + col + 1 for col in range(3)] for row in range(3)]
```

如何取 mat 的列? row 代表 mat 某行,同时也是一个列表,row[0] 就是某行的第一个元素。表达式 [row[0] for row in mat] 就可取矩阵 mat 的第 1 列。

表达式 [row[1] for row in mat] 就可取矩阵 mat 的第 2 列。

表达式 [row[2] for row in mat] 就可取矩阵 mat 的第 3 列。

转置矩阵可以用如下表达式完成。

```
[[row[0] for row in mat], [row[1] for row in mat], [row[2] for row in mat]]
```

运行下面程序:

```
mat = [[i * 3 + j + 1 for j in range(3)] for i in range(3)]
print(mat)
mattrans = [[row[col] for row in mat] for col in range(3)]
print(mattrans)
```
程序输出：
[[1,2,3],[4,5,6],[7,8,9]]
[[1,4,7],[2,5,8],[3,6,9]]

本章小结

本章介绍了程序设计中的基本结构，包括：

1. 分支结构 if 语句的用法；

2 循环结构 for 语句的用法；

3. 循环结构 while 语句的用法；

4. 多维表格的创建和输出；

5. break、continue 和 pass 语句的用法。

习 题

一、判断题

1. 在循环中 continue 语句的作用是跳出当前循环。 （ ）

2. 带有 else 子句的循环如果因为执行了 break 语句而退出的话，会执行 else 子句的代码。 （ ）

3. 使用 for i in range(10) 和 for i in range(10,20) 控制循环次数是一样的。 （ ）

4. 在 Python 中，循环结构必须有 else 子句。 （ ）

二、单选题

1. continue 语句用于_____。

A. 退出循环程序 B. 结束本次循环

C. 空操作 D 引发异常处理

2. for i inrange(10):... 中，循环终值是_____。

A. 9 B. 10 C. 11 D. 都不对

3. 下面程序中语句 print(i * j)共执行了_____次。

```
for i inrrnage(5):
    for j in range(2,5):
        print(i * j)
```

A. 15   B. 14   C. 20   D. 12

4. 执行下面程序产生的结果是_____。

```
x = 2;y = 2.0        ♯分号可把两个语句写在一行
if(x == y):
    print("相等")
else:
print("不相等")
```

A. 相等   B. 不相等   C. 运行错误   D. 死循环

5. 下面_____语句不能完成 1~10 的累加功能,total 初值为 0。

A. for i in range(10,0): total += i

B. for i in range(1,11): total += i

C. for i in range(10,0,-1): total += i

D. for i in (10,9,8,7,6,5,4,3,2,1):total += i

三、填空题

1. 下面程序运行后,位于最后一行最后一列的值是_____。

```
for i in range(1,5):
    j = 0
    while j<i:
        print(j,end = " ")
        j += 1
    print()
```

2. 下面程序运行后,倒数第二行打印出_____。

```
i = 5
while i >= 1:
    num = 1
    for j in range(1,i + 1):
        print(num,end = "xxx")
        num * = 2
    print()
    i - = 1
```

3.下面程序运行后,最后一行有_____个"G"。

```
i = 1
while i <= 5 :
    num = 1
    for j in range(1,i + 1):
        print(num,end = "G")
        num += 2
    print()
    i += 1
```

4.下面程序运行后输出是_____。

```
a = [1,2,3,4,[5,6],[7,8,9]]
s = 0
for row in a :
    if type(row) == list :
        for elem in row:
            s += elem
    else :
        s += row
print(s)
```

5.下面程序运行后输出是_____。

```
l3 = [i + j for i in range(1,6) for j in range(1,6)]
print(sum(l3))
```

6.下面程序运行后输出是_____。

```
l3 = [[(i,j) for i in range(1,6)] for j in range(1,6)]
print(l3[2][1])
```

7.下面程序运行后输出是_____。

```
n = 3
m = 4
a = [0] * n
for i in range(n):
    a[i] = [0] * m
print(a[0])
```

四、编程题

1.编写程序,输出下面(a),(b),(c)三种图案。

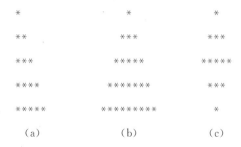

2.有 30 人围成一圈,从 1 到 30 依次编号。每个人开始报数,报到 9 的自动离开。当有人离开时,后一个人开始重新从 1 报数,以此类推。求离开的前 10 人编号。

3.一个数刚好等于它的因子之和,称为完数。例如,6 的因子为 1、2、3,而 6=1+2+3,因此 6 是完数。求 1000 内的所有完数,一行输出。

4.求 100 到 1000 范围内所有素数的和。

5.猴子吃桃问题。猴子第一天将一堆桃子吃了一半,还不过瘾,又多吃一个。第二天又将剩下的吃掉一半,又多吃一个。以后每天这样都这样吃。第十天发现只剩一个桃子了。求这堆桃子最初有多少个?

6.四则运算。在第一行中输入一个数字,在第二行中输入一个四则运算符(+,-,*,/),在第三行再输入一个数字,根据运算符执行相应的运算,求运算结果。(保留两位小数)

7.求矩阵各行元素之和。第一行输入矩阵的行数 m 和列数 n,用空格分开。后面 m 行,每行输入 n 个数字,用用空格分开。求每行的和。

CHAPTER 5
第5章

集合和字典

容器是当代程序设计中非常重要的基础设施,第 3 章的列表是一种典型的容器,它可以存放各种类型的数据,并且随时可以增删改其中的数据。

对数据的操作是计算机程序主要的用途之一。可以说,所有程序的基本架构都是读入数据、处理、输出数据。当读入的数据数量很多,我们就可以把数据放在列表中。下面的程序把每一行的一个正整数都放进一个列表中,等待下一步处理。为了表达数据的结束,在所有有效数据的最后,用一个－1 标识结束。

【例 5-1】 读入正整数数据。

程序代码:

```
data = []
while True:
    x = int(input())
    if x == -1:
        break
    data.append(x)
print('{:d} read.'.format(len(data)))
```

如果读入的数据中有重复的数据,我们不希望读入重复的,可以在把每 x 加入 data 之前,先判断 x 是否已经在 data 中了。

【例 5-2】 读入不重复的数据。

程序代码:

```
data = []
while True:
    x = int(input())
    if x == -1:
        break
    if x not in data:
        data.append(x)
print('{:d} read.'.format(len(data)))
```

Python 还提供了另一种容器,能够更方便地处理这个问题。

5.1 集合

集合(set)是一种序列,是一个无序的不重复元素序列,这就是数学上的集合的概念。作为序列,它和列表有一些相同的地方:都由一系列的元素组成,可以动态地向里面加入新的元素,或是删除元素。

列表的字面量使用方括号、元组的字面量使用圆括号,而集合的字面量使用大括号。比如:

```
{'apple','orange','pear','banana'}
```

5.1.1 创建集合

直接给一个变量赋值一个集合字面量或是用 set()都可以创建一个集合。set()则可以把任何序列,比如列表或元组转换成集合。但是如果要创建一个空集合,只能使用set(),因为空的一对大括号{}是用来创建一个空字典的。

比如:

```
fruit = {'apple','orange','pear','banana'}
emp = set()      # 创建一个空的集合
prime = set([1,3,5,7,11])     # 将列表转换成集合
even = set([x * 2 for x in range(1,100)])      # 200 以内的偶数
```

集合和列表最大的不同,就是集合中不会出现重复的元素。因此,如果在创建集合时所给的值中有重复的,或者所用的列表或元组中有重复的,所创建出来的集合中也是不会有重复的。如:

```
fruit = {'apple','orange','apple','pear','orange','banana'}
```

结果 fruit 的值只是:

```
{'apple','orange','pear','banana'}
```

5.1.2 操作和访问集合的元素

集合是可变的,所以可以用 add()和 remove()来添加和删除元素,可以用 min()、max()、len()和 sum()对集合操作,也可以使用 for…in 循环来遍历集合中的所有元素。但是,因为集合中的元素没有顺序,所以不能用[]和索引来访问集合中的某个位置上的元素。也是因为没有顺序,所以集合不能做 append(),但是可以做 add()。表 5-1 给出了集合的操作和访问函数。表中示例中的 s 的值为{2,3,5,7,11}。

表 5-1　集合的操作和访问函数

函　　数	示　　例	结　　果	说　　明
len()	len(s)	5	返回集合中元素的数量

续表

函　　数	示　　例	结　　果	说　　明
min()	min(s)	2	返回集合中最小的元素
max()	max(s)	11	返回集合中最大的元素
sum()	sum(s)	27	将集合中所有的元素累加起来
add()	s.add(13)	{2,3,5,7,11,13}	将一个元素加入集合中
remove()	s.remove(3)	{2,5,7,11}	从集合中删除一个元素,如果这个元素在集合中不存在,则抛出 KeyError 异常

下面的代码遍历上述的 s 集合,输出每一个元素:

```
for i in s:
    print(i)
```

输出的结果是:

```
2
3
5
7
11
```

用上面的集合,例 5-2 中的程序就可以被改造成例 5-3。

【例 5-3】　用集合读入不重复的数据。

程序代码:

```
data = set()
while True:
    x = int(input())
    if x == -1:
        break
    data.add(x)
print('{:d} read.'.format(len(data)))
```

这里就不再需要判断 x 是否在 data 中了,如果把重复的数据加入集合,是不会留下多个数据的。

5.1.3　元素、子集、超集和相等判断

in 和 not in 运算符可以判断某个元素是否在集合中。如:

```
s = {2,3,5,7,11}
print(5 in s)
print(4 not in s)
```

则输出结果是：

```
True
True
```

如果集合 s1 中所有的元素都在集合 s2 中，就称 s1 是 s2 的子集，集合的函数 issubset()可以用来判断是否存在这样的子集关系：

```
s1 = {2,3,5,7}
s2 = {1,2,3,4,5,6,7}
print(s1.issubset(s2))
```

结果就是：

```
True
```

同时，如果集合 s1 中所有的元素都在集合 s2 中，反过来也称 s2 是 s1 的超集，函数 issuperset()可以判断超集关系：

```
s1 = {2,3,5,7}
s2 = {1,2,3,4,5,6,7}
print(s2.issuperset(s2))
```

结果也是：

```
True
```

比较两个值是否相等的运算符 == 和!= 可以用来判断两个集合是否包含了完全相同的元素，如：

```
s1 = {2,3,5,7}
s2 = {3,2,7,5}
print(s1 == s2)
```

结果就是：

```
True
```

虽然在创建 s1 和 s2 的时候所给的集合看上去元素的顺序不同，但是集合是没有顺序的序列，所以这两个集合实际上是相同的。

比较大小的四个运算符>、>=、<、<=不能用来比较集合的大小，这是因为集合是没有顺序的序列，所以无法进行必须在规定顺序上的大小判断。但是这四个运算符是可以用于集合的，只是它们的意义并不是大小判断，而是包含判断：

- 如果 s1 是 s2 的真子集，则 s1<s2 是 True
- 如果 s1 是 s2 的子集，则 s1 <= s2 是 True
- 如果 s1 是 s2 的真超集，则 s1>s2 是 True
- 如果 s1 是 s2 的超集，则 s1 >= s2 是 True

s1 是 s2 的真子集的意思是 s1 是 s2 的子集，但是 s2 中至少有一个 s1 中不存在的元素。

5.1.4 集合运算

Python 的集合可以进行求并集、交集、差集和对称差集的运算。这些运算既可以通过集合的函数进行，也可以通过运算符进行。表 5-2 给出了集合的这四种运算的方式。示例中的 s1 和 s2 为两个集合：

s1 = {2,3,5,7,11}

s2 = {2,3,4,5,6,7}

表 5-2　集合的运算

运算	函数	运算符	示例	结果	说明
并集	union()	|	s1| s2	{2,3,4,5,6,7,11}	结果是包含两个集合中所有元素的新集合
交集	intersection()	&	s1 & s2	{2,3,5,7}	交集是只包含两个集合中都有的元素的新集合
差集	difference()	—	s1 — s2	{11}	s1−s2 的结果是出现在 s1 但不出现在 s2 的元素的新集合
对称差	symmetric.difference()	^	s1 ^ s2	{4,6,11}	结果是一个除了共同元素之外的所有元素

这四个运算都是产生新的集合，而不会对原有的两个集合做任何的修改。

【例 5-4】 去掉列表中重复元素，按原列表顺序输出无重复元素的列表。

mailto 是一个列表，利用集合中没有重复元素这个特点，容易完成 mailto 列表的去重工作：

```
mailto = ['cc','bbbb','afa','sss','bbbb','cc','shafa']
addr_to = list(set(mailto))
addr_to.sort(key = mailto.index)          #key 参数代表排序规则
print(addr_to)
```

运行程序，输出：

['cc','bbbb','afa','sss','shafa']

5.2　字典

列表可以通过索引访问列表的元素，列表的索引是 0,1,2,… 连续整数。如果索引不是整数，如何处理？学生有学号和姓名，通过学号找姓名是常见操作，学号就相当于索引。4 个学生信息如表 5-3 所示。

表 5-3　学生信息

学号	2050921018	2050921036	2050921039	2050151003
姓名	詹延峰	李小鹏	裴凡法	韩平医

用字典数据类型就可以解决这种问题。

name = {"2050921018":"詹延峰","2050921036":"李小鹏"}

name 是字典，包含两个学生的信息。"2050921018":"詹延峰"是字典的一个条目，前面的"2050921018"是键,后面的"詹延峰"是值。键在这里起到的作用就是索引。字典中的一个"键"对应着字典中的一个数据。一个键和它所对应的数据形成字典中的一个条目。字典的键是不可变对象。Python 用字典(dictionary)这个词,就是因为这种形式和字典很像:每个单词是一个键,对应的数据就是它的解释,单词和它的解释形成了字典里的词条,一本字典就是由众多的词条构成的。字典里没有两个词条的单词是相同的,Python 的字典也是这样。

5.2.1 创建字典

字典和集合一样使用大括号{}表示。不同的是字典的每一个元素(条目)是用冒号:分隔的一对内容,前面的是键,后面的是值。如:

name = {"2050921018":"詹延峰","2050921036":"李小鹏"}

这样就创建了一个字典,它有两个条目。"2050921018"的值是"詹延峰","2050921036"的值是"李小鹏"。

用 dict()函数也可以创建字典,"="前面一定是标识符。

```
>>> url = dict(baidu = "www.baidu.com",sina = "www.sina.com")
>>> url
{'baidu':'www.baidu.com','sina':'www.sina.com'}
```

用 dict()函数可以把嵌套元组变成字典。

```
>>> dict((("2050921018","詹延峰"),("2050921036","李小鹏")))
{'2050921018':'詹延峰','2050921036':'李小鹏'}
```

如果给出的大括号是空的,比如{},就创建了一个空的字典,注意不是创建空集合。另外,使用 dict(),也可以创建一个空字典。字典一旦被创建出来,可以不断增加、删除和修改条目。

5.2.2 字典的基本运算

1.访问和修改条目

对字典内条目的访问直接用[]运算符,在[]中放的是键的值,就能直接访问到对应的数据。

<字典>[键]

通过这个方式可以获得数据,也可以修改数据。比如:

```
>>> name = {'2050921018':'詹延峰','2050921036':'李小鹏'}
>>> print(name['2050921018'])          #输出学号是 2050921018 的学生名詹延峰
>>> name['2050921036'] = '李大鹏'  #学号是 '2050921036'的学生名改为李大鹏
```

对字典内的数据赋值时,如果那个键还不存在,就直接给字典添加了一个新的条目。比如在上面的 name 字典中,如果做:

name["2050921039"] = "裴凡法"

那么 name 中就将有三个条目。因此字典并不需要特殊的函数来添加条目,直接使用的就是［］运算符。如果在添加过程中，加入了已经存在的键，那么后果就是把之前保存的数据覆盖了，相当于修改字典的条目。字典里没有重复的键，键相同的条目的加入就是覆盖已有的条目。

2.删除条目

删除条目的时候用 del 语句：

del <字典>［键］

如：

```
>>> del name['2050921018']
```

就把字典 name 中键为'2050921018'的条目删除了。如果字典中不含有那个键，就会抛出一个 KeyError 异常。

3.遍历字典

用 for in 循环可以遍历整个字典，例如：

```
name = {'2050921018':'詹延峰','2050921036':'李小鹏'}
for s in name:
    print(s + ':' + name[s])
```

就会输出：

```
2050921018:詹延峰
2050921036:李小鹏
```

4.字典大小

用 len()函数可以得到字典内条目的数量，例如：

```
name = {'2050921018':'詹延峰','2050921036':'李小鹏'}
name["2050921039"] = "裴凡法"
print(name)
print(len(name))
```

执行程序，输出：

```
{'2050921018':'詹延峰','2050921036':'李小鹏','2050921039':'裴凡法'}
3
```

注意：由于字典条目的键是无序的，所以不能在得到了字典的大小之后，用 for in range()循环来遍历字典。

5.检测

用 in 和 not in 运算符可以检测一个键是否存在于字典中，如果存在，返回 True，反之则是 False。如：

```
name = {'2050921018':'詹延峰','2050921036':'李小鹏','2050921039':'裴凡法'}
print('2050921018' in name)
print('2050151003' in name)
```

结果就是：

True

False

注意:只有键可以被检测,我们无法简单地得知某个数据是否存在于字典中。

用 == 和 != 运算符可以比较两个字典的条目是否相同。比如:

name1 = {'2050921018':'詹延峰','2050921036':'李小鹏','2050921039':'裴凡法'}

name2 = {'2050921018':'詹延峰','2050921036':'李大鹏','2050921039':'裴凡法'}

print(name1 == name2)

输出是:

False

虽然 name1 和 name2 具有相同的键,但是有不同的数据,所以它们并不相等。

注意:字典不能用>、>=、<、<=来比较,因为字典中的条目是没有顺序的。

6.字典合并

就如两个列表能合并一样,两个字典也能合并。基本语法格式如下。

{**字典1,**字典2}

**字典是字典的解包操作,取字典的所有条目。

name1 = {'2050921018':'詹延峰','2050921036':'李小鹏','2050151003':'裴凡法'}

name2 = {"2050151003":"韩平医",'2050921036':'李大鹏'}

print({**name1,**name2})

输出结果:

{'2050921018':'詹延峰','2050921036':'李大鹏','2050151003':'裴凡法','2050151003':'韩平医'}

如两个字典有相同关键字,则用后一个字典的条目代替前一个,即用'2050921036':'李大鹏'代替'2050921036':'李小鹏'。

5.2.3 字典方法或函数

表 5-4 列出了常见的字典函数和方法。

表 5-4 常见的字典方法

函　　数	返回值和说明
keys()	返回由全部的键组成的一个序列
values()	返回由全部的值组成的一个序列
items()	返回一个序列,其中的每一项是一个元组,每个元组由键和它对应的值组成
clear()	删除所有条目
get(key,value)	返回这个键所对应的值,如无这个键,返回 value
pop(key)	返回这个键所对应的值,同时删除这个条目
dic. update(dic1)	把字典 dic1 的条目加到字典 dic 中

　　get(key)函数和[ ]运算符不同的地方是,如果这个键在字典中不存在,[ ]会抛出 KeyError 异常,而 get(key)函数会返回一个特殊的 None 值。

　　keys()、values()和 items()函数返回的是一个特殊的序列,通常我们用 tuple()或 list()将它们转换成元组或列表后再做计算。一般来说,keys()和 items()函数返回的结果可以转换成元组,因为不会有重复的键;而 values()函数返回的结果应该转换成列表,因为可能存在重复的值。

　　下面举例说明其中某些函数的用法:

```
name = {'2050921018':'詹延峰','2050921036':'李小鹏','2050921039':'裴凡法'}
lst = list(name.values())
print(lst)
print(name.pop('2050921039'))
print(name.get('2050921039'))
```

输出是:

```
['詹延峰','李小鹏','裴凡法']
'裴凡法'
None
```

　　第 4 行把'2050921039'对应的值拿到之后就删除了,于是第 5 行再试图访问'2050921039'就不存在了。

　　可以用 items()的返回值实现字典遍历。items()返回键值对,因此可以赋值给两个变量。

```
favorite_languages = {'詹延峰':'python','李小鹏':'c','裴凡法':'ruby',\
                      '韩平医':'python'}
for name,language in favorite_languages.items():
    print(name.title() + "'s favorite language is " +  language.title() + ".")
```

字典解析

　　Python 语言有类似列表解析的字典解析,也称字典推导。它是基于字典或序列产生新字典的表达式。它的语法模板如下:

```
{key:value for 模板 in 序列}
>>> {c:0 for c in "abcde"}
{'a':0,'b':0,'c':0,'d':0,'e':0}
```

　　可以用这种方式给字典赋初值。

　　用姓名查学号也是常用操作,这需要把字典 name 的键值互换。前提是学生没有重名。

```
>>> name = {'2050921018':'詹延峰','2050921036':'李小鹏','2050921039':'裴凡法'}
>>> {value:key for key,value in name.items()}
{'詹延峰':'2050921018','李小鹏':'2050921036','裴凡法':'2050921039'}
```

　　字典可以作为多路分支 if 语句的替代方法。

【例 5-5】 输入一个 1 到 7 的数字,输出对应的星期名的缩写。

用字典 days 建立数字和星期名缩写的对应关系,程序就非常简单了。

```
days = {1:"Mon",2:"Tue",3:"Wed",4:"Thu",5:"Fri",6:"Sat",7:"Sun"}
num = int(input())
print(days[num])
```

字典的另外一个重要应用是计数,如计算字符串中每个字符出现的次数。

【例 5-6】 输入一个字符串,输出每个字符出现的次数。

用字典 countchar 存放字符及出现的次数。

如输入字符串"This is a example",字典 countchar 结果如下:

`{'T':1,'h':1,'i':2,'s':2,'':3,'a':2,'e':2,'x':1,'m':1,'p':1,'l':1}`

键是字符,值是字符出现的次数。如果字符 c 已经是字典的键,则把它的值加 1;否则字典生成新的条目,键是字符,值是 1。

```
s = input()
countchar = {}


for c in s:
    countchar[c] = countchar.get(c,0) + 1
print(countchar)
```

字典的良好设计,可以降低编程难度,提升程序的运行速度。

【例 5-7】 输入目标整数,从指定的由不同整数组成的列表中找出两个数,它们的和等于目标数。假设有且只有一个解。

如整数列表是[4,2,15,11,7],目标整数是 9。传统解法是用二重循环,而用字典可以简化编程。建字典 check,键是目标数和元素的差值,值是元素的索引。以这个数据为例,它的字典是 check = {5:0,7:1,−6:2,−2:3,2:4}。取列表的每个元素查字典,如找到就是解。字典键为 2 的值是 4,它的解是 1(元素 2 的下标)和 4(元素 7 的下标)。下面程序输入 9,输出是两个数的下标:1 4。

```
lst = [4,2,15,11,7]
target = int(input())


check = {(target − lst[i]): i for i in range(len(lst))}
for i in range(len(lst)):
    if lst[i] in check and check [lst[i]]! = i:
        print("两个数的下标是:",i,check[lst[i]])
        break
```

思考:如果有多个解,上面程序输出哪个解?

由于不知道一个多项式指数的分布,所以用字典表示多项式比较合适。如多项式 $2x^{98} − 4x^5 + 3x^2 + 1$ 可以表示成字典{98:2,5:−4,2:3,0:1},指数是键,系数是值。这种做法可以理解为用字典代替链表表示多项式。

【例 5-8】 多项式相加。

两个多项式相加就是两个表示多项式的字典合并。合并的规则是相同键的值相加,如结果等于 0,则字典去掉这个条目。

```
poly1 = {98:2,5:-4,2:3,0:1}      #2x⁹⁸ - 4x⁵ + 3x² + 1
poly2 = {90:7,5:3,2:-3,1:5}      #7x⁹⁰ + 3x⁵ - 3x² + 5x
poly3 = {}                        #两个多项式的和字典
deg = set(poly1)|set(poly2)      #和多项式可能的指数集合
for i in deg:                     #遍历指数
    coeff = poly1.get(i,0) + poly2.get(i,0)
    if coeff!= 0:
        poly3[i] = coeff
print(poly3)
```

运行程序,输出:

$\{0:1,1:5,98:2,5:-1,90:7\}$,代表多项式:$2x^{98} + 7x^{90} - x^5 + 5x + 1$

5.3 嵌套结构

前面学过如何用嵌套列表表示表格,但这种方法只能按行取表格内容,不能按列取表格内容。如何按列取表格内容呢?表 5-5 是一批书的销售价格,要编程求书的最低价格。价格是表中一列,如何取这一列?

表 5-5 书的销售价格

name	price	store
C♯ 从入门到精通	45.7	京东
ASP. NET 高级编程	34.6	京东
Python 核心编程	56.9	淘宝
JavaScript 大全	47	淘宝
Django 简明教程	35	当当
深入理解 Python 语言	89	当当

【例 5-9】 求这批书的最低价格。

用列名作为键,具体价格用列表表示,当作值。这是字典嵌套列表结构。

```
books = {"name":["C♯ 从入门到精通","ASP. NET 高级编程","Python 核心编程",
    "JavaScript 大全","Django 简明教程","深入理解 Python 语言"],
    "price":[45.7,34.6,56.9,47,35,89],
    "store":["京东","京东","淘宝","淘宝","当当","当当"]}
print(min(books["price"]))
```

一个矩阵元素如果在它的所在行最大、在它的所在列最小,则这个元素称为鞍点。元组(行下标,列下标)为键,对应元素为值,构成字典。字典嵌套元组。

$$\begin{bmatrix} 1 & 7 & 4 & 1 \\ 4 & 8 & 3 & 6 \\ 1 & 6 & 1 & 2 \\ 0 & 7 & 8 & 9 \end{bmatrix}$$

每行的最大值 $\{(0,1):7,(1,1):8,(2,1):6,(3,3):9\}$,每列的最小

值 $\{(3,0):0,(2,1):6,(2,2):1,(0,3):1\}$。

两个字典的公共元素就是鞍点,$(2,1):6$。

【例 5-10】 求方形矩阵的鞍点,假设方阵最多只有一个鞍点,用字典实现。

```
#输入n行n列矩阵
n = int(input())
mat = [input().split() for i in range(n)]
#创建行、列两个空字典
rowdic = {}
coldic = {}
for i in range(n):
    maxa = max([int(mat[i][j]) for j in range(n)])        #求i行最大值
    mina = min([int(mat[k][i]) for k in range(n)])        #求i列最小值
    rowdic.update({(i,j): mat[i][j] for j in range(n)
        if int(mat[i][j]) == maxa})
    coldic.update({(k,i): mat[k][i] for k in range(n)
        if int(mat[k][i]) == mina})
#求两个字典的公共键,先把字典变集合,用集合交运算方便
dot = list(set(rowdic)&set(coldic))
# * dot 表示取列表的元素
if dot!=[]:
    print("鞍点位置:", * dot,"鞍点值:",rowdic[dot[0]])
else:
    print("无鞍点")
```

执行程序,输入:

4
1 7 4 1
4 8 3 6
1 6 1 2
0 7 8 9

输出:

鞍点位置:(2,1) 鞍点值:6

字典{(0,1):7,(1,1):8,(2,1):6,(3,3):9}去掉值,就变成了{(0,1),(1,1),(2,1),(3,3)}集合,集合的元素是元组。从这个角度看,字典是集合的扩展。用表达式可以产生字典,同样可以生成集合。下面是用集合数据类型编写的程序。

【例 5-11】 求方形矩阵的鞍点,假设方阵最多只有一个鞍点,用集合实现。

```python
n = int(input())
mat = [input().split() for i in range(n)]

#创建行、列两个空集合
rowset = set()
colset = set()
for i in range(n):
    maxa = max([int(mat[i][j]) for j in range(n)])        #求i行最大值
    mina = min([int(mat[k][i]) for k in range(0,n)])      #求i列最小值
    rowset = rowset|{(i,j) for j in range(n)
        if int(mat[i][j]) == maxa}
    colset = colset|{(k,i) for k in range(n)
        if int(mat[k][i]) == mina}

#用集合交运算求两个集合的公共元素
dot = list(rowset & colset)
# * dot 表示取列表的元素
if dot!=[]:
    print("鞍点位置:", * dot,"鞍点值:",mat[dot[0][0]][dot[0][1]])
else:
    print("无鞍点")
```

5.4 集合和字典的应用实例

集合和字典是非常有用的容器,善用它们往往可以事半功倍。考虑这样一个程序,我们要从输入两种数据,一种是学号和姓名的对应关系,每一行有两个字符串,一个是学号,剩下的是姓名,比如:

3180102345 John Hoppkings

注意这里的姓名可能存在空格。另一种数据是学号、课程名称和分数的对应关系,每一行有三个字符串,依次是学号、课程和分数,比如:

3180102345 Python 78

最后,如果一行只有一个单词 END,表明所有的数据结束了。

这些数据是混杂的,没有顺序的,程序要读入数据,建立内部的数据模型,最后输出一张大表。表的第一行是表头,有学号、姓名和所有学生选修的所有课程的名称。在表

的数据中,每一行是一个学生的数据,由学号和姓名开始,后面跟上他/她在每一门课程中的成绩,如果对应的课程不存在,则留空。每一行的最后,计算出这个学生在所有学过的课程中的分数的平均分。为了方便用其他软件处理数据,每一行的每个数据之间用逗号(,)分隔,这样就形成了 csv 文件格式。比如:

```
学号,姓名,Python,OOP,军事学,微积分,平均分
3180102345,John Hoppkings,78,,82,90,83
3180102346,张三,80,80,80,80,80
```

5.4.1 数据结构

首先我们要考虑如何在程序中表达这么多复杂的数据。我们先来看学生。

对于每个学生,我们要记录的有他的学号、姓名、每门课的成绩。当读到学号和姓名关系的数据时,我们要记录这个关系。虽然学号是一个整数,但是我们不可能用列表来表达这个关系,因为列表的数字索引是列表中数据的序号,而无法用任意的数字来做索引。因此,这里需要一个字典来表达这个关系:

```
studentid = {}
```

这里的键是学号,而值是姓名。

当读到成绩数据时,我们需要建立每个学生的所有课程的成绩。一个学生的所有课程的成绩,正好是一个字典:键是课程名称,值是成绩。每个学生的这个字典,可以用另一个字典来表达:键是学号,值是字典:

```
studentscore = {}
```

因此,这里就需要建立一个字典,它的值还是一个字典,如图 5-1 所示。

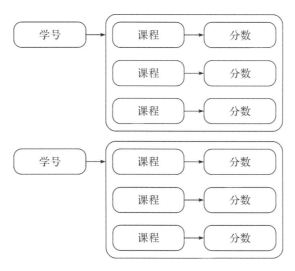

图 5-1　表示每个学生的所有成绩的数据结构

为了能输出表头,我们需要有一个数据结构来表示所有的学生修读过的所有的课程。这可以是一个集合:集合中没有重复的元素。在每次读到一个学生的一个成绩的

时候,直接把那个课程名称加入这个集合就可以了。这需要一个:

```
course = set()
```

5.4.2 过程

1.输入数据

显然这个程序需要一个循环,不断地读入每一行,如果读入的是 END,则循环结束。如果不是 END,就需要判断是学号、姓名关系,还是一门课的成绩。判断的依据是什么呢?

如果是学号、姓名关系,那么第一个字符串应该都是数字,而如果是成绩,应该最后一个字符串是数字。通过这些信息应该足以分辨了。

```
while True:
    line = input()
    if line == 'END':
        break
    words = line.split()          ♯以空格分割输入行
    if words[-1].isnumeric():      ♯最后的字符串是数字
        ...
    else:
        ...
```

如果输入的是学号、姓名关系,那么只要加入 studentid 字典就好了:

```
studentid[words[0]] = words[1]
```

如果输入的是成绩,做的事情要多一点:要把课程、成绩关系加入到那个学号所对应的学生的成绩字典里。如果那个学生之前还没有输入过成绩,还要新建那个字典:

```
score = studentscore.get(word[0])
if score == None:
    score = {}
score[words[1]] = words[2]
studentscore[word[0]] = score
```

同时还需要把这门课程的名字加入课程的集合:

```
course.add(words[1])
```

2.输出数据

首先要输出表头,这需要遍历 course 集合。为了输出按照文字顺序排序的课程,以保证后续的操作有一个确定的顺序,首先得把这个集合输出到一个列表,然后对列表做排序:

```
coursename = list(course)
print(',',end = '')
for name in coursename:
    print(',' + name,end = '')
print()
```

然后要遍历学号、姓名字典,找出所有的学号和姓名,同时找出每个学生的所有成绩。在遍历成绩的时候,得遍历 course 集合,找出这个学生在每门课上的成绩,而不能直接遍历学生的成绩:

```python
for id in studentid.keys():
    print(id + ',' + studentis[id],end = '')
    score = studentscore[id]
    sum = 0
    cnt = 0
    for name in coursename:
        print(',',end = '')
        if name in score:
            print(score[name],end = '')
            sum += int(score[name])
            cnt += 1
    print(',' + str(int(sum / cnt)))
```

完整的程序如例 5-12。

【例 5-12】 处理学生成绩。

```python
# 准备数据结构
studentid = {}
studentscore = {}
course = set()
# 读入数据
while True:
    line = input()
    if line == 'END':                        # 结束标志
        break
    words = line.split()                     # 以空格分割输入行
    if words[-1].isnumeric():                 # 最后的字符串是数字,表示是成绩
        score = studentscore.get(words[0])
        if score == None:                     # 这个学生还没有成绩
            score = {}
        score[words[1]] = words[2]            # 记下成绩
        studentscore[words[0]] = score        # 更新学生的数据
        course.add(words[1])                  # 更新课程的集合
    else:                                     # 否则是学号、姓名关系
        studentid[words[0]] = words[1]
# 列出全部课程
```

```
coursename = list(course)
# 打印表头
print("学号",",","姓名",end = '')
for name in coursename :
    print(',' + name,end = '')
print(",平均分")                              # 输出结尾换行
# 打印表格
for id in studentid.keys():
    print(id + ',' + studentid[id],end = '')  # 学号和姓名
    score = studentscore[id]
    sum = 0                                    # 总分
    cnt = 0                                    # 课程数
    for name in coursename :                   # 遍历全部课程
        print(',',end = '')
        if name in score :                     # 如果该生有这门课的成绩
            print(score[name],end = '')
            sum += int(score[name])            # 加入总分
            cnt += 1                           # 课程数 + 1
    print(',' + str(int(sum/cnt)))             # 输出平均分
```

程序输入：
```
3180102345 John.Hoppkings
3180102346 张三
3180102346 Python 78
3180102346 OOP 80
3180102346 微积分 90
3180102345 Python 92
3180102345 OOP 82
END
```

程序输出：
```
学号,姓名,OOP,微积分,Python,平均分
3180102345,John.Hoppkings,82,,92,87
3180102346,张三,80,90,78,82
```

本章小结

1. 集合和字典是两种数据容器。

2. 集合中的没有重复的数据,数据没有位置和顺序,不能用索引来存取。集合可以做交、并、差等运算。

3. 字典是用键来存取数据的,键可以是任何类型,数字、字符串都可以作为键。键所对应的值也可以是任何类型,数字、字符串甚至列表和字典都可以作为值存放在字典中。

✎ 习 题

一、判断题

1. 集合的元素可以是任意数据类型。 ( )

2. len(set([0,4,5,6,0,7,8]))的结果是 7。 ( )

3. a = {},type(a)结果是<class 'set'>。 ( )

4. 列表可以作为字典的键。 ( )

5. 下面程序最后一行的输出是:"岳瑜":13611987725。 ( )

dic = {"赵洁": 15264771766,"张秀华": 13063767486,"胡桂珍": 15146046882,"龚丽丽": 13606379542,"岳瑜": 13611987725}

for i in len(dic):

    print(dic[i])

6. 下面的程序输出是 None。 ( )

dic = {"赵洁": 15264771766,"张秀华": 13063767486,"胡桂珍": 15146046882,"龚丽丽": 13606379542,"岳瑜": 13611987725}

print(dic.get("张军",None))

7. 下面的程序输出是 None。 ( )

dic = {"赵洁": 15264771766,"张秀华": 13063767486,"胡桂珍": 15146046882,"龚丽丽": 13606379542,"岳瑜": 13611987725}

print(dic["张军"])

8. 下面的程序输出是张秀华。 ( )

dic = {"赵洁": 15264771766,"张秀华": 13063767486,"胡桂珍": 15146046882,"龚丽丽": 13606379542,"岳瑜": 13611987725}

reversedic = {v:k for k,v in dic.items()}

print(reversedic[13063767486])

9. 下面的程序输出是 15929494512。 ( )

dic1 = {"赵洁": 15264771766,"张秀华": 13063767486,"胡桂珍": 15146046882,"龚

丽丽":13606379542,"岳瑜":13611987725}

dic2 = {"王玉兰":15619397270,"王强":15929494512,"王桂荣":13794876998,"邓玉英":18890393268,"何小红":13292597821}

dic3 = dic1.update(dic2)

print(dic3["王强"])

10. 下面的程序输出是 15146046882。　　　　　　　　　　　　　　　　　（　　　）

dic1 = {"赵洁":15264771766,"张秀华":13063767486,"胡桂珍":15146046882,"龚丽丽":13606379542,"岳瑜":13611987725}

dic2 = {"王玉兰":15619397270,"王强":15929494512,"王桂荣":13794876998,"邓玉英":18890393268,"胡桂珍":13292597821}

dic3 = { ** dic1, ** dic2}

print(dic3["胡桂珍"])

11. 下面的程序输出是 True。　　　　　　　　　　　　　　　　　　　　　（　　　）

dic1 = {"赵洁":15264771766,"张秀华":13063767486,"胡桂珍":15146046882,"龚丽丽":13606379542,"岳瑜":13611987725}

dic2 = {"王玉兰":15619397270,"王强":15929494512,"王桂荣":13794876998,"邓玉英":18890393268,"何小红":13292597821}

dic3 = { ** dic1, ** dic2}

dic1.update(dic2)

print(dic1 == dic3)

二、选择题

1. 以下＿＿＿＿＿＿＿会得到{1,2,3}。

A. list("123")　　　　B. tuple("123")　　　C. set("123")　　　　D. 以上都不是

2. 以下＿＿＿＿＿＿＿可以创建一个空的集合。

A. set()　　　　　　　B. {}　　　　　　　　C. []　　　　　　　　D. ()

3. 对于两个集合 s1 和 s2,s1<s2 的意思是＿＿＿＿＿＿＿。

A. s1 的大小小于 s2 的大小　　　　　　　B. s1 的元素比 s2 的小

C. s1 是 s2 的真子集　　　　　　　　　　D. s2 是 s1 的真子集

4. 对于集合 s,＿＿＿＿＿＿＿操作是不存在的。

A. len(s)　　　　　　B. s. append(1)　　　C. max(s)　　　　　　D. s — {1}

5. 对于操作 a[2]＝3,a 不可能的类型是＿＿＿＿＿＿＿。

A. 集合　　　　　　　B. 列表　　　　　　　C.元组　　　　　　　D. 字典

三、填空题

1. 在一行中输入若干个 0～9 的数字,以下代码会输出 0～9 这 10 个数字在输入中出现的次数:

```
a = map(int,input().split())
```

```
m = _____
for x in a:
    m[x] = _____
for k in m.keys():
    print(k,_____)
```

2.下面程序的输出结果是_____。

```
dic1 = {"姓名":"xiaoming","年龄": 27}
dic2 = {"性别":"male","年龄": 30}
dic3 = {k:v for d in [dic1,dic2] for k,v in d.items()}
print(dic3["年龄"])
```

四、编程题

1.在例 5-4 的基础上做些修改。

(1)如果希望输出的学生以学号的顺序排序,应该怎样修改程序?

(2)如果要在整个表格的最后,列出每门课的全部学生的平均分,如:

学号,姓名,Python,OOP,军事学,微积分,平均分

3180102345,John Hoppkings,78,,82,90,83

3180102346,张三,80,80,80,80,80

应该怎样修改程序?

2.利用集合分析活动投票情况。第一小队有五名队员,序号是 1,2,3,4,5;第二小队也有五名队员,序号 6,7,8,9,10。输入一个得票字符串,求第二小队没有得票的队员。例如输入:

1,5,9,3,9,1,1,7,5,7,7,3,3,1,5,7,4,4,5,4,9,5,10,9

则输出:

6 8

3.如果一个列表中有一个元素出现两次,那么该列表即被判定为包含重复元素。编写程序判定列表中是否包含重复元素,如果包含输出 True,否则输出 False。

4.字典合并。输入用字符串表示的两个字典,输出合并后的字典,字典的键用一个字母或数字表示。注意:1 和'1'是不同的关键字! 在一行中输出合并的字典,输出按字典序。"1"的 ASCII 码为 49,大于 1,排序时 1 在前,"1"在后。例如两个字典{"1": 3,1 : 4}、{"a": 5,"1": 6}的合并结果{1:4,"1": 9,"a": 5}。

5.输入一个十进制正整数,转换成十六进制数。再输入一个数(1,2,3,4,5,6,7,8,9,a,b,c,d,e,f),统计这个数出现的次数。

CHAPTER 6
第6章

函 数

我们已经使用过了很多内置函数,如 input()和 print()函数。程序员可以定义并使用自己的函数,就像内置函数一样,这将在代码编写便捷性方面产生一个质的飞跃。函数是满足特定功能的可重用程序段。Python允许你给一段语句命名一个名字,然后你可以在你的程序的任何地方使用这个名称运行这个语句块,这被称为调用函数。

6.1 函数的定义和调用

函数通过 def 关键字定义。def 关键字后跟一个函数的名称,然后跟一对圆括号。圆括号之中可以包括一些变量名,该行以冒号结尾。接下来是一段语句,它们是函数体。

【例 6-1】 定义函数 fibs,返回序列 f 的前 n(n>2)个数。序列 f 的定义:

$f(0) = 0, f(1) = 1;$

$f(n) = f(n-1) + f(n-2) \quad n \geq 2$

程序代码:

```
def fibs(n):
    result = [0,1]
    for i in range(n - 2):
        result.append(result[ - 2] + result[ - 1])
    return result
print(fibs(5))
```

result[− 2]表示序列 result 倒数第二项,result[− 1]表示序列 result 最后项。返回用 return 语句,返回一个列表 result。这样就定义了返回包含 n 个元素列表的函数,如希望得到 5 个元素列表,只要执行 fibs(5)就可以了,这是函数调用。

程序输出

[0,1,1,2,3]

函数调用过程如图 6-1 至图 6-5 所示。浅色箭头指向的行,表示刚执行的语句,在

图 6-1中，产生函数对象 fibs。深色箭头表示即将执行的语句，在图 6-1 中调用 fibs() 函数。左边是程序，右边是执行结果。

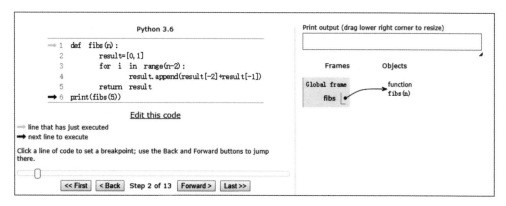

图 6-1　函数调用过程步骤 2

调用 fibs() 函数时，首先把 5 赋值给参数 n，然后执行函数所代表的语句块，如图 6-2 所示。

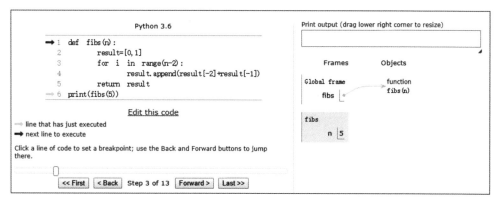

图 6-2　函数调用过程步骤 3

for 循环产生序列项，放入 result 列表中，如图 6-3 所示。

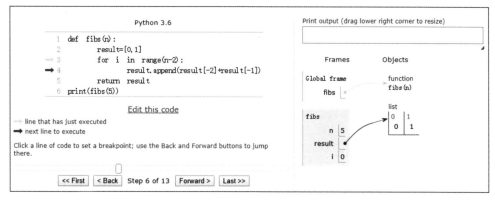

图 6-3　函数调用过程步骤 6

用 return 语句返回结果 result，如图 6-4 所示。

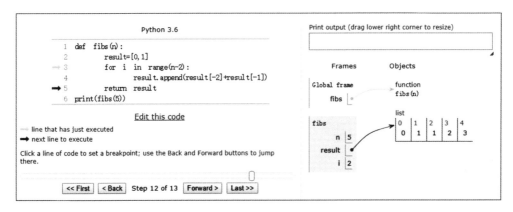

图 6-4　函数调用过程步骤 12

在"Print output"框中显示 print(fib(5)) 的调用结果，如图 6-5 所示。

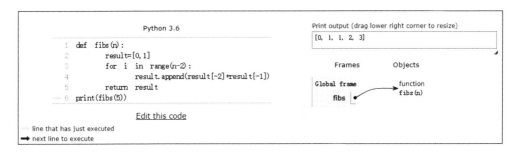

图 6-5　函数调用结束

函数定义的另一种方法是用 lambda 表达式，它定义了一个匿名函数。lambda 的一般形式是关键字 lambda 后面跟一个或多个参数，紧跟一个冒号，后面是一个表达式。lambda 是一个表达式而不是一个语句。它能够出现在 Python 语法不允许 def 出现的地方。作为表达式，lambda 返回一个值，这个返回值是一个函数。lambda 用来编写简单的函数，而 def 编写用来处理更强大任务的函数。

程序代码：

```
g = lambda x,y,z:x + y + z    #把 lambda 定义的匿名函数赋给函数
print(g(1,4,5))    #请注意 g 是函数，不是普通变量，它要像函数一样使用
```

程序输出：

10

6.2　函数参数

函数取得的参数值是你提供给函数的值，这样函数就可以利用这些值做不同的事

情。这些参数就像变量一样,只不过它们的值是在我们调用函数的时候提供的,而非在函数内赋值。参数在函数定义的圆括号内指定,用逗号分隔。当我们调用函数的时候,我们以同样的方式提供值。函数定义中的参数称为形参,而你提供给函数的值称为实参。各种参数类型如表 6-1 所示。

表 6-1　参数类型

参数类型	示　　例
位置参数	例 6-2
关键字参数	例 6-3、例 6-4、例 6-5
默认值参数	例 6-6、例 6-7、例 6-8、例 6-9
可变数量参数	例 6-10、例 6-11

6.2.1　位置参数

Python 处理参数的方式要比其他语言更加灵活。其中,最简单的参数类型是位置参数,传入参数的值是按照顺序依次给形参。

【例 6-2】　求平面上两点距离。该例按位置把实参传给形参,1 传给 x1,3 传给 y1,4 传给 x2,5 传给 y2。

程序代码:

```
from math import sqrt
def dis(x1,y1,x2,y2):     #求平面上两点距离
    print("x1 = {},y1 = {},x2 = {},y2 = {}".format(x1,y1,x2,y2))
    return sqrt((x1 - x2) ** 2 + (y1 - y2) ** 2)
print(dis(1,3,4,5))
```

程序输出:

```
x1 = 1,y1 = 3,x2 = 4,y2 = 5
3.605551275463989
```

6.2.2　关键字参数

为了避免位置参数先后顺序带来的限制,调用参数时可以指定对应参数的名字,这是关键字参数,它甚至可以采用与函数定义不同的顺序调用.

【例 6-3】　求平面上两点距离。该例按参数名把实参传给形参,1 传给 x1,5 传给 y2,3 传给 y1,4 传给 x2。

程序代码:

```
from math import sqrt
def dis(x1,y1,x2,y2):        #求平面上两点距离
    print("x1 = {},y1 = {},x2 = {},y2 = {}".format(x1,y1,x2,y2))
    return sqrt((x1 - x2) ** 2 + (y1 - y2) ** 2)
print(dis(x1 = 1,y2 = 5,y1 = 3,x2 = 4))
```

程序输出：

x1 = 1,y1 = 3,x2 = 4,y2 = 5

3.605551275463989

你也可以把位置参数和关键字参数混合使用。

【例 6-4】　求平面上两点距离。

程序代码：

```
from math import sqrt
def dis(x1,y1,x2,y2):        #求平面上两点距离
    print("x1 = {},y1 = {},x2 = {},y2 = {}".format(x1,y1,x2,y2))
    return sqrt((x1 - x2) ** 2 + (y1 - y2) ** 2)
print(dis(1,3,y2 = 5,x2 = 4))
```

程序输出：

x1 = 1,y1 = 3,x2 = 4,y2 = 5

3.605551275463989

如果同时使用位置参数和关键字参数这两种参数形式,首先应该写的是位置参数,然后是关键字参数。

【例 6-5】　求平面上两点距离。下面的程序关键字参数在位置参数前面,程序报错！

程序代码：

```
from math import sqrt
def dis(x1,y1,x2,y2):           #求平面上两点距离
    print("x1 = {},y1 = {},x2 = {},y2 = {}".format(x1,y1,x2,y2))
    return sqrt((x1 - x2) ** 2 + (y1 - y2) ** 2)
print(dis(1,y1 = 3,4,5))
```

程序输出：

File "",line 5

print(dis(1,y1 = 3,4,5))

^ SyntaxError:positional argument follows keyword argument

6.2.3　默认值参数

当调用方没有提供对应的参数值时,你可以指定默认参数值。如果你提供参数值,在调用时会代替默认值。

【**例 6-6**】 求平面上两点距离。y2 默认值为 5。

程序代码：

```
from math import sqrt
def dis(x1,y1,x2,y2 = 5):          ♯求平面上两点距离
    print("x1 = {},y1 = {},x2 = {},y2 = {}".format(x1,y1,x2,y2))
    return sqrt((x1 - x2) ** 2 + (y1 - y2) ** 2)
print(dis(1,3,4))
```

程序输出：

```
x1 = 1,y1 = 3,x2 = 4,y2 = 5
3.605551275463989
```

【**例 6-7**】 求平面上两点距离，y2 默认值为 5。当明确指定参数值时,忽略默认值！

程序代码：

```
from math import sqrt
def dis(x1,y1,x2,y2 = 5):          ♯求平面上两点距离
    print("x1 = {},y1 = {},x2 = {},y2 = {}".format(x1,y1,x2,y2))
    return sqrt((x1 - x2) ** 2 + (y1 - y2) ** 2)
print(dis(1,3,4,10))
```

程序输出：

```
x1 = 1,y1 = 3,x2 = 4,y2 = 10
7.615773105863909
```

默认参数值在函数定义时就已经计算出来,而不是在程序运行时计算。

【**例 6-8**】 连续两次调用 init()函数。

程序代码：

```
def init(arg,result = []):
    result.append(arg)
    print(result)


init('a')
init('b')
```

程序输出：

```
['a']
['a','b']
```

第二次调用时 result 的值是['a'],而不是[]。

下面的例子更进一步说明此特性。

【**例 6-9**】 默认参数值在函数对象被创建时计算。

程序代码：

```
def f(a,l=[]):
    l.append(a)
    return l
l1 = f(10)
l2 = f(123,[1,2,3])
l3 = f("b")
print(l1)
print(l2)
print(l3)
```

程序运行过程如下：

图 6-6 执行第一个调用，产生 l1。

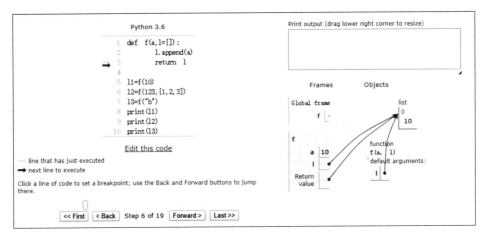

图 6-6　产生列表 l1

图 6-7 执行第二个调用，产生 l2 后的结果。

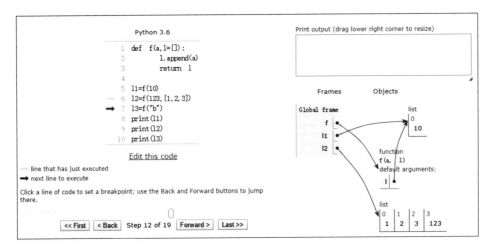

图 6-7　产生列表 l2

图 6-8 执行第三个调用，产生 l3 后的结果。请特别注意 l1 和 l3 指向同一个列表！

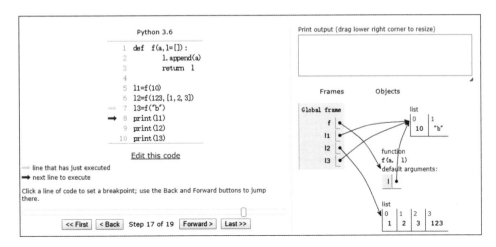

图 6-8　产生列表 l3

图 6-9 显示执行结果。

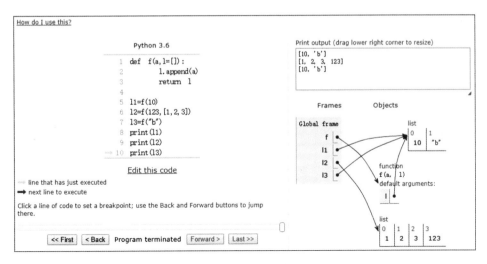

图 6-9　显示执行结果

相同默认值的函数调用不创建新的函数对象，不同默认值的函数调用创建新的函数对象。

6.2.4　不定长数目参数

当函数参数数目不确定时，"＊"将一组可变数量的位置参数变成一个元组，元组中存放这些参数。

【例 6-10】　函数参数数目不确定。

程序代码：

```
def countnum(a, * b):          # 计算参数个数
    print(b)
    print(len(b) + 1)


countnum(3,7,9)
countnum(5,8,1,6,89)
```

程序输出:

```
(7,9)
3
(8,1,6,89)
5
```

不定长参数的函数调用时,参数传递类似于赋值语句,不同的是一个是元组,另一个是列表。

a, * b = 3,7,9

带"*"赋值语句结果是:

```
a = 3
b = [7,9]
```

"*"加在形参前面表示不定长数目参数,而"*"加在实参前面表示序列拆包,这样的技巧对于像 print()这种可接受可变数量参数的函数是非常有用的。

```
>>> lst = [2,7,5]
>>> print(lst)
[2,7,5]
>>> print( * lst)
2 7 5
```

第二个 print()函数的实参 lst 前加"*",打印出参数 lst 列表的值。

读入一行文本,其中以空格分隔为若干个单词,以"."结束。你要输出每个单词的长度。这里的单词与语言无关,可以包括各种符号,比如 it's 算一个单词,长度为 4。注意,行中可能出现连续的空格;最后的"."不计算在内。如输入:It's great to see you here.则输出:4 5 2 3 3 4。用下面的代码就可完成这个任务。

```
print( * [len(word) for word in input()[0: - 1].split()])
```

使用两个"**"可以将参数收集到一个字典中,参数的名字是字典条目的键,对应的值是字典条目的值。

【例 6-11】 收集参数到字典中。

程序代码:

```
def countnum(a, ** d):          # 计算参数个数
    print(d)
    print(len(d) + 1)
countnum(3,x1 = 9,x2 = 1,x3 = 6,x4 = 89)
```

程序输出：

```
{'x1': 9,'x2': 1,'x3': 6,'x4': 89}
5
```

**加在字典前面表示字典拆包，可以用这种方式合并两个字典。

当函数的形参值改变后，会影响相应的实参吗？

图 6-10 是实参 x,y 把值传给形参 a,b 后的结果。请注意 x,y 是整数！

图 6-11 是形参 a,b 修改后的结果。

图 6-12 是 change()函数执行完的结果，实参 x,y 并没有改变。

图 6-12 显示实参 l 把值传给形参 a 后的结果。请注意 l 是列表！

图 6-13 是形参 a 修改后的结果。

图 6-14 是 change1()函数执行后的结果，实参 l 改变了！

当实参是不可变对象时，形参值改变不会影响实参！

当实参是可变对象时，形参值改变可能会影响实参！

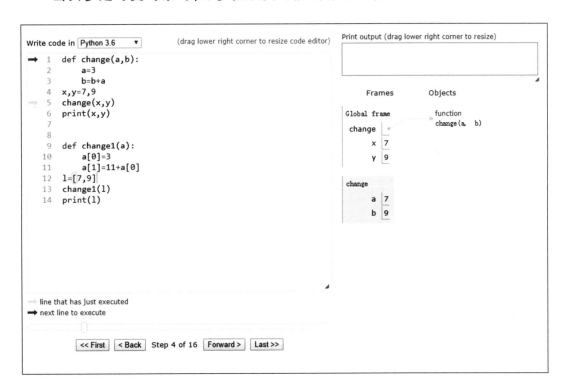

图 6-10　参数是整数，不可变对象

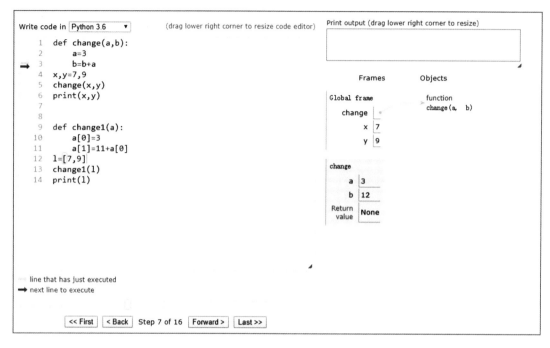

图 6-11　形参改变,实参不变

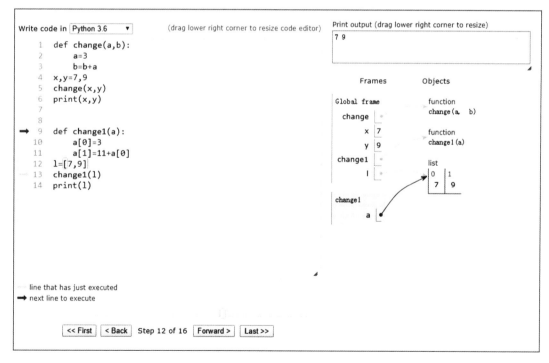

图 6-12　参数是列表,可变对象

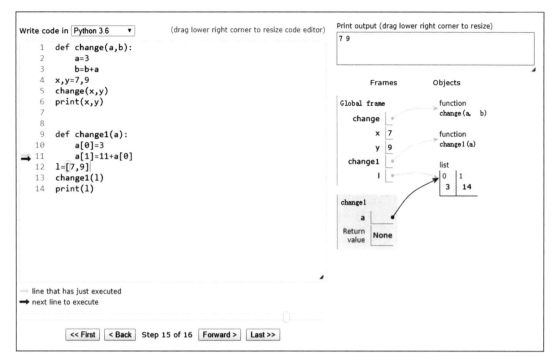

图 6-13　形参变,实参也变

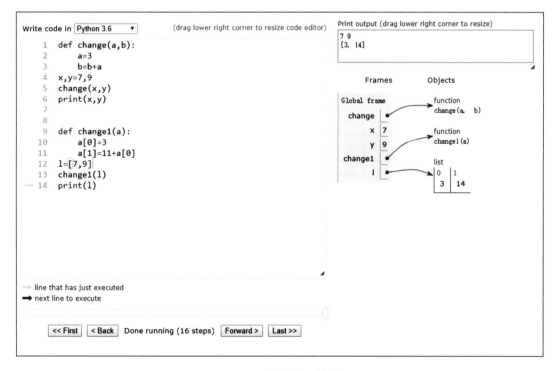

图 6-14　输出最后结果

6.3 函数返回值

函数用 return 语句结束函数运行,并返回函数的计算结果,return 后面的表达式的值就是函数的返回值。如函数没有用 return 语句返回,函数返回的值为 None;如果 return 后面没有表达式,函数的返回值也为 None。None 是 Python 中一个特殊的值,虽然它不表示任何数据,但仍然具有重要的作用。虽然 None 作为布尔值时和 False 是一样的,但是它和 False 有很多差别。

【例 6-12】 统计给定整数 M 和 N 区间内素数的个数,并对它们求和(2 <= M <N)。在一行中输入两个正整数 M 和 N,在一行中顺序输出 M 和 N 区间内素数的个数以及它们的和。

程序代码:

```python
def isprime(i):
    for k in range(2,i):
        if i%k == 0:
            return False
    return True


m,n = input().split()
m,n = int(m),int(n)
p = [i for i in range(m,n+1) if isprime(i)]
print(len(p),sum(p))
```

程序输入:

```
10 31
```

程序输出:

```
7 143
```

函数 isprime()当参数是素数时返回 True,否则返回 False。

return 语句语法格式如下。

```
return
return 表达式
```

没有 return 语句,或 return 语句后面没有表达式,函数的返回值为 None。集合的 add 操作就返回 None。下面程序完成去掉列表中的重复元素并按原顺序输出的功能。如列表[2,3,5,8,3,6,8],去掉列表中的重复元素,并按原顺序输出,结果为[2,3,5,8,6]

【例 6-13】 去掉列表中的重复元素并按原顺序输出。

seen 是集合,存放不重复的元素。seen.add(i)返回是 None,所以写成 not seen.add(i),对应的布尔值是 True。

程序代码:

```
lst = [2,3,5,8,3,6,8]
seen = set()
lst1 = [i for i in lst if i not in seen and not seen.add(i)]
print(lst1)
```

程序输出：

```
[2,3,5,8,6]
```

【思考 6-1】如果程序这样写，结果是什么？

```
lst = [2,3,5,8,3,6,8]
seen = set()
lst1 = [i for i in lst if not seen.add(i) and i not in seen]
print(lst1)
```

```
lst1 = [i for i in lst if not seen.add(i) and i not in seen]
```

等价于

```
lst1 = []
for i in lst:
    if not seen.add(i) and i not in seen:
        lst1.append(i)
```

无论 i 是否重复出现过，seen.add(i) 执行后，i not in seen 总是为 False，因此 lst1.append(i) 不会执行。

函数的返回值不光可以是数字、列表等，它还可以是函数！

【例 6-14】 函数的返回值是函数。

f("a") 的返回值是函数 func1，f("a")(100) 等价于 func1(100)。

f("c") 的返回值是函数 func3，f("c")(100) 等价于 func3(100)。

```
def func1(par):
    print(par)
def func2():
    print(1000)
def func3(par):
    print(2000)
def f(x):
    return { 'a': func1,'b': func2,}.get(x,func3)

f("a")(100)
f("c")(100)
```

程序输出：

```
100
2000
```

6.4　命名空间和作用域

命名空间保存变量名与所指对象的对应关系。一个名称在不同的命名空间下可能指代不同的事物。Python程序有各种各样的命名空间。Python解释器启动时建立的初始环境里有一个内置命名空间(built-in namespace)，记录所有标准常量名、标准函数名等。程序运行在全局命名空间，全局变量就放在这个空间中。程序中的函数有自己的命名空间，称为局部命名空间。函数运行结束，该函数创建的局部命名空间消失。函数内部定义的变量在这个函数的局部命名空间中，称为局部变量。不在这个函数中，一般情况下不能访问这个函数的局部变量。如果在一个函数中定义一个变量x，在另外一个函数中也定义x变量，因为是在不同的命名空间，所以两者指代的是不同的变量。每个程序在函数外定义的变量放在全局命名空间中，在全局命名空间中的变量是全局变量，在函数中可以访问全局变量。

变量查找对应对象是先在局部命名空间查找，找不到再到全局命名空间查找，最后到内置命名空间查找。全部找不到，程序出错。

【例 6-15】　局部变量与全局变量同名。

程序代码：

```
def scope():
    var1 = 1
    print("函数内部打印结果")
    print(var1,var2)


var1 = 10
var2 = 20
scope()
print("函数外部打印结果")
print(var1,var2)
```

程序输出：

```
函数内部打印结果
1 20
函数外部打印结果
10 20
```

Python语言规定赋值即定义。"var1＝1"赋值语句定义了变量"var1"并赋值为1。函数外部"var1＝10"赋值语句定义了全局变量"var1"，函数内部"var1＝1"赋值语句定义了局部变量"var1"。虽然变量名都是"var1"，但这是两个不同的变量。如全局变量与局部变量重名，则在函数内部会使用局部变量，而在函数外，局部变量不存在，故使用全局变量。

全局变量：定义在函数外，存在于全局命名空间，作用域是整个程序。

局部变量：定义在函数内，存在于该函数的局部命名空间，作用域是这个函数。

如希望在函数中给同名的全局变量赋值，需要用 global 关键字声明该变量是全局变量。

【例 6-16】 global 关键字的使用。

程序代码：

```
def scope():
    global var1
    var1 = 1
    print("函数内部打印结果")
    print(var1,var2)


var1 = 10
var2 = 20
scope()
print("函数外部打印结果")


print(var1,var2)
```

程序输出：

```
函数内部打印结果
1 20
函数外部打印结果
1 20
```

由于函数中"var1"是全局变量，所以全局变量"var1"在函数中被改为 1 后，在函数外打印的结果也是 1

6.5 递 归

函数调用自身的编程技巧称为递归（recursion）。递归作为一种算法在程序设计语言中广泛应用。它通常把一个大型复杂的问题层层转化为一个与原问题相似的规模较小的问题来求解，递归策略只需少量的程序就可描述出解题过程所需要的多次重复计算，大大地减少了程序的代码量。递归的能力在于用有限的语句来定义对象的无限集合。一般来说，递归需要终止条件和递归式。当终止条件不满足时，递归前进；当终止条件满足时，递归返回。编写递归函数时，必须告诉它何时停止递归，直接返回结果，从而避免形成无限循环。

斐波那契数列是一个经常使用递归方式定义的常用数学函数。

$$fib(0) = 1 \qquad\qquad n = 0 \qquad\qquad (1)$$

$$fib(1) = 1 \qquad\qquad n = 1 \qquad\qquad (2)$$

$$fib(n) = fib(n-1) + fib(n-2) \qquad n >= 2 \qquad\qquad (3)$$

公式(1)和公式(2)是终止条件,公式(3)是递归式。下面表示 fib(4)的递归调用过程。

fib(4) ===>fib(3) + fib(2) ===>fib(2) + fib(1) + fib(2) ===>fib(1) + fib(0) + fib(1) + fib(2)

===>1 + fib(0) + fib(1) + fib(2) ===>1 + 1 + fib(1) + fib(2) ===>2 + fib(1) + fib(2)

===>2 + 1 + fib(2)

===>3 + fib(2) ===>3 + fib(1) + fib(0) ===>3 + 1 + fib(0) ===>3 + 1 + 1 ===>3 + 2 ===>5

【例 6-17】 求第 n+1 个斐波那契数(n≥2)。

程序代码:

```
def fib(n):          #n是正整数
    if n == 0 or n == 1:
        return 1
    else:
        return fib(n－1) + fib(n－2)
print(fib(4))
```

用递归求斐波那契数因为有大量的重复计算,效率很低。可以用字典把中间结果保存下来,就不用重复计算了!

【例 6-18】 求斐波那契数程序(字典方法),计算 fib(100)。

fib(100)是一个很大的数,不用字典保存结果,很难算。

程序代码:

```
pre = {0:1,1:1}
def fib(n):
    if n in pre:           #可以用 in 检查字典中是否有n这个关键字
        return pre[n]
    else:
        newvalue = fib(n－1) + fib(n－2)
        pre[n] = newvalue     #增加字典的条目
        return newvalue
print(fib(100))
```

程序输出:

573147844013817084101

字符串排列是指字符串中字母的重新组织。如字符串"abc"有六个排列:

"abc","acb","bac","bca","cab","cba"

【例 6-19】 生成由不同字符产生的全排列。

我们可以按照图 6-15 的思路产生"a","b","c"全排列。

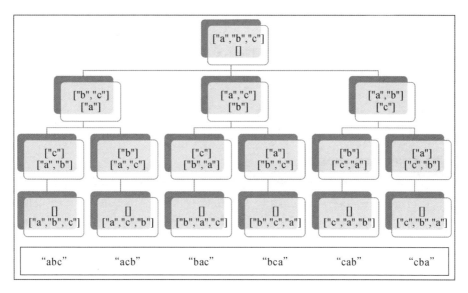

图 6-15   全排列产生过程

每个框中上方的列表,表示可选的字母,如["a","b","c"]表示可选这 3 个字母。

每个框中下方的列表,表示已选中的字母,如[]表示还没开始选。

图中第二行代表已选了第一个字母,第一行框中上方的列表有几个字母,第二行就有几种选法。

图中第三行代表选第二个字母,以此类推。

当可选列表为空时,递归结束。

对"abc"字符串全排列的程序如下。别的不同字母的字符串全排列,修改 s 变量就可以:

```
def perm(choice,selected = []):
    if len(choice) == 0 :          #递归结束条件
        print("".join(selected),end = " ")
    else:
        for i in range(len(choice)):
            #对循环的每个字母,去掉后,求更短单词的排列
            perm(choice[: i] + choice[i + 1 :],selected.copy() + [choice[i]])
s = "abc"
perm(list(s))
```

运行程序,输出:

abc acb bac bca cab cba

要理解递归过程,可以通过跟踪下面程序的 lst 变量看到整个递归过程。

```python
def perm(choice, selected = []):
    lst = []
    if len(choice) == 0:          #递归结束条件
        lst.append(choice)
        #print(lst)
        return lst
    else:
        for i in range(len(choice)):
            #对循环的每个字母,去掉后,求更短单词的排列
            shortperm = perm(choice[: i] + choice[i + 1 :], selected.copy() + [choice[i]])
            #对每一种排列,加上去掉的字母
            for k in shortperm:
                lst.append([choice[i]] + k)

    #print(lst)
    return lst


s = "abc"
for element in perm(list(s), selected = []):
    print("".join(element), end = " ")
```

程序输出：

abc acb bac bca cab cba

去掉语句 #print(lst) 前的 #，可查看 lst 变量。

程序运行过程中 lst 变量的返回值如下，从图 6-15 看，顺序是从左到右，从下往上。

下面 5 行代表第一个位置取"a"后的回溯过程：

```
[[]]
[['c']]
[[]]
[['b']]
[['b','c'],['c','b']]
```

下面 5 行代表第一个位置取"b"后的回溯过程：

```
[[]]
[['c']]
[[]]
[['a']]
[['a','c'],['c','a']]
```

下面 5 行代表第一个位置取"c"后的回溯过程：

[[]]

[['b']]

[[]]

[['a']]

[['a','b'],['b','a']]

下面这行代表第一个位置分别加上"a"，"b"，"c"的结果：

[['a','b','c'],['a','c','b'],['b','a','c'],['b','c','a'],['c','a','b'],['c','b','a']]

6.6　内置函数

Python 有很多内置函数，这些函数在解释器中可直接运行，如图 6-16 所示。

Built-in Functions				
abs()	dict()	help()	min()	setattr()
all()	dir()	hex()	next()	slice()
any()	divmod()	id()	object()	sorted()
ascii()	enumerate()	input()	oct()	staticmethod()
bin()	eval()	int()	open()	str()
bool()	exec()	isinstance()	ord()	sum()
bytearray()	filter()	issubclass()	pow()	super()
bytes()	float()	iter()	print()	tuple()
callable()	format()	len()	property()	type()
chr()	frozenset()	list()	range()	vars()
classmethod()	getattr()	locals()	repr()	zip()
compile()	globals()	map()	reversed()	__import__()
complex()	hasattr()	max()	round()	
delattr()	hash()	memoryview()	set()	

图 6-16　内置函数

6.6.1　sorted( )函数

sorted()函数对字符串，列表，元组，字典等对象进行排序操作。sort 是应用在列表上的方法，sorted()函数可以对更多的数据类型进行排序操作。

即便都是对列表操作，列表的 sort 方法对原列表进行操作，返回的是 None，而内建函数 sorted()方法返回的是一个新的列表，而不是对原列表进行操作。

sorted()函数语法：sorted(iterable[，key[，reverse]])

参数说明：

iterable——可迭代对象，如字符串、列表、元组等。

key——用来进行比较的函数,函数的参数取自于可迭代对象中,指定可迭代对象中的元素来进行排序。

reverse——排序规则,reverse = True 时降序,reverse = False 时升序(默认)。

返回值:返回重新排序的可迭代对象。

```
>>> a = [5,7,6,3,4,1,2]
>>> b = sorted(a)
>>> print(a)          #a 不变
[5,7,6,3,4,1,2]
>>> print(b)          #b 是已排序的列表
[1,2,3,4,5,6,7]
>>> students = [('江幸',89,15),('方鹏',80,14),('陈可',85,14)]
#第二个分量是成绩,第三个分量是年龄
#s 代表列表的元素,它是元组,s[2]是元组的第三个元素
>>> print(sorted(students,key = lambda s:s[2]))# 按年龄从小到大排序
[('方鹏',80,14),('陈可',85,14),('江幸',89,15)]
>>> print(sorted(students,key = lambda s:s[1],reverse = True))
# 按成绩从大到小降序
[('江幸',89,15),('陈可',85,14),('方鹏',80,14)]
```

lambda()函数中的参数 s 表示 students 的一个元素。

6.6.2 map()函数

map()会根据提供的函数对指定可迭代对象做映射,返回新的可迭代对象。

map()函数语法:map(function,iterable,...)

参数说明:

function 是一个函数,作用于可迭代对象的每一个对象。iterable 表示可迭代对象。

返回值:返回由每次 function()函数返回值组成的可迭代对象。

```
>>> print(list(map(lambda x:x ** 2,[1,2,3,4,5])))    # 使用 lambda 匿名函数
[1,4,9,16,25]
```

下面这个例子有两个列表,函数的作用是对相同位置的列表数据进行相加。

```
>>> print(list(map(lambda x,y:x + y,[1,3,5,7,9],[2,4,6,8,10])))
[3,7,11,15,19]
```

6.6.3 zip()函数

zip()函数将可迭代的对象作为参数,将对象中对应的元素打包成一个个元组,然后返回由这些元组组成的可迭代对象。如果各个可迭代对象的元素个数不一致,则返回序列的长度与长度最短的对象相同。

zip()函数语法:zip([iterable,...])

参数说明:iterable,...　一个或多个序列

返回值:返回元素是元组的可迭代对象。

```
>>> a = [1,2,3]
>>> b = [4,5,6]
>>> c = [4,5,6,7,8]

>>> print(list(zip(a,b)))
[(1,4),(2,5),(3,6)]
>>> print(list(zip(a,c)))          # 元素个数与长度最短的列表一致
[(1,4),(2,5),(3,6)]
```

用 zip()函数创建字典是很方便的。如要把字典的键值对调,创建新字典就可以用 zip()函数,条件是值可以当关键字。

```
>>> d = {'blue': 500,'red': 100,'white': 300}
>>> d1 = dict(zip(d.values(),d.keys()))
>>> print(d1)
{500:'blue',100:'red',300:'white'}
```

6.6.4　eval()和 exec()函数

Python 是一种动态语言,动态语言包含很多含义。Python 变量的类型、操作的合法性检查都在动态运行中检查;运算的代码需要到运行时才能动态确定;程序结构也可以动态变化,容许动态加载新模块。这两个函数就体现了这个特点。

eval()函数是计算表达式,返回表达式的值。

```
>>> x,y = 3,7
>>> eval('x + 3 * y − 4')
20
```

exec()可运行 Python 的程序,返回程序运行结果。

```
>>> exec('print("hello world")')
hello world
```

6.6.5　all()和 any()函数

all()和 any()函数将可迭代的对象作为参数。参数都是 True 时,all 函数才返回 True,否则返回 False。参数只要有一个为 True,any()函数就返回 True,只有参数全部是 False 时,any()函数才返回 False。

```
>>> n = 47
>>> all([1 if n%k!= 0 else 0 for k in range(2,n)])
True
>>> n = 15
>>> all([1 if n%k!= 0 else 0 for k in range(2,n)])
False
>>> any([[],False,0])          #空列表和 0 都表示 False
False
```

6.7 程序结构

6.7.1 模块和包

书的内容一般按照这样的层次组织:单词、句子、段落以及章。代码也有类似的自底向上的组织层次:数据类似于单词,语句类似于句子,函数类似于段落,模块类似于章。一个 Python 代码文件就是一个模块。模块的使用是用 import 语句引入的。

import 语句的使用方法如下:

import 模块名

import 模块名 as 别名

from 模块名 import *　或 from 模块名 import 函数

"import 模块名"语句是执行用模块名表示的 Python 程序

现在创建一个计算三角形面积的模块。模块名是 Python 文件,它的文件名"triangle",不包含扩展名。

下面是 triangle 模块(文件名为 triangle.py):

```
import math
def area(a,b,c):
    s = (a + b + c)/2
    return (math.sqrt(s * (s - a) * (s - b) * (s - c)))
```

主程序是 area.py 文件。

```
import triangle        #执行 triangle.py 程序
a = 12
b = 34
c = 26
print(triangle.area(a,b,c))
```

如果上述两个文件在同一个目录下,通过 Python 运行主程序 area.py,会引用 triangle 模块,执行函数 area()。如不在同一目录,可用 sys 模块加入搜索路径后调用。

还有一种引入模块中的函数的方法,这种方法引入模块中的所有函数,调用的时候不需要再加模块名。

```
from math import *
def area(a,b,c):
    s = (a + b + c)/2
    return (sqrt(s * (s - a) * (s - b) * (s - c)))
```

　　如不想引入模块中的所有函数,则可这样做:"from math import sqrt"只引入 math
模块的 sqrt()函数。

```
from math import sqrt
def area(a,b,c):
    s = (a + b + c)/2
    return (sqrt(s * (s - a) * (s - b) * (s - c)))
```

　　有时模块的名字太长,可以用 as 关键字给模块起个别名。下面给 pandas 起个别名
pd,用 pd 查看 pandas 模块版本。

```
>>> import pandas as pd
>>> pd.__version__
'1.0.5'
```

　　用 dir()函数查看模块的变量和函数等信息。

```
>>> dir()              #显示全局命名空间的变量和函数
>>> dir(模块名)         #显示模块的所有变量和函数
```

　　用 del 语句可以删除引入的模块,节省内存。

```
>>> del 模块名
```

　　模块名一般是文件名,但有一个特殊的模块名"__main__"。程序运行时,变量__name__
的值是模块名。如果模块(程序)作为主程序运行,__name__变量的值是"__main__"。

　　下面这个程序文件名是 factorial.py,当它作为主程序运行:

```
def fac(n):
    f = 1
    for i in range(1,n + 1):
        f = f * i
    return f


print(__name__)
if __name__ == "__main__":
    print(fac(5))
```

　　程序输出:

```
__main__
120
```

　　但是 factorial 作为模块引入,则效果不同。

```
from factorial import fac
if __name__ == "__main__":
    print(fac(6))
```

执行程序,输出

```
factorial
720
```

上面主程序 factorial 作为模块引入,执行 factorial.py 程序,print(__name__)语句输出模块名:

```
factorial
```

模块名不是__main__,所以 print(fac(5))不会执行。

包是模块概念的自然扩展,旨在应对大型的项目。模块把相关的函数、类和变量组织到一个文件中,包则把相关的模块组织到一个目录中。包是一个目录,其中包含一组模块文件和一个__init__.py 文件。

__init__.py 可以是空文件,但目录中必须要有。第一次加载包时,会执行__init__.py文件,完成包初始化工作。如果模块存在于包中,使用“import 包名.模块名”形式导入包中模块,用“包名.模块名.函数”形式调用模块中函数。

图 6-17 是 Python 的 Web 应用框架 flask 包,flask 第一次加载时,执行__init__.py文件。

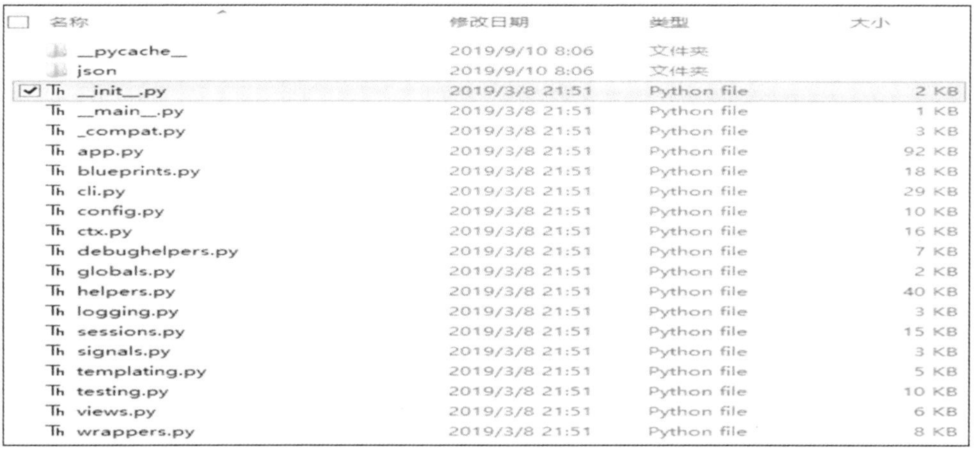

名称	修改日期	类型	大小
__pycache__	2019/9/10 8:06	文件夹	
json	2019/9/10 8:06	文件夹	
__init__.py	2019/3/8 21:51	Python file	2 KB
__main__.py	2019/3/8 21:51	Python file	1 KB
_compat.py	2019/3/8 21:51	Python file	3 KB
app.py	2019/3/8 21:51	Python file	92 KB
blueprints.py	2019/3/8 21:51	Python file	18 KB
cli.py	2019/3/8 21:51	Python file	29 KB
config.py	2019/3/8 21:51	Python file	10 KB
ctx.py	2019/3/8 21:51	Python file	16 KB
debughelpers.py	2019/3/8 21:51	Python file	7 KB
globals.py	2019/3/8 21:51	Python file	2 KB
helpers.py	2019/3/8 21:51	Python file	40 KB
logging.py	2019/3/8 21:51	Python file	3 KB
sessions.py	2019/3/8 21:51	Python file	15 KB
signals.py	2019/3/8 21:51	Python file	3 KB
templating.py	2019/3/8 21:51	Python file	5 KB
testing.py	2019/3/8 21:51	Python file	10 KB
views.py	2019/3/8 21:51	Python file	6 KB
wrappers.py	2019/3/8 21:51	Python file	8 KB

图 6-17　flask 模块和包

6.7.2　sys 模块

sys 模块是 Python 自带模块,可利用 import 语句导入 sys 模块。当执行 import sys 后,Python 在 sys.path 变量中所列目录里寻找相应的模块文件。sys 模块负责程序与 Python 解释器的交互,提供了一系列的函数和变量,用于操控 Python 运行环境。表 6-2 展示了常用的 sys 模块中的函数。

表 6-2 sys 模块常用函数

函数名	函数功能
sys. argv	从程序外部向程序传递参数
sys. exit([arg])	程序中间的退出,arg＝0 为正常退出
sys. getdefaultencoding( )	获取系统当前编码
sys. setdefaultencoding( )	设置系统默认编码
sys. getfilesystemencoding( )	获取文件系统使用的编码方式
sys. path	模块搜索路径的字符串列表
sys. platform	获取当前系统平台
sys. stdin sys. stdout sys. stderr	stdin、stdout 以及 stderr 变量包含与标准 I/O 流对应的流对象。如果需要更好地控制输出,而 print()函数不能满足你的要求,它们就是你所需要的。你也可以替换它们,这时候你就可以重定向输出和输入到其他设备,或者以非标准的方式处理它们

1. 查看 sys 模块的变量,函数

用 dir(sys)可显示 sys 模块的变量、函数等各种信息。

```
>>> import sys
>>> print(dir(sys))
['displayhook','doc',……,'settrace','stderr','stdin','stdout','threadinfo',
'version','version_info','warnoptions','winver']
```

2. 显示和添加搜索路径

显示模块搜索路径:

```
>>> print(sys.path)
['','C:\Users\lenovo\.PyCharm50\system\index','d:\Anaconda3','d:\Anaconda3\Library\
mingw－w64\bin','d:\Anaconda3\Library\usr\bin','d:\Anaconda3\Library\bin','d:\
Anaconda3\Scripts','C:\Users\lenovo\AppData\Local\Programs\Python\Python36\
Scripts','C:\Users\lenovo\AppData\Local\Programs\Python\Python36','d:\Anaconda3\
MinGW\bin','C:\Users\lenovo\AppData\Local\Pandoc','d:\MiKTeX 2.9\miktex\bin\x64']
```

sys.path 显示模块的查找路径。因为自己编的 triangle.py 模块在"d:\mywork"这一目录下,但希望在别的目录下使用这个模块,则可用 append()函数增加查找路径!

```
>>> sys.path.append("d:\mywork")
>>> print(sys.path)
```

['','C:\Users\lenovo\.PyCharm50\system\index','d:\Anaconda3','d:\Anaconda3\Library\mingw-w64\bin','d:\Anaconda3\Library\usr\bin','d:\Anaconda3\Library\bin','d:\Anaconda3\Scripts','C:\Users\lenovo\AppData\Local\Programs\Python\Python36\Scripts','C:\Users\lenovo\AppData\Local\Programs\Python\Python36','d:\Anaconda3\MinGW\bin','C:\Users\lenovo\AppData\Local\Pandoc','d:\MiKTeX 2.9\miktex\bin\x64','d:\mywork']

列表中的最后一项显示已添加。

3．输入输出重定向

sys.stdin、sys.stdout 以及 sys.stderr 变量包含与标准 I/O 流对应的流对象。如果需要更好地控制输出，而 print() 函数不能满足你的要求，它们就是你所需要的。你可以替换它们，这时候你就可以重定向输出和输入到其他设备，或者以非标准的方式处理它们。具体例子见第七章。

4．命令行参数

如何不用 input() 函数从键盘向程序输入值？可以用 sys 模块的 argv 命令行参数解决这个问题。

【例 6-20】 用命令行输入两个参数，求它们的乘积。

这个程序文件在 D 盘根目录上，文件名：mul.py。注意：命令行程序是在操作系统环境下执行的。

程序代码：

```
import sys

print(sys.argv[0])          ♯程序的文件名
print(sys.argv[1])          ♯被乘数
print(sys.argv[2])          ♯乘数
print(int(sys.argv[1]) * int(sys.argv[2]))
```

程序在命令行执行，2 和 6 是命令行参数。

```
c:>python d:\mul.py 2 6
d:\mul.py
2
6
12
```

argv[0]是"d:\mul.py"，argv[1]是 2，argv[2]是 6。

本章小结

1.本章介绍了函数的定义与调用过程,应把需要重复使用的代码封装成函数。定义函数时不需要指定参数类型。函数用 return 语句返回值,有 return 语句但没有返回值,或 return 语句没有执行,函数返回 None

2.函数参数有位置参数、默认值参数、关键字参数和可变长度参数等几种类型。函数内部变量在函数执行结束后会自动释放而不再可访问。lambda 表达式用来定义匿名函数,提高编程效率。

3.递归是一种常用的编程技术。对同一程序,可用两种不同的实现方法比较运行效率。模块和包是 Python 程序的一种组织方式,并介绍了内置的 sys 模块的使用方法。

习　题

一、单选题

1. print(type(lambda : 3))的输出结果是_____。

A. <class 'function'>　　　　　　　B. <class 'int'>

C. <class 'NoneType'>　　　　　　D. <class 'float'>

2. 在 Python 中,对于函数定义代码的理解,正确的是_____。

A. 必须存在形参

B. 必须存在 return 语句

C. 形参和 return 语句都是可有可无的

D. 形参和 return 语句要么都存在,要么都不存在

3. 在一个函数中若局部变量和全局变量同名,则_____。

A. 局部变量屏蔽全局变量　　　　B. 全局变量屏蔽局部变量

C. 全局变量和局部变量都不可用　　D. 程序错误

4. area 是 tri 模块中的一个函数,执行 from tri import area 后,调用 area()函数应该使用_____。

A. tri(area)　　　　　　　　　　B. tri. area()

C. area()　　　　　　　　　　　D tri()

5. 函数可以改变_____类型的形式参数变量绑定的实参。

A. int　　　　　　　　　　　　B. string

C. list　　　　　　　　　　　　D. float

6.函数定义如下：

```
def f1(a,b,c):
    print(a + b)


nums = (1,2,3)
f1( * nums)
```

运行程序的结果是_____。

A. 6   B. 3

C. 1   D. 语法错

二、填空题

1.下面程序的运行结果是_____。

```
def scope():
    n = 4
    m = 5
    print(m,n,end = ' ')


n = 5
t = 8
scope()
print(n,t)
```

2.下面程序的运行结果是_____。

```
l = [1]
def scope1():
    l.append(6)
    print(l,end = ' ')
scope1()
print(l)
```

3.下面程序的运行结果是_____。

```
a = 10
def func():
    global  a
    a = 20
    print(a,end = ' ')
func()
print(a)
```

4.下面程序的运行结果是_____。

```
b,c = 2,4
def g_func(d):
    global a
    a = d * c
g_func(b)
print(a)
```

5.下面程序的运行结果是_____。

```
import math
def factors(x):
    y = int(math.sqrt(x))
    for i in range(2,y + 1):
        if (x % i == 0):
            factors(x//i)
            break
    else:
        print("Prime Factor:",x)
        return
factors(38)
```

6.下面程序的运行结果是_____。

```
def ins_sort_rec(seq,i):
    if i == 0: return
    ins_sort_rec(seq,i - 1)
    j = i
    while j > 0 and seq[j - 1] > seq[j]:
        seq[j - 1],seq[j] = seq[j],seq[j - 1]
        j -= 1
seq = [3, -6,79,45,8,12,6,8]
ins_sort_rec(seq,len(seq) - 1)
print( * seq)
```

7.下面程序的运行结果是_____。

```
def basic_lis(seq):
    l = [1] * len(seq)
    for cur,val in enumerate(seq):
        for pre in range(cur):
            if seq[pre] < val:
                l[cur] = max(l[cur],1 + l[pre])
```

```
    return max(l)
L = [49,64,17,100,86,66,68,68,87,96,19,99,35]
print(basic_lis(L))
```

8.下面程序是冒泡排序的实现。请填空。

```
def bubble(List):
    for j in range(_____,0,-1):
        for i in range(0,j):
            if List[i]>List[i+1]: List[i],List[i+1] = List[i+1],List[i]
            return List


testlist = [49,38,65,97,76,13,27,49]
print(bubble(testlist))
```

9.下面程序是选择排序的实现。请填空。

```
def  selSort(nums):
    n = len(nums)
    for bottom in range(n-1):
        mi = bottom
        for i in range(_____,n):
            if nums[i]<nums[mi]:
                mi = i
        nums[bottom],nums[mi] = nums[mi],nums[bottom] return nums
numbers = [49,38,65,97,76,13,27,49]
print(selSort(numbers))
```

三、编程题

1.使用函数求特殊数列和。给定两个均不超过 9 的正整数 a 和 n,要求编写函数 fn(a,n)求 a+aa+aaa++…+aa… aa(n 个 a)之和,fn 须返回的是数列和。

2.使用函数 prime()和 primeSum()求素数和。函数 prime(p)当用户传入参数 p 为素数时返回 True,否则返回 False. 函数 primeSum(m,n)返回区间[m,n]内所有素数的和。题目假定传入的参数 1 <= m<n。

3.使用函数统计指定数字的个数。本题要求实现一个统计整数中指定数字的个数的简单函数;CountDigit(number,digit),其中 number 是整数,digit 为[1,9]区间内的整数。函数 CountDigit 应返回 number 中 digit 出现的次数。

4.使用函数输出指定范围内的 Fibonacci 数。本题要求实现一个计算 Fibonacci 数的简单函数,并利用其实现另一个函数输出两正整数 m 和 n(0<m<n≤100000)之间的所有 Fibonacci 数。所谓 Fibonacci 数列就是满足任一项数字是前两项的和(最开始两项均定义为 1)的数列。其中函数 fib(n)须返回第 n 项 Fibonacci 数;函数 PrintFN(m,n)要在一行中输出给定范围[m,n]内的所有 Fibonacci 数,相邻数字间有一个空格,行

末不得有多余空格。如果给定区间内没有 Fibonacci 数,则输出一行"No Fibonacci number"。

5.使用函数求余弦函数的近似值。本题要求实现一个函数,用下列公式求 cos(x) 近似值,精确到最后一项的绝对值小于 eps:

cos (x) = x^0 /0! − x^2 /2! + x^4 /4! − x^6 /6! + ...

函数接口定义:funcos(eps,x),其中用户传入的参数为 eps 和 x;函数 funcos 应返回用给定公式计算出来的值,保留小数 4 位。

CHAPTER 7
第7章
文件和异常

计算机文件,是存储在某种长期储存设备上的一段数据流。所谓"长期储存设备"一般指磁盘、光盘、磁带等。其特点是所存信息可以长期、多次使用,不会因为断电而消失。计算机文件可分为两种:二进制文件和文本文件。图形文件及文字处理程序等计算机程序都属于二进制文件,二进制文件含有特殊的格式及计算机代码。文本文件则是可以用文字处理程序阅读的简单文本文件。计算机的存储在物理上是二进制的,所以文本文件与二进制文件的区别并不是物理上的,而是逻辑上的,这两者只是在编码层次上有差异。

7.1 文件读写

文件读写主要分为以下三个步骤:

(1)打开文件

(2)处理数据

(3)关闭文件

【例 7-1】 显示文件名为 7-1.txt 文件的内容,该文件只有一行。

程序代码:

```
textFile = open("7-1.txt","rt")        #以文本方式打开
t = textFile.readline()
print(t)
textFile.close()


binFile = open("7-1.txt","rb")         #以二进制方式打开
b = binFile.readline()
print(b)
binFile.close()
```

程序输出:

欢迎学习 Python 语言
b '\xbb\xb6\xd3\xad\xd1\xa7\xcf\xb0Python\xd3\xef\xd1\xd4'

open()是打开文件函数,第一行代码表示用文本方式打开,第五行代码表示用二进制方式打开。readline 方法是读文件内容函数,close 是文件关闭函数。

要正确读写文件,需要先打开文件:

fileobj = open(filename,mode,encoding = None)

fileobj 是 open()函数返回的文件对象,filename 是该文件的文件名;mode 是指明文件类型和操作的字符串。mode 的第一个字母表明对其的操作。mode 的第二个字母是文件类型:t(可省略)代表文本类型文件;b 代表二进制类型文件,如表 7-1 所示。encoding 参数是文件编码的名字,用于解码和编码文件。这个参数只用于文本模式,缺省值与操作系统相关。你可以自己设置 Python 支持的编码方式,具体可看 codecs 模块。后面的文件处理操作均以文本方式为例。

表 7-1 文件打开方式

文件打开模式	含 义
"r"	只读模式(默认)
"w"	覆盖写模式(不存在则新创建;存在则重写新内容)
"a"	追加模式(不存在则新创建;存在则只追加内容)
"x"	创建写模式(不存在则新创建;存在则出错)
"+"	与 r/w/a/x 一起使用,增加读写功能
"t"	文本类型
"b"	二进制类型

接着用读写文件方法处理文件;最后,关闭文件,如表 7-2 所示。

表 7-2 文件对象常用函数和方法

名 称	含 义
open()	打开文件
read([size])	从文件读取指定的字节数,如果未给定或为负则读取所有内容
readline()	读取整行
readlines()	读取所有行并返回列表
write(s)	把字符串 s 的内容写入文件,默认使用 utf-8 编码 windows 默认汉字编码是 GBK,遇到汉字,用 encoding="GBK"编码
writelines(s)	向文件写入一个元素为字符串的列表,如果需要换行则要自己加入每行的换行符
seek(off,whence=0)	设置文件读写当前位置
tell()	返回文件读写的当前位置
close()	关闭文件,关闭后文件不能再进行读写操作

【例 7-2】 文件复制。

cj.txt 文件是学生一门课的成绩,它的内容如下:

97 80 93 69 87 90 84 94 75 76 89 83 83 33 72 48 66 86 98

89 89 88 87 63 87 81 100 80 37 68 71 77 98 66 47 29 87 93

96 100 70 85 83 35

需要把这个文件的内容复制到"cjback.txt"文件中。复制文件不需要考虑行结构,用 read()函数就可以了。

程序代码:

```
source = open("cj.txt","r")
back = open("cjback.txt","w")
s = source.read()
back.write(s)
source.close()
back.close()
```

程序运行结束后,在同一目录下"cjback.txt"被创建。

【例 7-3】 计算总评分,score.txt 文件内容如表 7-3 所示。

文件 score.txt 是学生一学期的成绩,由笔试、平时和实验三部分构成。总评＝笔试 * 50％＋平时 * 25％＋实验 * 25％

表 7-3　学生一学期的成绩

学　号	姓　名	专　业	笔　试	平　时	实　验
050921018	詹延峰	计算数学	65	85	76
2050921036	李小鹏	金融学类	86	95	85
2050921039	裴凡法	经济学类	86	95	65
2040912116	茅舒瑶	社会保障	90	95	100
2050912017	陈见影	化学工程	62	75	92
2050912064	梅钦钦	材料科学	87	95	80
2050109153	王影平	大气科学	86	89	72
2050151003	韩平医	化学工程	82	99	60

每一行代表一个学生的成绩,应用 readlines 函数读入数据的程序如下:

```
f = open("score.txt","r")
s = f.readlines()
print(s)
```

程序输出：

['学号 姓名 专业 笔试 平时 实验\n', '2050921018 詹延峰 计算数学 65 85 76\n', '2050921036 李 小鹏　金融学类 86 95 85 \n', '2050921039 裴凡法 经济学类 86 95 65\n', '2040912116 茅舒瑶 社会保障 90 95 100\n', '2050912017 陈 见影 化学 工程 62 75 92\n', '2050912064 梅 钦钦 材料科学 87 95 80\n', '2050109153 王影平　大 气科学 86 89 72\n', '2050151003 韩平医 化学 工程 82 99 60\n']

结果是一个列表，每个元素是一个字符串，代表一行。请注意，换行符'\n'也包含其中，如：

'学号 姓名 专业 笔试 平时 实验\n'

思考，用 input( )函数输入一行会包含换行符吗？

按行读入的程序一般用如下程序结构：

```
f = open("score.txt","r")
for line in f.readlines():
    print(line)
```

程序输出：

学号	姓名	专业	笔试	平时	实验
2050921018	詹延峰	计算数学	65	85	76
2050921036	李小鹏	金融学类	86	95	85
2050921039	裴凡法	经济学类	86	95	65
2040912116	茅舒瑶	社会保障	90	95	100
2050912017	陈见影	化学工程	62	75	92
2050912064	梅钦钦	材料科学	87	95	80
2050109153	王影平	大气科学	86	89	72
2050151003	韩平医	化学工程	82	99	60

思考：为什么行与行之间会空一行？如何解决？

下面是计算总评成绩的程序代码：

```
f = open("score.txt","r")
head = f.readline()          #读表头行
newhead = head[:9] + '   ' + head[9:18] + '   ' + head[18:-1] + '总评成绩'    #加空格对齐
```

```
print(newhead)

for line in f.readlines():
    l = line.split()
    s = round(int(l[3]) * 0.5 + int(l[4]) * 0.25 + int(l[5]) * 0.25,2)      #求总评分
    l[4] = '    ' + l[4]      #加空格对齐
    l[5] = '    ' + l[5]      #加空格对齐
    print(''.join(l) + '    ' + str(s))      #加空格对齐
f.close()
```

程序输出：

学号	姓名	专业	笔试	平时	实验	总评成绩
2050921018	詹延峰	计算数学	65	85	76	72.75
2050921036	李小鹏	金融学类	86	95	85	88.0
2050921039	裴凡法	经济学类	86	95	65	83.0
2040912116	茅舒瑶	社会保障	90	95	100	93.75
2050912017	陈见影	化学工程	62	75	92	72.75
2050912064	梅钦钦	材料科学	87	95	80	87.25
2050109153	王影平	大气科学	86	89	72	83.25
2050151003	韩平医	化学工程	82	99	60	80.75

因为去掉了行尾的换行符，输出行之间没有空行。

思考：用循环加 input()函数可以多行数据输入，用 readlines()函数也可以通过键盘实现多行数据输入吗？

上一章介绍的 sys 模块可以解决这个问题。

sys.stdin   标准输入

sys.stdout   标准输出

sys.stderr   标准错误输出

下面程序从键盘上读入多行到 s 中，结束用键盘输入，不同的操作系统有不同的结束符，一般用 Ctrl－C、Ctrl－D 或 Ctrl－Z 结束输入。

程序代码：

```
import sys
s = sys.stdin.readlines()          #从文件读入变为从键盘输入
print(s)
```

键盘输入：

1 3 4

67

78 9

ctrl－D

程序输出：

['1 3 4\n','67\n','78 9\n']

【例 7-4】 词频统计(取自 pintia 网站)。

请编写程序,对一段英文文本,统计其中所有不同单词的个数,以及词频最大的 10%的单词。所谓"单词",是指由不超过 80 个单词字符组成的连续字符串,但长度超过 15 的单词将只截取保留前 15 个单词字符。而合法的"单词字符"为大小写字母、数字和下划线,其他字符均认为是单词分隔符。注意"单词"不区分英文大小写,例如 "PAT"和"pat"被认为是同一个单词。输入给出一段非空文本,最后以符号♯结尾。输入保证存在至少 10 个不同的单词。输出按照词频递减的顺序,"词频:单词"的格式输出词频最大的前 10%的单词。若有并列,则按递增字典顺序输出。

" s = sys. stdin. read()"表示重定向为键盘输入。

" s[: s.find('♯')]"表示取输入字符串,以符号"♯"结尾。

"sorted(counts. items(),key = lambda x:(- x[1],x[0]))"表示按照词频递减的顺序排序,如词频相同,则按字典顺序排列。

```python
import sys
s = sys. stdin. read()
strs = s[: s.find('♯')]                        ♯"以符号♯结尾"

for k in set([i for i in strs if i.isalnum() == False and i! = '_']):
    strs = strs.replace(k,'')                   ♯其他字符均认为是单词分隔符
    strs = strs.rstrip('').lower().split()      ♯全部变小写
counts = dict()
for i in strs :
    k = i[: 15]
    if k not in counts :
        counts[k] = 1
    else :
        counts[k] += 1
♯词频递减的顺序,若有并列,则按递增字典序
ans = sorted(counts. items(),key = lambda x :( - x[1],x[0]))
print(len(counts))
for i in range(0,int(0.1 * len(counts))):♯词频最大的前 10%的单词
    print(str(ans[i][1]) + ':' + ans[i][0])
```

键盘输入:

```
This is a test.
The word "this" is the word with the highest frequency.
Longlonglonglonglongword should be cut off,so is considered
as the same as longlonglonglonee.
But this_8 is different than this,and this,and this... ♯
this line should be ignored.
```

程序输出：

23

5：this

4：is

7.2 异常处理

7.2.1 异常定义及类型

异常是在程序运行时导致程序非正常停止的一个错误。

提前检查和事后处理是处理程序错误的两种方法。open()函数可以检测打开一个不存在的文件时发生的错误，但不能处理那个错误。处理错误比较好的方式是要求用户提供另一个文件名，而不是结束程序。

在 Python 中，异常处理提供了一种机制，它可以把程序流程从错误位置引到一个可以处理这个错误的地方。之前已经接触到一些有关错误的例子，如读取列表元素的越界操作或者字典中不存在的键。所以，当你执行可能出错的代码时，需要适当的异常处理程序用于处理潜在错误的发生。在异常可能发生的地方添加异常处理程序，对用户明确错误处理是一种好方法。即使不会及时解决问题，至少会记录运行环境且停止程序执行。

如果发生在某些函数中的异常不能被立刻捕捉，它会持续，直到被某个调用函数的异常处理程序所捕捉。在你不能提供自己的异常捕获代码时，Python 会输出错误消息和关于错误发生处的信息，然后终止程序，例如下面的代码段出现 IndexError 异常，程序终止。

```
>>> short_list = [1,72,3]
>>> position = 6
>>> short_list[position]
Traceback (most recent call last):
File "<stdin>",line 1,in <module>
IndexError：list index out of range
```

与其让错误随机产生，不如使用 try 和 except 提供错误处理程序。

程序代码：

```
short_list = [1,72,3]
position = 6
try:
    short_list[position]
except:
    print('索引应该在 0 和',len(short_list)-1,'之间,但却是',position)
```

程序输出：

索引应该在 0 和 2 之间,但却是 6

在 try 中的代码块会被执行。如果存在错误,就会抛出异常,然后执行 except 中的代码;否则,跳过 except 块代码。像前面那样指定一个无参数的 except 适用于任何异常类型。如果可能发生多种类型的异常,最好是分开进行异常处理。

Python 异常处理的语法格式如下:

```
try:
    语句块 1
except 异常类型 1:
    语句块 2
except 异常类型 2:
    语句块 3

...

except 异常类型 N:
    语句块 N + 1
except:
    语句块 N + 2
else:
    语句块 N + 3
finally:
    语句块 N + 4
```

正常执行的程序在 try 下面的"语句块 1"中执行,在执行过程中如果发生了异常,则中断当前在"语句块 1"中的执行,跳转到对应的异常处理块中开始执行。

Python 从"except 异常类型 1"处开始查找,如果找到了对应的异常类型则进入其提供的语句块中进行处理,如果没有找到则直接进入 except 块处进行处理。except 块是可选项,如果没有提供,该异常将会被提交给 Python 进行默认处理,处理方式是终止应用程序并打印提示信息。

如果在"语句块 1"执行过程中没有发生任何异常,则在执行完"语句块 1"后会进入 else 执行块中(如果存在的话)执行。无论是否发生了异常,只要提供了 finally 语句,以上 try/except/else/finally 代码块执行的最后一步总是执行 finally 所对应的语句块。

【例 7-5】 除数为 0 的异常处理。

```
x = int(input())
y = int(input())
try:
    result = x / y
```

```
except ZeroDivisionError:
    print("division by zero!")

else:
    print("result is",result)
finally:
    print("executing finally ")
```
　　程序输入：
```
6
4
```
　　程序输出：
```
result is 1.5
executing finally
```
　　程序输入：
```
5
0
```
　　程序输出：
```
division by zero!
executing finally
```
　　Python 常见标准异常如表 7-4 所示。

表 7-4　Python 常见标准异常

异常名称	描　　述
SystemExit	解释器请求退出
FloatingPointError	浮点计算错误
OverflowError	数值运算超出最大限制
ZeroDivisionError	除（或取模）零（所有数据类型）
KeyboardInterrupt	用户中断执行（通常是输入 Ctrl-C）
ImportError	导入模块/对象失败
IndexError	序列中没有此索引（index）
RuntimeError	一般的运行时错误
AttributeError	对象没有这个属性
IOError	输入/输出操作失败
OSError	操作系统错误
KeyError	映射中没有这个键
TypeError	对类型无效的操作
ValueError	传入无效的参数

读取文件时,输错文件名是常见错误。open()函数打开不存在的文件时,会出现"OSError"异常。下面程序遇到"OSError"异常时,会让你重新输入文件名,直到正确为止。

【例7-6】 读文件内容。输入不正确文件名时重新输入。

```
def open_file():
    while True :
        filename = input("请输入文件名:")
        try :
            textfile = open(filename,"rt")      #以文本方式打开
            return textfile
        except OSError :
            print("没有这个文件,请重新输入文件名!")


f = open_file()
print(f.readline())
f.close()
```

有时需要知道除了异常类型以外其他的异常细节,可以使用下面的格式获取整个异常对象:

```
except Exception as name
```

下面的例子首先会寻找是否有IndexError,因为它是由索引一个序列的非法位置抛出的异常类型。将一个IndexError异常赋给变量err,把其他的异常赋给变量other。下面例子会输出所有存储在other中的异常。

【例7-7】 获取整个异常对象。

```
short_list = [1,2,3]
while True :
    value = input('Position [q to quit]?')
    if value == 'q':
        break
    try :
        position = int(value)
        print(short_list[position])
    except IndexError as err :
        print('Bad index:',position)
    except Exception as other :
        print('Something else broke:',other)
```

程序运行:

```
Position [q to quit]? 1
2
Position [q to quit]? 3
Bad index : 3
Position [q to quit]? one
Something else broke :
invalid literal for int() with base 10 :'one'
Position [q to quit]? q
```

输入 3 会抛出异常 IndexError;输入 one 会使函数 int()抛出异常,被第二个 except 所捕获。

7.2.2 raise 语句和 assert 语句

前面讨论了异常处理,但是其中讲到的所有异常触发条件都是在 Python 语言中提前定义好的。根据自己目的定义异常,用来处理程序中可能会出现的特殊情况,这可以用 raise 语句实现。raise 语句会抛出一个异常,具体异常类型用表达式表示。raise 语句的基本形式:

raise 表达式

表达式描述引发的异常。最简单的表达式是写一个异常名,如 ValueError。表达式也可以采用函数调用模式,在异常名后写一个参数表,以字符串形式说明所发生的异常情况。

raise 语句的一个典型应用是在函数定义里检查参数,发现实际参数不符合要求时报告错误。

【例 7-8】 计算圆面积。检查参数,如果输入圆半径小于 0,用 raise 语句触发异常。

```
def area(r):
    if r >= 0 :
        s = 3.14159 * r * r
        return s
    else:
        raise ValueError("参数错误,半径小于 0")


r = float(input())
try:
    print(area(r))
except ValueError as msg:
    print(msg)
```

程序运行,输入:

- 4.3

输出:

参数错误,半径小于 0

assert 是断言语句,表达式结果为 False 时会触发 AssertionError 异常。在系统变量 __debug__为 True 时,可以用它配合调试语句对代码进行调试。

assert 语句的基本形式有以下两种:

assert 表达式

逻辑上分别等同于:

if not 表达式:

    raise AssertionError

assert 表达式 1,表达式 2

逻辑上分别等同于:

if not 表达式 1:

    raise AssertionError(表达式 2)

下面程序作用与例 7-8 相同,用 assert 语句触发异常。

```
def area(r):
    assert r >= 0,"参数错误,半径小于 0"
    s = 3.14159 * r * r
    return s


r = float(input())
try:
    print(area(r))
except AssertionError as msg:
    print(msg)
```

assert r >= 0,"参数错误,半径小于 0"语句中,r >= 0 是表达式 1,"参数错误,半径小于 0"是表达式 2。

程序运行,输入:

- 4.3

程序输出:

参数错误,半径小于 0

程序运行,输入:

3

程序输出:

28.274309999999996

7.3 用 Pandas 模块读写常见格式文件

7.3.1 Python 第三方模块的安装

Python 的模块函数的使用分以下三个层次：

（1）内置函数：不用 import 语句引入，它里面的函数可直接调用。

（2）标准模块函数：用 import 语句引入后再调用，但不必安装，如 math 模块中的函数。

（3）第三方模块函数：需先安装模块，然后用 import 语句引入模块后才能调用里面的函数

打开网页：https://pypi.org，输入模块名，就可查到模块的详细说明，如图 7-1 所示。

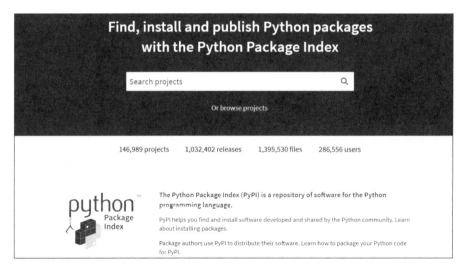

图 7-1　Python 第三方模块主页

常用 Python 第三方模块如表 7-5 所示。

表 7-5　常用 Python 库

模块名	适应范围	功　能
NumPy	数据处理	对 n 维数组和矩阵的操作提供大量有用的函数
SciPy	数据处理	包含线性代数、优化、集成和统计的模块
Pandas	数据处理	数据处理的完美工具，用于数据操作、聚合
Matplotlib	数据可视化	产生各种二维图形
Plotly	数据可视化	用于构建基于 Web 的可视化工具箱

模块名	适应范围	功　能
Scikit-Learn	机器学习	专为像图像处理和机器学习等特定功能而设计
TensorFlow	机器学习	多层节点系统,可以在大型数据集上快速训练神经网络
jieba	自然语言处理	中文分词
Requests	网络爬虫	获取网页
BeautifulSoup	网络爬虫	网页分析
Requests-html	网络爬虫	网页获取和分析,要求 Python 3.6 及以上版本
xlrd	文件读写	读 Excel 数据
xlwd	文件读写	写数据到 Excel 文件
flask	Web 开发	Web 开发框架
Dash	Web 开发	Web 可视化框架

　　pip 命令可以安装 Python 模块。注意要在操作系统环境下使用。执行下面的操作就可以安装 Pandas 和 Plotly 库。

```
c:\>pip install pandas
c:\>pip install plotly
```

　　pip 命令还有很多命令行参数。

```
pip <command>[options]
Commands:
install Install packages.
download Download packages.
uninstall Uninstall packages.
freezeOutput installed packages in requirements format.
list List installed packages.
show Show information about installed packages.
config Manage local and global configuration.
search Search PyPI for packages.
wheel Build wheels from your requirements.
hash Compute hashes of package archives.
completion A helper command used for command completion.
help Show help for commands.
```

7.3.2　Pandas 和 Plotly 模块

　　Pandas 是 python 的一个数据分析包,最初由 AQR Capital Management 于 2008 年

4 月开发,并于 2009 年底开源出来,目前由专注于 Python 数据包开发的 PyData 开发组继续开发和维护,属于 PyData 项目的一部分。Pandas 最初被作为金融数据分析工具而开发出来,因此,Pandas 为时间序列分析提供了很好的支持。Pandas 的名称来自于面板数据(panel data)和 python 数据分析(data analysis)。

Pandas 是基于 NumPy 的一种工具。Pandas 纳入了大量函数和一些标准的数据模型,提供了高效地操作大型数据集所需的工具,提供了大量能使我们快速便捷地处理数据的函数和方法,它是使 Python 成为强大而高效的数据分析环境的重要因素之一。

DataFrame 是 Pandas 库的一种数据类型,称为数据框。DataFrame 是一个行和列都具有标签的表格,它与 Excel 电子表格和 MySQL 表格并无不同。DataFrame 的每一列都是一个序列。DataFrame 不是简单的存储容器,它内置了进行各种数据整理操作的工具。

DataFrame 使用非常方便,当你在处理二维表格数据时,都应该使用它们。DataFrame 可由元组、列表、Python 字典或另一个 DataFrame 构造出来。

Plotly 是一个基于 JavaScript 的动态绘图模块。Plotly 的绘图效果与我们在网页上看到的动态交互式绘图结果是一样的,其默认的绘图结果是一个 HTML 网页文件,通过浏览器就可以查看。我们可以把这个 HTML 文件分享给其他人,对方看到的效果与我们在本机上看到的效果完全一样。Plotly 有着自己强大又丰富的绘图库,支持各种类型的绘图方案。由于 Plotly 是基于 JavaScript 的绘图库,所以其绘图结果可以与 web 应用无缝集成。

【例 7-9】 用列表和字典产生 DataFrame 变量 data。

程序代码:

```
from plotly import figure_factory as FF
import pandas as pd

data = pd.DataFrame([["2050921018","詹延峰","计算数学",65,85,76],
                     ["2050921036","李 小鹏"," 金融学类",86,95,85],
                     ["2050921039","裴凡法","经济学类",86,95,65],
                     ["2040912116","茅舒瑶","社会保障",90,95,100],
                     ["2050912017","陈见影","化学工程",62,75,92],
                     ["2050912064","梅钦钦","材料科学",87,95,80],
                     ["2050109153","王影平"," 大气科学",86,89,72],
                     ["2050151003","韩平医","化学工程",82,99,60]],
                     columns = ("学号","姓名","专业","笔试","平时","实验"))
fig = FF.create_table(data)        #用 plotly 产生表格图形
fig.show()        #显示图形
```

程序输出：

学号	姓名	专业	笔试	平时	实验
2050921018	詹延峰	计算数学	65	85	76
2050921036	李小鹏	金融学类	86	95	85
2050921039	裴凡法	经济学类	86	95	65
2040912116	茅舒瑶	社会保障	90	95	100
2050912017	陈见影	化学工程	62	75	92
2050912064	梅钦钦	材料科学	87	95	80
2050109153	王影平	大气科学	86	89	72
2050151003	韩平医	化学工程	82	99	60

列表中的每一个元素是一行，columes 的元素是列名。如果使用的是字典，则字典的键是列的名称，字典的值（必须是序列）作为列值。注意，列出现的次序是不确定的。

用字典表示数据的程序代码：

```
from plotly import figure_factory as FF
import pandas as pd
data = pd.DataFrame({"学号":["2050921018","2050921036","2050921039","2040912116","
                    2050912017","2050912064","2050109153","2050151003"],
             "姓名":["詹延峰","李小鹏","裴凡法","茅舒瑶","陈见影","梅钦
             钦","王影平","韩平医"],
             "专业":["计算数学"," 金融学类","经济学类","社会保障","化学
                    工程","材料科学","大气科学","化学工程"],
             "笔试":[65,86,86,90,62,87,86,82],
             "平时":[85,95,95,95,75,95,89,99],
             "实验":[76,85,65,100,92,80,72,60],})
fig = FF.create_table(data)        #用 plotly 输出表格
fig.show()
```

DataFrame 行索引类似 Excel 表的行号，DataFrame 列名类似 Excel 表的列名，如"学号"类似于"A"，"专业"类似于"C"，变量名 data 则类似于 Excel 的某个 Sheet 的名字。操作也和 Excel 类似。

以例 7-9 的 data 为例，用 at() 函数取 data 的第一行，列名是"学号"的单元格数据。

```
print(data.at[0,"学号"])
```

结果是：2050921018

在[0,"学号"]中，0 表示第 一 行，"学号"是列名

用 iloc() 函数可以按行存取 data，data.iloc[0] 取第一行学生的信息，请注意顺序

不确定。

```
print(data.iloc[0])
```

结果是：

专业	计算数学
姓名	詹延峰
学号	2050921018
实验	76
平时	85
笔试	65

Name：0，dtype：object

用列名可以按列存取 data，data["学号"]取所有学生的学号：

```
print(data["学号"])
```

结果是：

```
0    2050921018
1    2050921036
2    2050921039
3    2040912116
4    2050912017
5    2050912064
6    2050109153
7    2050151003
```

Name：学号，dtype：object

【例 7-10】 用 DataFrame 计算总评分。

程序代码：

```
from plotly import figure_factory as FF
import pandas as pd

data = pd.DataFrame([["2050921018","詹延峰","计算数学",65,85,76],
                     ["2050921036","李 小 鹏"," 金融学类",86,95,85],
                     ["2050921039","裴凡法","经济学类",86,95,65],
                     ["2040912116","茅舒瑶","社会保障",90,95,100],
                     ["2050912017","陈 见影","化学 工程",62,75,92],
                     ["2050912064","梅 钦钦","材料科学",87,95,80],
                     ["2050109153","王影平"," 大 气科学",86,89,72],
                     ["2050151003","韩平医","化学 工程",82,99,60]],
                    columns=("学号","姓名","专业","笔试","平时","实验"))
```

```
data["总评成绩"]=data["笔试"]*0.5+data["平时"]*0.25+data["实验"]*0.25
fig = FF.create_table(data)
fig.show()
```

程序输出增加一列:总评成绩。

学号	姓名	专业	笔试	平时	实验	总评成绩
2050921018	詹延峰	计算数学	65	85	76	72.75
2050921036	李小鹏	金融学类	86	95	85	88.0
2050921039	裴凡法	经济学类	86	95	65	83.0
2040912116	茅舒延	社会保障	90	95	100	93.75
2050912017	陈见影	化学工程	62	75	92	72.75
2050912064	梅钦钦	材料科学	87	95	80	87.25
2050109153	王影平	大气科学	86	89	72	83.25
2050151003	韩平医	化学工程	82	99	60	80.75

7.3.3 Pandas 读写各种类型文件

Pandas 是数据分析专用库,从外部文件读写数据也被视为数据处理的一部分。Pandas 模块提供了一组读写文件的专用函数。各种类型文件读写函数如表 7-6 所示。

表 7-6 各种类型文件读写函数

读取函数	写入函数	含 义
read_csv	to_csv	读写 CSV 文件
read_excel	to_excel	读写 Excel 文件
read_json	to_json	读写 JSON 文件

1. 读取 CSV 格式文件

csv 是一种通用的、相对简单的文件格式,在表格类型的数据中用途很广泛。很多关系型数据库都支持这种类型文件的导入导出,并且 Excel 这种常用的数据表格也能和 csv 文件进行转换。如果文件的每一行的多个元素用逗号分隔,则这种文件格式是 CSV 格式。逗号分隔值(Comma-Separated Values,CSV)有时也称为字符分隔值。分隔字符也可以不是逗号,而是其他字符或字符串,最常见的是逗号或制表符。通常,所有记录都有完全相同的字段序列。下面是一个 CSV 文件,文件名是 score.csv。

```
学号,姓名,专业,笔试,平时,实验
2050921018,詹延峰,计算数学,65,85,76
2050921036,李小鹏,金融学类,86,95,85
2050921039,裴凡法,经济学类,86,95,65
2040912116,茅舒瑶,社会保障,90,95,100
2050912017,陈见影,化学工程,62,75,92
2050912064,梅钦钦,材料科学,87,95,80
2050109153,王影平,大气科学,86,89,72
2050151003,韩平医,化学工程,82,99,60
```

函数 read_csv()根据文件名读入 CSV 类型文件,结果放在一个 DataFrame 中。该函数具有多个可选参数。常见的如表 7-7 所示。

表 7-7　read_csv( ),to_csv( )参数

参　　数	含　　义
sep 或 delimiter	列分隔符
header	列名,如果你有自己的列名列表,则传递 None
index_col	作为索引的列名
skiprows	要跳过的文件头行数
na_values	用于处理缺失数据的字符串
encoding	字符编码方式

读文件名是 score.csv 的程序:

```
from plotly import figure_factory as FF
import pandas as pd

data = pd.read_csv("score.csv",encoding = "GBK")
fig = FF.create_table(data)        #产生表格
fig.show()
```

"GB2312"、"GBK"和"CP936"都是用两个字节表示中文。"GB2312"是中国制定的中文编码,"GBK"是"GB2312"的扩展,"CP936"是在"GB2312"基础上开发的汉字编码。

运行结果是：

学号	姓名	专业	笔试	平时	实验
2050921018	詹延峰	计算数学	65	85	76
2050921036	李小鹏	金融学类	86	95	85
2050921039	裴凡法	经济学类	86	95	65
2040912116	茅舒延	社会保障	90	95	100
2050912017	陈见影	化学工程	62	75	92
2050912064	梅钦钦	材料科学	87	95	80
2050109153	王影平	大气科学	86	89	72
2050151003	韩平医	化学工程	82	99	60

【例 7-11】 用 Pandas 计算总评分，学生成绩在文件 score. csv 中，结果写入文件 scoregp. csv.

程序代码：

```
import pandas as pd
#read_csv 读表格数据
data = pd.read_csv("score.csv",sep = ',',encoding = "GBK")
data["总评"]= data["笔试"]∗0.5 + data["平时"]∗0.25 + data["实验"]∗0.25
#index = 0 表示行索引不写入文件
data.to_csv("scoregp.csv",index = 0,encoding = "GBK")
```

运行程序，产生 scoregp. csv 文件。打开 scoregp. csv 文件，显示如下内容：

```
学号,姓名,专业,笔试,平时,实验,总评
2050921018,詹延峰,计算数学,65,85,76,72.75
2050921036,李 小鹏,金融学类,86,95,85,88.0
2050921039,裴凡法,经济学类,86,95,65,83.0
2040912116,茅舒瑶,社会保障,90,95,100,93.75
2050912017,陈 见影,化学 工程,62,75,92,72.75
2050912064,梅 钦钦,材料科学,87,95,80,87.25
2050109153,王影平,大气科学,86,89,72,83.25
2050151003,韩平医,化学工程,82,99,60,80.75
```

编码称为 encode，解码称为 decode。一般情况下，文件按照系统默认的字符编码方式保存，按照系统默认的字符编码方式解码读入。

文件中存放的是字节序列。字节序列（bytes）是由字节数据组成的序列数据类型。在 Python 中，字节序列数据类型与字符串数据类型相似，但它是一种独立的数据类型。字节对象只负责以二进制字节序列的形式记录所需记录的对象，至于该对象到底表示什么由相应的编码格式所决定。

字符串编码是将字符串转换成对应的字节序列的过程和规则,默认编码方式是 UTF-8。

字符串解码是将字节序列转换为对应的字符串的过程和规则,默认字节序列用 UTF-8 编码产生。

Windows 操作系统的中文编码默认为 GBK,读写中文文件要加上 encoding = "GBK",表示编码格式是"GBK"。如不加 Python 会用 UTF-8 编码和解码,会出错。

pd.read_csv("score.csv",encoding = "GBK")表示 score.csv 文件用"GBK"解码读入。

data.to_csv("scoregp.csv",index = 0,encoding = "GBK")表示 scoregp.csv 文件用"GBK"编码写入文件。

2. 写网页文件

超文本标记语言 HTML(HyperText Mark-up Language)是一种制作万维网页面的标准语言,它消除了不同计算机之间信息交流的障碍。它是目前网络上应用最为广泛的语言,也是构成网页文档的主要语言。HTML 文件是由 HTML 命令组成的描述性文本,HTML 命令可以说明文字、图形、动画、声音、表格、链接等。HTML 文件的结构包括头部(Head)、主体(Body)两大部分,其中头部描述浏览器所需的信息,而主体则包含所要说明的具体内容。

【例 7-12】 把 scoregp.csv 文件变成 scoregp.html。

程序代码:

```
from plotly import figure_factory as FF
import pandas as pd
import plotly

data = pd.read_csv("scoregp.csv",encoding = "GBK")
fig = FF.create_table(data)            #产生表格
plotly.io.write_html(fig,"scoregp.html")#把图形 fig 保存到文件 scoregp.html
```

程序运行后产生"scoregp.html"文件,用浏览器打开如下:

学号	姓名	专业	笔试	平时	实验	总评成绩
2050921018	詹延峰	计算数学	65	85	76	72.75
2050921036	李小鹏	金融学类	86	95	85	88.0
2050921039	裴凡法	经济学类	86	95	65	83.0
2040912116	茅舒延	社会保障	90	95	100	93.75
2050912017	陈见影	化学工程	62	75	92	72.75
2050912064	梅钦钦	材料科学	87	95	80	87.25
2050109153	王影平	大气科学	86	89	72	83.25
2050151003	韩平医	化学工程	82	99	60	80.75

3.读写 Excel 文件

Excel 文件是另一种常见的数据格式,Pandas 也有相应的读写函数 read_excel 和 to_excel可用。这两个函数最常用的参数是文件名:

```
read_excel("文件名")
to_excel("文件名")
```

读写 Excel 文件需先安装 xlrd 和 xlwt 模块。

【例 7-13】 读取 Excel 文件"score.xlsx",计算总评分后写入 Excel 文件"scoregp. xlsx"。score.xlsx 文件如图 7-2 所示。

	A	B	C	D	E	F	G
1	学　　号	姓　名	专　业	笔试	平时	实验	
2	2050921018	詹延峰	计算数学	65	85	76	
3	2050921036	李小鹏	金融学类	86	95	85	
4	2050921039	裴凡法	经济学类	86	95	65	
5	2040912116	茅舒瑶	社会保障	90	95	100	
6	2050912017	陈见影	化学工程	62	75	92	
7	2050912064	梅钦钦	材料科学	87	95	80	
8	2050109153	王影平	大气科学	86	89	72	
9	2050151003	韩平医	化学工程	82	99	60	
10							
11							

图 7-2　score.xlsx 文件

程序代码:

```
import pandas as pd
data = pd.read_excel("score.xlsx")
data["总评"] = data["笔试"] * 0.5 + data["平时"] * 0.25 + data["实验"] * 0.25
data.to_excel("scoregp.xlsx", index = 0)
```

运行结果是产生 scoregp.xlsx 文件,打开文件显示如图 7-3 所示。

	A	B	C	D	E	F	G	H
1	学　　号	姓　名	专　业	笔试	平时	实验	总评	
2	2050921018	詹延峰	计算数学	65	85	76	72.75	
3	2050921036	李小鹏	金融学类	86	95	85	88	
4	2050921039	裴凡法	经济学类	86	95	65	83	
5	2040912116	茅舒瑶	社会保障	90	95	100	93.75	
6	2050912017	陈见影	化学工程	62	75	92	72.75	
7	2050912064	梅钦钦	材料科学	87	95	80	87.25	
8	2050109153	王影平	大气科学	86	89	72	83.25	
9	2050151003	韩平医	化学工程	82	99	60	80.75	
10								
11								

图 7-3　scoregp.xlsx 文件

4. JSON 文件读写

JSON(JavaScript Object Notation)是一种轻量级的数据交换格式。它是基于 ECMAScript 的一个子集,采用完全独立于编程语言的文本格式来存储和表示数据。简洁和清晰的层次结构使得 JSON 成为理想的数据交换格式。它易于人阅读和编写,同时也易于机器解析和生成,并有效地提升网络传输效率。

JSON 建构于两种结构:

(1)"名称/值"对的集合(a collection of name/value pairs)。不同的语言中,它被理解为对象(object)、纪录(record)、结构(struct)、字典(dictionary)、哈希表(hash table)、有键列表(keyed list)或者关联数组(associative array)。Python 中对应字典类型。

(2)值的有序列表(an ordered list of values)。在大部分语言中,它被理解为数组(array)。这些都是常见的数据结构。事实上大部分现代计算机语言都以某种形式支持它们,Python 中对应列表类型。

JSON 通常用以下形式描述:

(1)对象是一个无序的"'名称/值'对"集合。一个对象以"{"(左括号)开始,"}"(右括号)结束。每个"名称"后跟一个":"(冒号);"'名称/值'对"之间使用","(逗号)分隔。

(2)数组是值的有序列表。一个数组以"["(左中括号)开始,"]"(右中括号)结束。值之间使用","(逗号)分隔。图 7-4 是国家、省和城市的 JSON 表示。

```
{
        "country": "中国",
        "province": [{
                "name": "黑龙江",
                "cities": {
                        "city": ["哈尔滨", "大庆"]
                }
        }, {
                "name": "广东",
                "cities": {
                        "city": ["广州", "深圳", "珠海"]
                }
        }, {
                "name": "台湾",
                "cities": {
                        "city": ["台北", "高雄"]
                }
        }, {
                "name": "新疆",
                "cities": {
                        "city": ["乌鲁木齐"]
                }
        }]
}
```

图 7-4　JSON 文件"national.json"

to_json()函数是把 DataFrame 转成 JSON 文件,参数是文件名,另一参数"forceascii=False"表示不要用 ASCII 码,内容中包含汉字时很有用。read_json 是把 json 文件转成 DataFrame,参数是文件名。

【例 7-14】　读取 Excel 文件"score.xlsx",用 tojson()函数产生 JSON 文件 data.

json,最后用 readjson()函数读 JSON 文件"data.json"。

程序代码：

```
import pandas as pd
data = pd.read_excel("score.xlsx")
data.to_json("data.json",force_ascii = False)
jsondata = pd.read_json("data.json",encoding = "GBK")
print(jsondata)
```

程序运行结果。如表 7-8 所示。

表 7-8　程序运行结果

	专　业	姓　名	学　号	实　验	平　时	笔　试
0	计算数学	詹延峰	2050921018	76	85	65
1	金融学类	李小鹏	2050921036	85	95	86
2	经济学类	裴凡法	2050921039	65	95	86
3	社会保障	茅舒瑶	2040912116	100	95	90
4	化学工程	陈见影	2050912017	92	75	62
5	材料科学	梅钦钦	2050912064	80	95	87
6	大气科学	王影平	2050109153	72	89	86
7	化学工程	韩平医	2050151003	60	99	82

7.4　交互式数据可视化

Plotly 是图形模块库，可以实现交互式数据可视化。绘图通常分 2 步：

创建图形对象 fig

用 fig 的 show 方法显示图形

【例 7-15】　绘制总评分的折线图。

程序代码：

```
import plotly.express as px
import pandas as pd

data = pd.read_csv("score.csv",encoding = "GBK")
data["总评成绩"] = data["笔试"] * 0.5 + data["平时"] * 0.25 + data["实验"] * 0.25
fig = px.line(data,x = "姓名",y = "总评成绩",title = '总评成绩')
fig.show()
```

程序运行后画出如图 7-5 所示图形：

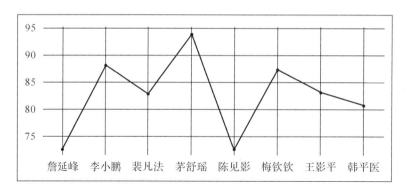

图 7-5 比较各个同学的总评分横轴是姓名，纵轴是总评分

Plotly 模块有 5 个子模块，如表 7-9 所示。

表 7-9 plotly 模块的 5 个子模块

Plotly. express	最高层数据可视化接口，使用最方便
Plotly. graph_objects	低层数据可视化接口，由 trace、layout 构成
Plotly. subplots	子图接口，可以同时画几个图
Plotly. figure_factory	复杂图形接口
Plotly. io	最底层接口

Plotly. express 模块使用最方便，可以用它的函数画各种图形，例 7-15 就用它画折线。另外，这些函数虽然参数很多，但绝大部分用参数的缺省值就可以，很方便。下面是 line()函数说明，有很多参数。

```
plotly.express.line(data_frame = None,x = None,y = None,line_group = None,color =
None,line_dash = None,hover_name = None,hover_data = None,custom_data = None,text =
None,facet_row = None,facet_col = None,facet_col_wrap = 0,facet_row_spacing =
None,facet_col_spacing = None,error_x = None,error_x_minus = None,error_y = None,
error_y_minus = None,animation_frame = None,animation_group = None,category_orders
= {},labels = {},orientation = None,color_discrete_sequence = None,color_discrete
_map = {},line_dash_sequence = None,line_dash_map = {},log_x = False,log_y = False,
range_x = None,range_y = None,line_shape = None,render_mode = 'auto',title = None,
template = None,width = None,height = None)
```

例 7-15 中其实就用了 4 个参数，data_frame，x，y，title，其他都用缺省值。

```
fig = px.line(data,x = "姓名",y = "总评成绩",title = '总评成绩')
```

其他函数的详细用法可参考 https://plotly.com/python-api-reference。

plotly. express 子模块使用方便，但不够灵活。plotly. graph_object 则灵活很多。fig 是 graph_objects 创建的对象，graph_objects 的方法可用在 fig 对象上，graph_objects

用 trace 表示图形，trace 代表画的痕迹。graph_objects 用 layout 表示图形布局。

【例 7-16】 同时绘制笔试和总评分的折线图。

光看总评分折线，并不知道总评分为什么低，最好其他分数也在图中显示。

程序代码：

```
import plotly.graph_objs as pygo
import pandas as pd


data = pd.read_csv("score.csv",encoding = "GBK")
data["总评成绩"] = data["笔试"] * 0.5 + data["平时"] * 0.25 + data["实验"] * 0.25


trace0 = pygo.Scatter(x = data["姓名"],y = data["总评成绩"],name = "总评成绩")
♯总评折线
trace1 = pygo.Scatter(x = data["姓名"],y = data["笔试"],name = "笔试成绩")
♯笔试折线


♯x = 0.5,xanchor = 'center',xref = 'container' 把图的标题放在中间位置
layout = pygo.Layout(title = dict(text = "总评成绩和笔试成绩相关图",x = 0.5,
                    xanchor = 'center',xref = 'container'))
fig = pygo.Figure(data = [trace0,trace1],layout)
fig.show()
```

程序运行后画出如图 7-6 所示图形。

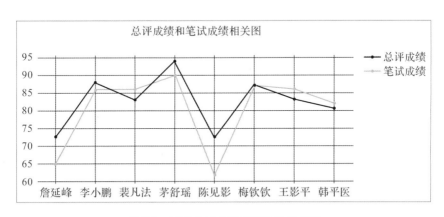

图 7-6 同时显示总评成绩和平时成绩

plotly.graph_objs 子模块可以产生 40 多种图形。pygo.Figure 函数可以把多个图形画在一张图上。

pygo.Figure 的调用格式：

```
pygo.Figure([data,layout,frames,skip_invalid])
```

通常给出 data 和 layout 参数的实际值，后面两个用缺省值就可以。

data 参数存放图形对象,可用列表表示,如 data＝[trace0,trace1]。

layout 参数控制图形的布局,标题放在中间位置,可用下面方式实现:

title = dict(text = "总评成绩和笔试成绩相关图",x = 0.5,xanchor = 'center',xref = 'container')

【例 7-17】 绘制成绩柱状图。

pygo. Bar()产生柱状图,barmode＝'stack'表示柱状图是层叠的。

程序代码:

```
import plotly.graph_objs as pygo
import pandas as pd


data = pd.read_csv("score.csv",encoding = "GBK")
trace0 = pygo.Bar(x = data["姓名"],y = data["平时"] * 0.25,name = "平时成绩")
trace1 = pygo.Bar(x = data["姓名"],y = data["笔试"] * 0.5,name = "笔试成绩")
trace2 = pygo.Bar(x = data["姓名"],y = data["实验"] * 0.25,name = "实验成绩")


layout = pygo. Layout(title = dict(text = "层叠柱状图表示成绩",x = 0.5,xanchor = 'center'),barmode = 'stack')


fig = pygo. Figure([trace0,trace1,trace2],layout)
fig.show()
```

程序运行,产生图形(见图 7-7)。当把鼠标点在陈见影的"成绩柱"上,会显示她的各部分成绩,这被称为交互式可视化。

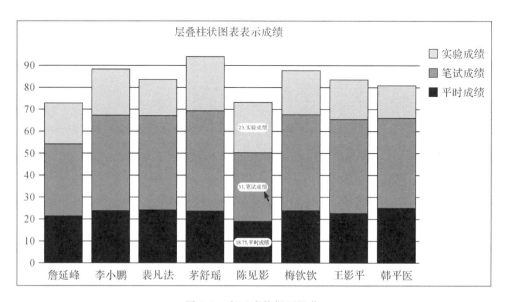

图 7-7 交互式数据可视化

有些数据需要在地图上实现可视化。plotly.express.scatter_geo()函数可满足这个要求,大部分参数都用缺省值。它的格式是:

plotly.express.scatter_geo(data_frame = None,lat = None,lon = None,locations = None,locationmode = None,color = None,text = None,hover_name = None,hover_data = None,custom_data = None,size = None,animation_frame = None,animation_group = None,category_orders = {},labels = {},color_discrete_sequence = None,color_discrete_map = {},color_continuous_scale = None,range_color = None,color_continuous_midpoint = None,opacity = None,size_max = None,projection = None,scope = None,center = None,title = None,template = None,width = None,height = None)

【例7-18】 使用 Plotly 制作 COVID-19 疫情地图。

首先从 https://covid19.who.int/info 下载 COVID-19 疫情数据。选取 2020 年 11 月 1 号累计感染人数多于 90000 人的国家。再取其中 3 列,生成文件 covid_19.csv。这个文件每行 3 个数据,形式如下:

Country,Cumulative_cases,Cumulative_deaths

Armenia,92254,1363

Ethiopia,96169,1469

data 参数表示疫情数据

locations = "country",locationmode = "country names"参数表示国家的地理位置。

color_discrete_sequence = px.colors.qualitative.Light24 参数表示不同国家的颜色模式。

size = "Cumulative_deaths"参数表示点的大小,数值越大,圆点越大。

hover_data = ["Cumulative_cases"],hover_name = "country"参数表示与图形交互时显示的信息。

是 html 的标记,表示换行。

程序如下

```
import pandas as pd
import plotly.express as px
import plotly.graph_objects as pygo


data = pd.read_csv("covid_19.csv")


fig = px.scatter_geo(data,
                     locations = "country",locationmode = "country names",
                     color_discrete_sequence = px.colors.qualitative.Light24,
                         color = "Country",size = "Cumulative_deaths",
                         hover_data = ["Cumulative_cases"],hover_name = "country",
                         title = '''累积到 2020 年 11 月 1 号部分国家新冠肺炎数据,
<br>数据来源世界卫生组织 https://covid19.who.int/info''')


fig.show()
```

程序运行,显示图形。鼠标点在代表美国的圆点上,会显示美国的累计感染人数和死亡人数。

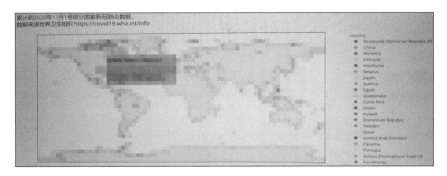

图 7-8　COVID-19 疫情地图

用鼠标可以移动图形到合适的观察角度,如下图移动亚洲区域到图的左边。这就是交互式可视化图形的特点。

图 7-9　COVID-19 疫情地图,亚洲区域在图的左边

本章小结

1.本章介绍了文件读写和异常处理的各种方法。访问文件的流程一般为:打开文件、读/写文件和关闭文件。通过 open()函数打开文件,在文件对象和文件之间建立联系。最后调用 close()函数终止这种联系。

2.异常处理可以编写程序错误的处理程序。

3.程序设计中最常用的文件形式是文本文件。

4.DataFrame 数据类型是 Pandas 模块中的重要类型,处理表格数据非常方便。

5.文件有许多不同的格式,常用的有 csv 格式、Excel 格式、Html 格式和 JSON 格式,Pandas 通过相关的函数读取这些类型的文件。

6.Plotly 模块可实现数据可视化。

✏️ 习 题 --

一、判断题

1. 以写模式打开的文件无法进行读操作。 （　　）
2. Pandas 库是用于图像处理的库。 （　　）
3. read()函数返回的是列表。 （　　）
4. readlines()函数返回的是列表。 （　　）
5. DataFrame 是 Pandas 模块的一种数据类型。 （　　）
6. Json 数据格式只能用于 Javascript 语言。 （　　）
7. close()函数用于文件关闭。 （　　）
8. Plotly 库可以画柱状图。 （　　）
9. sys. stdin 表示标准输入。 （　　）
10. 第三方模块要先安装才能使用。 （　　）
11. 在异常处理结构中，不论是否发生异常，finally 子句中的代码总是会执行的。

（　　）

12. 语句 3/0 会引发"ValueError"异常。 （　　）

二、填空题

1. Python 内置函数_____用来打开文件。
2. Python 内置函数 open 用_____打开文件表示写模式。
3. Pandas 模块用函数_____打开 Excel 文件。
4. Pandas 模块用函数_____把数据写入 CSV 文件。
5. Plotly 用参数_____把数据存为 HTML 文件

三、编程题

1. 有一个英文文件"example. txt"，请编写一个程序把大写字母变为小写，小写字母变为大写，其他字符不变. 结果写入文件"result. txt"。

2. 统计文本文件"letter. txt"中各类字符个数：分别统计字母（大小写不区分）、数字及其他字符的个数。

3. 马丁·路德金的"I have a dream"节选存放在"freedom. txt"中：

I have a dream that one day this nation will rise up,live up to the true meaning of its creed:"We hold these truths to be self－evident;that all men are created equal."

I have a dream that one day on the red hills of Georgia the sons of former slaves and the sons of former slave－owners will be able to sit down together at the table of br otherhood.

I have a dream that one day even the state of Mississippi,a state sweltering with th e heat of injustice,sweltering with the heat of oppression,will be transformed into an oasis of freedom and justice.

I have a dream that my four children will one day live in a nation where they will no t be judged by the color if their skin but by the content of their character. I have a dream today.

I have a dream that one day down in Alabama with its governor having his lips drippin g with the words of interposition and nullification,one day right down in Alabama li ttle black boys and black girls will be able to join hands with little white boys and white girls as sisters and brothers.

I have a dream today.

I have a dream that one day every valley shall be exalted,every hill and mountain sh all be made low,the rough places will be made plain,and the crooked places will be made straight,and the glory of the Lord shall be revealed,and all flesh shall see i t together.

编程实现词汇表,计算每一个单词出现的次数,大小写不区分,输出到"dic.txt"文件保存。

4.用水量文件"water.txt"的第一列为账号,下面是每个月的用水量(后一个数—前一个数),共12个月。每立方米需付1.05元。编程计算每户一年的水费。

```
0000359333 772  789  806  847  880  901  950  991  1022 1043 1064 1089 1114
0000359305 121  132  145  156  168  179  192  206  219  230  246  258  273
0000359708 1008 1046 1102 1167 1209 1255 1311 1362 1407 1453 1512 1563 1604
0000359504 541  567  590  622  651  689  701  732  758  775  796  814  847
0000359209 401  412  441  466  479  490  508  522  541  572  603  637  666
```

类和对象

面向对象程序设计(Object Oriented Programming)就是使用对象进行程序设计,实现代码重用和设计重用,使得软件开发更高效方便。在面向对象程序设计中,声明表示现实世界中的事物和情景的类,并基于这些类来创建对象,使用对象来编写程序。面向对象程序设计是最有效的软件编写方法之一。面向对象的程序设计具有三个基本特征:封装、继承和多态。

在本章中,将学习类和对象的概念。通过声明类并创建其对象,学习使用对象来编写程序。最后学习面向对象的封装、继承和多态三个特征。

8.1 类和对象的概念

对象(object)表示现实世界中可以明确标识的一个实体,例如,一个学生、一张桌子、一个圆、一个按钮都可以看作是一个对象。每个对象都有自己独特的标识、属性和行为。一个对象的属性(attribute)是指那些具有它们当前值的数据域,例如,学生对象具有一个数据域 name(姓名),它是标识学生的属性;一个对象的行为(behavior,也称之为动作(action))是由方法定义的。调用对象的一个方法就是要求对象完成一个动作,例如,可以为学生对象定义一个名为 getInfo( )的方法,学生对象可以调用 getInfo( )返回学生的信息。

类(class)是定义属性(变量、数据)和行为(方法)的模板。类是 Python 语言的核心,Python 的所有类型都是类,包括内置 int、str 等。Python 类是封装了变量和方法的复合(抽象)数据类型,使用一个通用类来定义同一类型的对象,用来定义对象的变量是什么以及方法是做什么的。对象是类的一个实例。

在面向对象的程序设计中,首先定义一个类,类中包含对象的特征即类的数据和方法。类定义完成后,就可以创建类的实例,对象也称为实例,通常对象和实例两个名称是可以互换的。

8.2 类和对象的创建

8.2.1 定义类

Python 使用 class 关键字来定义类,class 关键字之后是一个空格,然后是类的名字,再是一个冒号,最后换行并定义类的内部实现。Python 定义类:

```
class ClassName:
    initializer
    methods
```

其中,ClassName 是类的名字,它是一个 Python 有效标识符,类名的命名风格在 Python 库没有统一规定,一般为多个单词,每个单词的首字母大写。类中的函数称为方法(method),类中包含初始化方法和其他方法构成。初始化方法总是被命名为__init__,这是一个特殊的方法,每当类创建新实例时,Python 都会自动运行它。

下面来编写一个表示学生的简单类(Student),Student 表示的不是特定的学生,而是一类学生。对于学生,它们都有名字、学号和课程成绩等信息,还有获取学生基本信息和 GPA 成绩等行为。我们声明一个 Student 类包含这些信息和行为,这个类让 Python 知道如何创建表示 Student 的对象。编写这个类后,我们将使用它来创建表示特定 Student 的对象。

```
class Student:                          #学生类:包含成员变量和成员方法
    def __init__(self,name,number):     #构造方法
        self.name = name                #成员变量
        self.number = number            #成员变量

    def getInfo(self):                  #成员方法
        print(self.name,self.number)
```

使用 class 关键字声明了一个 Student 类。根据约定,在 Python 中,首字母大写的名称指的是类。类的所有方法至少一个名为 self 的参数(也可以使用其他标识符),并且是方法的第一个形参(如果有多个形参的话),self 参数代表将来要创建的对象本身。在类的方法中访问对象变量(数据成员)时需要以 self 为前缀。在外部通过对象调用对象方法时并不需要传递这个参数,如果在外部通过类调用对象方法则需要显式为 self 参数传值。

1. 方法__init__()

类中的函数称为方法;前面学到的有关函数的一切都适用于方法,它们主要的差别是调用方法的方式。方法__init__()是一个特殊的方法,每当根据 Student 类创建新对象时,Python 都会自动运行它。在这个方法的名称中,开头和末尾各有两根下划线,这是一种约定,它是为了避免 Python 默认方法与普通方法发生名称冲突。

方法__init__()中定义三个形参:self、name 和 number。在这个方法的定义中,形参 self 必不可少,还必须位于其他形参的前面。Python 调用这个__init__()方法来创建 Student 对象时,将自动传入实参 self。每个与类相关联的方法调用都自动传递实参 self,它是一个指向对象本身的引用,让对象能够访问类中的变量和方法。创建 Student 对象时,Python 将调用 Student 类的方法__init__()。将通过实参向 Student 传递名字和学号;self 会自动传递,因此我们不需要传递它。每当我们根据 Student 类创建对象时,都只需给最后两个形参(name 和 number)提供值。

方法__init__()内定义的两个变量都有前缀 self。以 self 为前缀的变量都可供类中的所有方法使用,我们还可以通过类的任何对象来访问这些变量。self. name ＝ name 获取存储在形参 name 中的值,并将其存储到变量 name 中,然后该变量被关联到当前创建的对象。self. number ＝ number 的作用与此类似。可通过对象访问的变量也称为属性。

Student 类还定义了另外一个方法:getInfo()。由于这个方法不需要其他信息传递,因此它们只有一个形参 self。

8.2.2 创建对象

类定了以后就可以创建对象了。

```
>>> s1 = Student("Wang","31000010")
>>> print("我的名字是" + s1.name +",我的学号为" + s1.number)
我的名字是 Wang,我的学号为 31000010
```

第一行代码创建了名字为 s1 对象。Python 在执行这行代码时,使用实参"wang","31000010"调用 Student 类中的方法__init__()。方法__init__()创建一个 s1 对象,并使用我们提供的值来设置变量 name 和 number。方法__init__()并未显式地包含 return 语句,但 Python 自动返回一个表示这个学生的对象。我们将这个对象存储在对象 s1 中。在这里,命名约定我们通常可以认为首字母大写的名称(如 Student)指的是类,而小写的名称(如 s1)指的是根据类创建的对象。

在 Python 中,可以使用内置方法 isinstance()来测试一个对象是否为某个类的实例。

```
>>> isinstance(s1,Student)
True
>>> isinstance(s1,str)
False
```

8.2.3 访问对象成员

对象成员是指它的变量和方法。对象的变量也称为实例变量,每个对象(实例)的变量中都有一个特定值;方法也被称为实例方法,因为方法被一个对象调用来完成对象上的动作。

可以使用圆点运算符(.)访问对象的变量或方法,它也被称为对象成员访问运算符,使用"对象名. 成员"形式。

1.访问变量

要访问对象的变量,可使用句点表示法。访问 s1 的变量 name 的值使用:
s1.name

句点(.)表示法在 Python 中很常用,这种语法表示 Python 如何获取变量的值。在这里,Python 先找到对象 s1,再查找与这个对象相关联的变量 name。在 Student 类中引用这个变量时,使用的是 self.name。我们使用同样的方法来获取变量 number 的值。上面的语句 print("我的名字是" + s1.name+",我的学号为"+s1.number),打印学生的姓名和学号,输出内容为:
我的名字是 Wang,我的学号为 31000010

2.调用方法

通过 Student 类创建对象后,可以使用句点表示法来调用 Student 类中定义的方法:

```
>>> s2 = Student("Zhang","31000011")          # 创建 s2 对象
>>> s2.getInfo()
Zhang   31000011
```

要调用方法,可指定对象的名称和要调用的方法,并用句点分隔它们。在运行 s2.getInfo()代码时,Python 在类 Student 中查找方法 getInfo()并运行其代码,s2.getInfo()运行结果为:
Zhang   31000011

8.2.4 变量值

1.给变量指定默认值

类中的每个变量都必须有初始值,哪怕这个值是 0 或空字符串。在有些情况下,如设置默认值时,在方法__init__()内指定这种初始值是可行的;如果你对某个变量这样做了,就无须包含为它提供初始值的形参。

下面为 Student 类,添加一个名为 gpa 的变量,其初始值总是为 0。我们还添加了一个名为 setGpa 的方法,用于设置绩点 gpa 值:

```
class Student:
    def __init__(self,name,number):
        self.name = name
        self.number = number
        self.gpa = 0

    def getInfo(self):
        print(self.name,self.number)
```

```
    def setGpa(self,gpa):
        self.gpa = gpa
>>> s3 = Student("Li","31000013")
>>> s3.setGpa(3.5)
>>> print("我的名字是" + s3.name +",学号为" + s3.number,",平均绩点为",s3.gpa)
我的名字是 Li,学号为 31000013,平均绩点为 3.5
```

当 Python 调用方法__init__()来创建新对象 s3 时,将像前一个示例一样以变量的方式保存姓名和学号。接下来,Python 将创建一个名为 gpa 的变量,并将其初始值设置为 0。

2.修改变量的值

属性的值可以各种不同的方式修改变量的值:直接通过对象进行修改;通过方法进行设置。下面依次介绍。

（1）直接修改变量的值

要修改变量的值,最简单的方式是通过实例直接访问它。下面的代码直接将 gpa 设置为 3.8:

```
>>> s4 = Student("Lei","31000014")
>>> s4.gpa = 3.8
>>> print("我的名字是" + s4.name +",学号为" + s4.number,",平均绩点为",s4.gpa)
    我的名字是 Lei,学号为 31000014,平均绩点为 3.8
```

（2）通过方法修改变量的值

如果有替你更新变量的方法,将大有益处。这样,你就无须直接访问变量,而可将值传递给一个方法,由它在内部进行修改:

```
>>> s5 = Student("Sun","31000015")
>>> s5.setGpa(3.6)
>>> print("我的名字是" + s5.name +",学号为" + s5.number,",平均绩点为",s5.gpa)
我的名字是 Sun,学号为 31000015,平均绩点为 3.6
```

Python 提供了一个关键字"pass",类似于空语句,可以用在类和函数的定义中或者选择结构中。当暂时没有确定如何实现功能,或者为以后的软件升级预留空间,或者其他类型功能时,可以使用该关键字来"占位"。

```
>>> class A:
    pass
>>> def demo():
    pass
>>> if 5>3:
    pass
```

8.3 使用对象编写程序

【实例 8-1】 计算身体质量指数 BMI

BMI 是根据体重和身高来衡量健康的一种方法。通过以千克为单位的体重除以以米为单位的身高的平方计算出 BMI。如表 8-1 所示是中国 16 岁以上人群的 BMI 指数。

表 8-1 中国 16 岁以上人群的 BMI 指数

BMI	解 释
BMI<18.5	偏瘦
18.5≤BMI<24.0	正常
24.0≤BMI<30.0	偏胖
30.0≤BMI	肥胖

定义一个 BMI 类，在类中定义姓名、年龄、体重和身高的数据变量名为 name、age、weight、height，定义一个计算 BMI 值的方法 getBMI()，方法 getStatus() 根据 BMI 判定身体胖瘦情况，同时定义 getName()、getAge()、getWeight()、getHeight() 四个方法分别获取 BMI 对象的姓名、年龄、体重、身高。

```
# 计算身体质量指数 BMI
class BMI:
    def __init__(self,name,age,weight,height):    # 构造方法,创建对象时调用
        self.__name = name
        self.__age = age
        self.__weight = weight
        self.__height = height

    def getBMI(self):                             # 计算 BMI
        bmi = self.__weight / (self.__height * self.__height)
        return round(bmi * 100) / 100

    def getStatus(self):                          # 根据 BMI 值,返回健康胖瘦程度
        bmi = self.getBMI()
        if bmi<18.5:
            return "偏瘦"
        elifbmi<24:
            return "正常"
        elifbmi<30:
            return "偏胖"
```

```
        else:
            return "肥胖"

    def getName(self):              #返回姓名
        return self.__name

    def getAge(self):               #返回年龄
        return self.__age

    def getWeight(self):            #返回体重
        return self.__weight

    def getHeight(self):            #返回身高
        return self.__height

#程序从这里开始运行
bmi1 = BMI("赵四",18,70,1.75)        #创建 bmi1 对象
print(bmi1.getName(),"的 BMI 是",bmi1.getBMI(),bmi1.getStatus())

bmi2 = BMI("王超",38,75,1.70)        #创建 bmi2 对象
print(bmi2.getName(),"的 BMI 是",bmi2.getBMI(),bmi2.getStatus())
```

程序运行结果：

赵四的 BMI 是 22.86 正常
王超的 BMI 是 25.95 偏胖

【实例 8-2】 定义一个名为 Restaurant 的类，其方法 __init__() 设置变量：restaurant_name(餐馆名字)，cuisine_type(餐馆类型)，number_served(就餐人数)初始值为 0。定义一个名为 describe_restaurant() 的方法，打印餐馆名字和餐馆类型两项基本信息；定义一个名为 open_restaurant() 的方法，打印一条消息，指出餐馆正在营业；定义一个名为 set_number_served() 的方法，它让你能够设置就餐人数；添加一个名为 increment_number_served() 的方法，它让你能够将就餐人数递增。

根据这个类创建一个名为 restaurant 的实例，分别打印餐馆基本情况。打印有多少人在这家餐馆就餐过，然后修改这个值并再次打印它。

```
class Restaurant():

    def __init__(self,name,cuisine_type):
        """ Restaurant 类的构造方法"""
        self.name = name
```

```python
        self.cuisine_type = cuisine_type
        self.number_served = 0

    def describe_restaurant(self):
        """显示餐馆信息."""
        msg = self.name + " 提供" + self.cuisine_type +"服务" + "."
        print("\n" + msg)

    def open_restaurant(self):
        """打印餐馆营业状态"""
        msg = self.name + " 开放中,欢迎光临!"
        print("\n" + msg)

    def set_number_served(self,number_served):
        """设置就餐人数"""
        self.number_served = number_served

    def increment_number_served(self,additional_served):
        """就餐人数增加"""
        self.number_served += additional_served

restaurant = Restaurant('西湖饭店','杭州菜')
restaurant.describe_restaurant()
restaurant.open_restaurant()

print("\n 就餐人数:" + str(restaurant.number_served))
restaurant.number_served = 430
print("就餐人数:" + str(restaurant.number_served))

restaurant.set_number_served(1257)
print("就餐人数:" + str(restaurant.number_served))

restaurant.increment_number_served(239)
print("就餐人数:" + str(restaurant.number_served))
```

程序运行结果：

西湖饭店提供杭州菜服务.

西湖饭店开放中,欢迎光临!

就餐人数:0
就餐人数:430
就餐人数:1257
就餐人数:1496

【实例 8-3】 设计一个三维向量类,并实现向量的加法、减法以及向量与标量的乘法和除法运算。

```
# 向量的加法、减法运算,向量与标量的乘法和除法运算
class Vecter3:
    def __init__(self,x = 0,y = 0,z = 0):      #构造方法
        self.X = x
        self.Y = y
        self.Z = z

    def __add__(self,n):                       #加法
        r = Vecter3()
        r.X = self.X + n.X
        r.Y = self.Y + n.Y
        r.Z = self.Z + n.Z
        return r

    def __sub__(self,n):                       #减法
        r = Vecter3()
        r.X = self.X - n.X
        r.Y = self.Y - n.Y
        r.Z = self.Z - n.Z
        return r

    def __mul__(self,n):                       #乘法
        r = Vecter3()
        r.X = self.X * n
        r.Y = self.Y * n
        r.Z = self.Z * n
        return r
```

```
    def __truediv__(self,n):                  #除
        r = Vecter3()
        r.X = self.X / n
        r.Y = self.Y / n
        r.Z = self.Z / n
        return r

    def __floordiv__(self,n)                   #整除
        r = Vecter3()
        r.X = self.X // n
        r.Y = self.Y // n
        r.Z = self.Z // n
        return r

    def show(self):                            #打印向量值
        print((self.X,self.Y,self.Z))

    def add3(self):
        self.X = self.X + 3
        self.Y = self.Y + 3
        self.Z = self.Z + 3

#程序从这里开始运行
v1 = Vecter3(1,2,3)
v2 = Vecter3(4,5,6)
v3 = v1 + v2
v3.show()
v4 = v1 - v2
v4.show()
v5 = v1 * 3
v5.show()
v6 = v1/2
v6.show()
v1.add3()
v1.show()
```

程序运行结果：

```
(5,7,9)
(-3,-3,-3)
(3,6,9)
(0.5,1.0,1.5)
(4,5,6)
```

【实例 8-4】 假设有一个学生成绩信息的数据文件，文件内容每行有姓名、学号、总学分、总绩点数。这四个值有制表符分隔。gpa.txt 内容如下：

赵一	3100001	160	608
李二	3100002	165	610
张三	3100003	160	600
王四	3100004	158	585
孙五	3100005	155	480
吴六	3100006	170	605

编写一个程序，首先读取 gpa.txt 文件内容，然后计算 GPA 最高的学生，最后打印这个学生的名字、学号、总学分和 GPA。

我们可以先创建一个 StudentGPA 类，StudentGPA 类的对象是单个学生的信息记录。在这个例子中，每个对象有姓名、学号、总学分、总绩点数四个数据，可以将这几个数据作为实例变量保存，在构造方法中初始化：

```
def __init__(self,name,num,credits,qpoints):
    self.name = name              ♯姓名
    self.num = num                ♯学号
    self.credits = float(credits)  ♯总学分数
    self.qpoints = float(qpoints)  ♯总绩点数
```

使用构造方法可以创建学生对象，例如，我们可以创建一个陈十信息的对象：

```
StuC = StudentGPA("陈十","3100010",160,606)
```

除了构造方法，我们需要定义其他方法：获取姓名和学号的方法 getName；读取总学分的方法 getCredits；读取总绩点的方法 getQPoints；计算 GPA 的方法 GPA。计算 GPA 公式很简单：总绩点数/总学分数。

```
def getName(self):
    return self.name,self.num


def getCredits(self):
    return self.credits


def getQPoints(self):
    return self.qpoints
```

```
def gpa(self):
    return self.qpoints/self.credits
```
程序代码:
```
#  计算 GPA 最高的学生


class StudentGPA:

    def __init__(self,name,num,credits,qpoints):
        self.name = name
        self.num = num
        self.credits = float(credits)
        self.qpoints = float(qpoints)


    def getName(self):
        return self.name,self.num


    def getCredits(self):
        return self.credits


    def getQPoints(self):
        return self.qpoints


    def gpa(self):
        return self.qpoints/self.credits


def makeStudent(infoStr):
    # infoStr 为文件中的一行内容,创建一个学生对象,返回 StudentGPA 对象
    name,num,credits,qpoints = infoStr.split("\t")
    return StudentGPA(name,num,credits,qpoints)


# 程序从这里开始运行
# 输入要读入数据的文本文件名,以读方式打开
filename = input("Enter name the grade file:")
infile = open(filename,'r')


# 从文件中读入一行,创建第一个学生对象
best = makeStudent(infile.readline())
```

```
# 计算GPA最高,best对象存放GPA最高的学生
for line in infile:
    s = makeStudent(line)
    if s.gpa() >best.gpa():
        best = s


infile.close()


# 打印成绩最好学生的信息
print("成绩最好的学生:",best.getName())
print("学分:",best.getQPoints())
print("GPA:",best.gpa())
```

程序运行结果:

```
Enter name the grade file:gpa.txt
成绩最好的学生:('赵一','3100001')
学分:608.0
GPA:3.8
```

程序中只打印一名GPA最高的学生,如果GPA最高的学生有多名,应该如何处理?

8.4　封装

封装(Encapsulation)是面向对象的主要特性。所谓封装,也就是把客观事物抽象并封装成对象,即将数据成员、方法等集合在一个整体内。通过访问控制,还可以隐藏内部成员,只允许可信的对象访问或操作自己的部分数据或方法。

使用类编写程序是将类的实现和类的使用分离,类的实现的细节对使用类的程序员(以下简称用户)而言是不可见的。类的用户并不需要知道类是如何实现的:实现的细节被封装并对用户隐藏,这个称为类的封装。本质上讲,封装将数据和方法整合到一个单一的对象中并对用户隐藏数据和方法的实现。例如:你可以创建一个BMI对象,在不知道BMI值是如何被计算出来的。因此,类也被称为抽象数据类型(ADT)或复合数据类型。

8.4.1　类成员

Python类中成员分为变量(数据、属性)成员和方法(函数)成员。变量成员有两类:类变量和实例变量;方法成员根据访问特性的不同分为类方法、实例方法、静态方法等。

1.变量成员

实例变量一般是指在构造方法__init__()中定义的,定义和使用时必须以self作为前缀。类的每个实例都包含了该类的实例变量一个单独副本,实例变量属于特定的实

例。实例变量在类的内部通过 self 访问,在外部通过对象访问。

Python 也允许声明属于类本身的变量,即类变量,也称静态变量。类变量属于整个类,不是特定实例的一部分,而是所有实例之间共享一个副本。类变量是所有方法之外定义的。

在主程序中(或类的外部),实例变量属于实例(对象),只能通过对象名访问;而类变量属于类,通过类名或对象名都可以访问。

下面定义了一个 Car 类:

```
class Car:
    price = 300000              #定义类变量

    def __init__(self,name):
        self.name = name        #定义实例变量
        self.color = ""         #存储汽车颜色

    def setColor(self,color):   #设置汽车的颜色
        self.color = color


car1 = Car("奥迪")              #创建 car1 对象
car2 = Car("宝马")              #创建 car2 对象
print(car1.name,Car.price)      #打印实例变量和类变量的值
Car.price = 310000              #修改类变量
car1.setColor('黑色')           #car1 的汽车颜色为黑色
car1.name = "新奥迪"            #修改实例变量
print(car1.name,Car.price,car1.color)
print(car2.name,Car.price,car2.color)
```

程序运行结果:

```
奥迪 300000
新奥迪 310000 黑色
宝马 310000
```

在 Car 类中,变量 price 是类变量,name 是实例变量。变量 price 可以使用 Car.price、car1.price 或 car2.price 访问,它们的值都是一样的:

```
>>> print(Car.price)
300000
>>> print(car1.price)
300000
>>> print(car2.price)
300000
```

2.实例方法、类方法和静态方法

(1)实例方法

在类的方法中第一个参数如果为 self,这种方法称为实例方法。实例方法对类的某个给定的实例进行操作,可以通过 self 显式地访问该实例,例如:

```
>>> car3 = Car("吉利")            ♯创建对象
>>> car3.setColor ("白色")        ♯调用对象的方法
>>> print(car3.name,car3.color)
吉利白色
```

(2)类方法(@ classmethod)

Python 允许声明属于类本身的方法,即类方法。类方法不对特定实例进行操作,在类方法中不能访问实例变量。类方法通过装饰器@ classmethod 来定义,第一个形式参数必须为类对象本身,通常为 cls。在上面的 Car 类中增加一个类方法,其功能打印汽车的价格,定义如下:

```
@classmethod
def getPrice(cls):
    print(cls.price)
```

类方法一般通过类名来访问,也可通过实例来调用。例如:

```
>>> car4 = Car("沃尔沃")           ♯创建对象
>>> car4.getPrice()              ♯通过实例调用方法
310000
```

注意,类方法的第一个参数为 cls,但调用时,不需要也不能给该参数传值。

(3)静态方法(@ staticmethod)

Python 也允许声明属于与类的实例无关的方法,称为静态方法。静态方法通常是一个独立的方法,不对类的方法和变量进行操作;静态方法也不对特定实例进行操作,在静态方法中访问实例会导致错误。静态方法通过装饰器@ staticmethod 来定义,在上面的 Car 类中增加一个静态方法,其设置汽车的价格,定义如下:

```
@staticmethod
    def printInfo():
        print("这是一个汽车例子")
```

静态方法一般通过类名来访问,也可通过实例来调用,例如:

```
>>> Car.printInfo()              ♯通过类名调用方法
这是一个汽车例子
>>> car4.printInfo()             ♯通过实例调用方法
这是一个汽车例子
```

8.4.2 私有成员与公有成员

Python 类的成员没有访问控制限制,这与其他面向对象程序设计语言不同。在

Python 中通常有一些约定,以下划线开头的方法名和变量名有特殊的含义,尤其是在类的定义中。

以一个下划线前缀,格式如:_xxx。它是受保护成员,不能用'from module import *'导入。

以两个下划线前缀和两个下划线后缀,格式如:__xxx__。它是系统定义的特殊成员。

以两个下划线前缀但不以两个下划线后缀,格式如:__xxx。它是私有成员,只有类内自己能访问,不能使用实例直接访问到这个成员。

面向对象编程的封装性原则要求不直接访问类中的数据成员。Python 中可以通过定义私有变量,然后定义相应的访问该私有变量的方法,并使用@ property 装饰器装饰这些函数。@ property 装饰器实例如下:

```
class Personl :
    def __init__(self,name,age):
        self.__name = name
        self.__age = age


    @ property
    def name(self):
        """I'm the  property."""
        return self.__name
```

Personl 类中__name 是私有的,只能通过类的 name()方法访问:

```
>>> p = Personl("zhao liu",20)
>>> print(p.name)
zhao liu
```

Personl 类中__age 是私有的,不能通过对象访问:

```
>>> print(p.__age)
    #提示错误信息
```

@property 装饰器默认提供一个只读变量,如果需要,可以使用对应的 getter、setter 和 deleter 装饰器实现其他访问器函数。

8.5 继承和多态

8.5.1 继承

继承(Inheritance)是面向对象程序设计中代码重用的一种主要方法。继承是一种创建新类的机制,目的是使用现有类的变量和方法。原始类称为父类、基类或超类,新类称为子类或派生类。通过继承创建类时,所创建的类将"继承"其父类的变量和方法,但子类可以重新定义父类的变量和方法,并且可以添加自己的变量和方法。

例如,模拟电动汽车。电动汽车是一种特殊的汽车,因此我们可以在前面创建的 Car 类的基础上创建新类 ECar,这样就只需为电动汽车特有的变量和方法编写代码。

下面来创建一个简单的 ECar 类,它具备 Car 类的所有功能:

```
class Car():
    price = 300000                  #定义类变量


    def __init__(self,name):
        self.name = name            #定义实例变量
        self.color = ""             #存储汽车颜色


    def setColor(self,color):       #设置汽车的颜色
        self.color = color


class ECar(Car):


    def __init__(self,name):
        super().__init__(name)      #初始化父类的变量
        self.battery_size = 500


    def getEcar(self):
        print("我是电动汽车" + self.name + "电瓶容量为" + str(self.battery_size)
+ "公里")
```

在程序中,首先是 Car 类的代码。创建子类时,父类必须包含在当前文件中,且位于子类前面。我们定义了子类 ECar,定义子类时,必须在括号内指定父类的名称。子类创建实例时,不会自动调用父类的 __init__()方法,因此,要由子类调用父类的 __init__()方法来创建 Car 实例所需的信息。

在子类 ECar 中,super()是一个特殊函数,帮助 Python 将父类和子类关联起来。这行代码让 Python 调用 ECar 的父类的方法 __init__(),让 ECar 实例包含父类的所有变量。我们还新定义了一个数据成员 battery_size 和方法 getEcar()。

为测试继承是否能够正确地发挥作用,我们尝试创建一辆电动汽车,但提供的信息与创建普通汽车时相同。我们创建 ECar 类的一个实例,my_tesla,这行代码调用 ECar 类中定义的方法 __init__(),后者让 Python 调用父类 Car 中定义的方法 __init__()。我们提供了实参"特斯拉",如下:

```
>>> my_tesla = ECar("特斯拉")
>>> my_tesla.getEcar()
我是电动汽车特斯拉电瓶容量为 300 公里
```

8.5.2 多态

多态(Polymorphism)来自希腊语,意思是"有多种形式"。多态是指子类的对象可以传递给需要父类类型的参数,一个方法可以被沿着继承链的几个类,运行时由 Python 决定调用哪个方法,这也称为动态绑定。多态意味在不知道变量所引用的对象是什么类型,还能对它进行运算,它根据对象类型的不同而表现出不同的行为(方法)。

Python 是一种动态语言,变量或参数无法也无须确定其类型。程序运行过程中,根据实际的对象类型确定变量的类型。多态特征在 Python 内建运算符和函数中体现,例如:

```
>>> 2 + 3
5
>>> '2' + '3'
'23'
```

这里的运算符"+"对于数值和字符串对象计算的结果是不一样的,对于"+"左右对象是数值的进行算术加运算,对于"+"左右对象是字符串的将两个字符串连接起来。这种现象称为运算符重载。

本章小结

本章我们学习了类和对象的基本概念,类是对象的模板,它定义了对象的属性和对这些属性的操作方法,对象是类的一个实例;通过声明类并创建其对象,使用对象来编写 Python 程序;初步了解 Python 的面向对象的三大特征:封装、继承和多态。

习 题

一、判断题

1. 创建对象是通过调用构造方法完成的。　　　　　　　　　　　　（　　）
2. 位于对象中的方法称为实例变量。　　　　　　　　　　　　　　（　　）
3. Python 方法定义的第一个参数是 this。　　　　　　　　　　　　（　　）
4. 一个对象只能有一个实例变量。　　　　　　　　　　　　　　　（　　）
5. 在 Python 类中,构造方法的名称为__init__。　　　　　　　　　（　　）
6. 从类定义之外直接访问实例变量不是一个好的程序设计风格。　　（　　）
7. 在类定义中隐藏对象的细节称为实例化。　　　　　　　　　　　（　　）
8. 父类(超类)从子类继承方法。　　　　　　　　　　　　　　　　（　　）
9. Python 中一切内容都可以称为对象。　　　　　　　　　　　　　（　　）
10. 定义类时,所有实例方法的第一个参数用来表示对象本身,在类的外部通过对

象名来调用实例方法时不需要为该参数传值。　　　　　　　　　　　　（　　）

11. 在面向对象程序设计中,函数和方法是完全一样的,都必须为所有参数进行传值。　　　　　　　　　　　　　　　　　　　　　　　　　　　　（　　）

12. 对于 Python 类中的私有成员,可以通过"对象名._类名__私有成员名"的方式来访问。　　　　　　　　　　　　　　　　　　　　　　　　　　　　（　　）

13. 在 Python 中定义类时,实例方法的第一个参数名称必须是 self。　（　　）

14. 在 Python 中定义类时实例方法的第一个参数名称不管是什么,都表示对象自身。　　　　　　　　　　　　　　　　　　　　　　　　　　　　　　（　　）

15. 定义类时,在一个方法前面使用@classmethod 进行修饰,则该方法属于类方法。　　　　　　　　　　　　　　　　　　　　　　　　　　　　　　（　　）

16. 定义类时,在一个方法前面使用@staticmethod 进行修饰,则该方法属于静态方法。　　　　　　　　　　　　　　　　　　　　　　　　　　　　　　（　　）

17. 在 Python 中可以为自定义类的对象动态增加新成员。　　　　　　（　　）

选择题

1. Python 保留字_____开始了类定义。

A. def　　　　　　　B. class　　　　　　C. object　　　　　　D. init

2. 在类中,具有四个形式参数的方法通常在调用时有_____个实际参数。

A. 3　　　　　　　　B. 4　　　　　　　　C. 5　　　　　　　　D. 不确定

3. 在类的方法定义中,可以通过表达式_____访问实例变量 x。

A. x　　　　　　　　B. self. x　　　　　　C. self[x]　　　　　D. this. x

4. 定义一个类的"私有"方法,Python 的惯例是使用_____开始方法的名称。

A. "private"　　　　B. 两个下划线(__) C. 井号(♯)　　　　D. 减号(—)

5. 将细节隐藏在类定义中,术语称为_____。

A. 虚函数　　　　　B. 子类化　　　　　C. 继承　　　　　　D. 封装

6. 以下_____不是面向对象程序设计的基本特征之一。

A. 继承　　　　　　B. 多态　　　　　　C. 抽象　　　　　　D. 封装

7. 分析下面的代码_____。

```
class A:
    def __init__(self,s):
        self.s = s

    def print(self):
        print(s)


a = A("Welcome")
a.print()
```

A. 程序有错误,因为类 A 中没有构造方法。

B. 程序有错误，因为类 A 中有一个命名的 print 方法 print(self,s)。

C. 程序有错误，因为类 A 中有一个命名的 print 方法 print(s)。

D. 如果方法 print(s) 改成 print(self.s)，程序能够正常运行。

8. 分析下面的代码_____。

```
class A:
    def __init__(self):
        self.x = 1
        self.__y = 1


    def getY(self):
        return self.__y


a = A()
print(a.x)
```

A. 程序有错误，因为 x 是私有的，不能在类之外访问。

B. 程序有错误，因为 y 是私有的，不能在类之外访问。

C. 程序有错误，不能使用 __y 作为变量名。

D. 程序运行结果为 1。

E. 程序运行结果为 0。

9. 分析下面的代码_____。

```
class A:
    def __init__(self):
        self.x = 1
        self.__y = 1


    def getY(self):
        return self.__y
a = A()
print(a.__y)
```

A. 程序有错误，因为 x 是私有的，不能在类之外访问。

B. 程序有错误，因为 y 是私有的，不能在类之外访问。

C. 程序有错误，不能使用 __y 作为变量名。

D. 程序运行结果为 1。

E. 程序运行结果为 0。

10. 分析下面代码_____。

```
class A:
    def __init__(self):
```

```
        self.x = 1
        self.__y = 1


    def getY(self):
        return self.__y


a = A()
a.__y = 45
print(a.getY())
```
A. 程序有错误,因为 x 是私有的,不能在类之外访问。

B. 程序有错误,因为 y 是私有的,不能在类之外访问。

C. 程序有错误,不能使用__y 作为变量名。

D. 程序运行结果为 1。

E. 程序运行结果为 45。

11. 下面代码段运行的结果是_____。

```
def main():
    myCount = Count()
    times = 0


    for i in range(0,100):
        increment(myCount,times)


    print("myCount.count = ",myCount.count,"times = ",times)


def increment(c,times):
    c.count += 1
    times += 1


class Count :
    def __init__(self):
        self.count = 0


main()
```
A. count 值为 101,times 值为 0   B. count 值为 100,times 值为 0

C. count 值为 100,times 值为 100   D. count 值为 101,times 值为 101

12. 下面代码段运行的结果是_____。

```
class A :
```

```
        def __init__(self,i = 1):
            self.i = i


    class B(A):
        def __init__(self,j = 2):
            super().__init__()
            self.j = j


    def main():
        b = B()
        print(b.i,b.j)


    main()
```

A. 0 0   B. 0 1   C. 1 2   D. 0 2   E. 2 1

13. 下面代码段运行的结果是_____。

```
class A:
    def __new__(self):
        self.__init__(self)
        print("A's __new__() invoked")


    def __init__(self):
        print("A's __init__() invoked")


class B(A):
    def __new__(self):
        print("B's __new__() invoked")


    def __init__(self):
        print("B's __init__() invoked")


def main():
    b = B()
    a = A()


main()
```

A. B's __new__() invoked   A's __init__() invoked

B. B's __new__() invoked   A's __new__() invoked

C. B's __new__() invoked   A's __init__() invoked

   A's __new__() invoked

D. A's __init__() invoked   A's __new__() invoked

14. 下面代码段运行的结果是_____。

```
class A:
    def __init__(self):
        self.i = 1

    def m(self):
        self.i = 10

class B(A):
    def m(self):
        self.i += 1
        return self.i

def main():
    b = B()
    print(b.m())

main()
```

A. 1   B. 2   C. 10   D. 3

三、编程题

1. 设计一个名为 Stock 的类,表示一个公司的股票,它包括:

(1)一个名为 symbol 的私有字符串变量,表示股票的代码。

(2)一个名为 name 的私有字符串变量,表示股票的名字。

(3)一个名为 preClosingPrice 的私有浮点变量,存储前一天的股票收盘价格。

(4)一个名为 curPrice 的私有浮点变量,存储当前的股票价格。

(5)一个构造方法,创建一个具有特定股票代码、名字、前一天收盘价格和当前价格的股票。

(6)一个返回股票代码的 get()方法。

(7)一个返回股票名字的 get()方法。

(8)获取/设置股票前一天收盘价格的 get()和 set()方法

(9)获取/设置股票当前价格的 get()和 set()方法

(10)一个名为 getChangePercent()的方法,返回从 preClosingPrice 到 curPrice 所改变的百分比(涨幅)

编写这个类。同时编写一个测试程序,通过 Stock 类创建一个股票对象,这个股票的代码是 10001，它的名字是平头哥芯片、前一天的收盘价为 62.8 元、当前价格是 70.32，并且显示这个股票的股票名字、前一天收盘价、当前价和当前的涨幅。

2.设计一个类，名字为 QE，QE 类是用来计算一元二次方程 $ax^2+bx+c=0$ 的平方根。这个类包括：

(1)私有变量 a、b 和 c 表示三个系数。

(2)以 a、b 和 c 为参数的构造方法。

(3)a、b 和 c 各自的 get 方法。

(4)名为 getD() 的方法返回判别式，即 b^2-4ac。

(5)名为 getRoot1() 和 getRoot2() 的方法分别计算方程式的两个根。这些方法只能在判别式(b^2-4ac)非负时才有用，判别式为负时，则这些方法返回 0。

编写这个类。同时编写一个测试程序提示用户输入 a、b 和 c 的值，然后显示基于这个判别式的结果。如果判别式为正，显示两个根；如果判别式为 0，显示一个根；否则，显示"该方程式无根"。

## 第9章

Web应用程序开发及网络爬虫

9.1 Web 应用程序开发概述

9.1.1 Web 应用程序运行原理

Web 应用程序是一种可以通过浏览器访问的应用程序,它的最大好处是让用户很容易访问应用程序,用户只需要有浏览器即可,不需要再安装其他软件。

Web 应用程序现在主要采用浏览器/服务器架构(Browser/Server,B/S),它能够很好地应用在广域网上,成为越来越多的企业的选择。浏览器/服务器架构相对于其他几种应用程序体系结构,有如下三方面的优点:

(1)这种架构采用 Internet 上标准的通信协议(通常是 TCP/IP 协议)作为客户机同服务器通信的协议。这样可以使位于 Internet 任意位置的机器都能够正常访问服务器。对于服务器来说,通过相应的 Web 服务和数据库服务可以对数据进行处理。对外采用标准的通信协议,以便共享数据。

(2)在服务器上对数据进行处理,处理的结果生成网页,以方便客户端直接下载。

(3)在客户机上对数据的处理被进一步简化,将浏览器作为客户端的应用程序,以实现对数据的显示。不再需要为客户端单独编写和安装其他类型的应用程序。这样,在客户端只需要安装一套内置浏览器的操作系统,如 Windows10 或直接安装一套浏览器,就可以实现对服务器上数据的访问。

【例 9-1】 极简服务器程序。

flask 是 Python 的 Web 应用开发框架,需要用 pip 先安装再使用。

在图 9-1 中的标号为"1"的部分是用 Python 写的服务器程序。

```python
from flask import Flask
app = Flask(__name__)
@app.route("/")

def hello():
    return "Hello World! \n 这是一个 Web 应用程序"
```

```
if __name__ == "__main__":
    app.run()
```

运行 Python 服务程序,出现图 9-1 中的标号为"2"的部分,这表示服务器程序已启动,可以提供服务,这个服务是返回字符串"Hello World! \n 这是一个 Web 应用程序"。

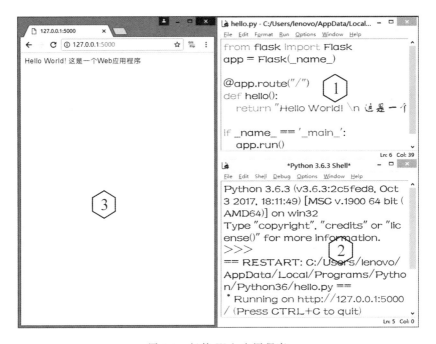

图 9-1　极简 Web 应用程序

打开浏览器,如 chrome,显示图 9-1 中的标号为"3"的部分,在网址处输入"127.0.0.1:5000",表示要服务器程序提供服务,服务器程序返回字符串"Hello World! \n 这是一个 Web 应用程序",显示在浏览器中。注意没有换行。从上面的说明可以看出是浏览器和服务器程序通过网络在交互,如图 9-2 所示。

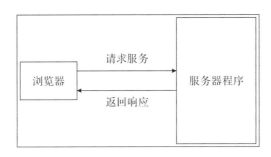

图 9-2　浏览器和服务器程序交互

程序间的交互是通过 TCP/IP 网络的 HTTP 协议实现,返回值是字符串。返回字符串用 HTML 规范写,就可以在浏览器上看到网页。

9.1.2 超级文本标记语言简介

超级文本标记语言(HTML)是为网页创建和其他可在网页浏览器中看到的信息设计的一种标记语言。网页的本质就是超级文本标记语言,通过结合使用其他的 Web 技术,可以创造出功能强大的网页。因而,超级文本标记语言是万维网编程的基础,也就是说万维网是建立在超文本基础之上的。超级文本标记语言之所以称为超文本标记语言,是因为文本中包含了所谓的"超级链接"点。

一个 HTML 文件对应一个网页,超文本标记语言文件以.htm 或 html 为扩展名。可以使用任何能够生成 txt 类型源文件的文本编辑器来产生超文本标记语言文件,只用修改文件后缀即可。

标准的超文本标记语言文件都具有一个基本的整体结构,标记一般都是成对出现的。标记符<html>,它是文件的开头;而标记符</html>则表示该文件的结尾。<head></head>这 2 个标记符分别表示头部信息的开始和结尾。头部中包含的标记是页面的标题、序言、说明等内容,它本身不作为内容来显示,但影响网页显示的效果。<body></body>这 2 个标记符表示文档的可见部分。

HTML 文档包含文本以及用于控制文本的显示和释义的预定义标签(包含在尖括号<>中)。标签可以具有属性,表 9-1 显示 HTML 常用标签及其属性。

表 9-1　HTML 常用标签

标　　签	属　　性	用　　途
<html></html>		整个 HTML 文档
<head></head>		文档头
<title></title>		文档标题
<body></body>	background、bgcolor	文档主体内容
<h1></h1> <h2></h2> … <h6></h6>		标题
<p></p>、<span></span>		段落,行内元素
 		换行
<pre></pre>		格式化文本
<hr>		水平线
<!—文字－－>		注释文字
a	href	超链接
img	src、width、height	图片
table	width、border	表格

续表

标　签	属　性	用　途
tr		表格中的一行
th,td		表头/单元格
ol,ul		有序/无序列表
li		列表项
dl		描述列表
input	name	用户输入域
div		分区标签,组织网页结构

　　<a>标签与它的 href 属性可以创建一个链接。

　　<a href=http://www.press.zju.edu.cn/>浙江大学出版社</a>,href="♯"表示空链接。

　　<img>标签与它的 src,width,height 属性显示图片。

　　<img src="pic1.PNG" width="350px" height="250">,图片文件和网页文件在同一个目录。

　　【例 9-2】　有多种 HTML 标签的 html 文件。

```
<! DOCTYPE html>
<html lang = "en">
<head>
    <meta charset = "UTF-8">
    <meta name = "viewport" content = "width,initial – scale = 1.0">
    <title>李白简介</title>
</head>
<body>
    <h1>李白</h1><! – –李白的简介 – ->
    <hr>
    李白,字太白,号青莲居士,又号"谪仙人",唐代伟大的浪漫主义诗人,被后人誉为"诗
    仙"。<br>
    李白有《李太白集》传世,诗作中多以醉时写的,代表作有《望庐山瀑布》《行路难》《蜀道
    难》<br>
    《将进酒》《明堂赋》《早发白帝城》等多首。<br>
    <imgsrc = "pic1.PNG" width = "350px" height = "250"><imgsrc = "pic2.PNG"  width
     = "350px" height = "250">
    <ul>
```

```
        <li><a href = "http://product.china-pub.com/4878243">李白求师</a></li>
        <li><a href = "http://product.china-pub.com/4639796">诗人李白</a></li>
        <li><a href = "http://product.china-pub.com/6876612">经典少年游·李白</a></li>
    </ul>
</body>
</html>
```

用浏览器打开这个文件。如图 9-3 所示。

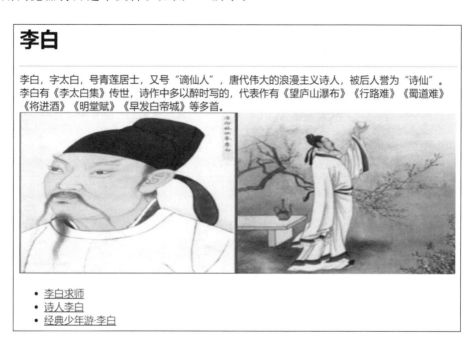

图 9-3　例 9-2 效果图

9.1.3　层叠样式表

层叠样式表(Casading Style Sheets,CSS)为 HTML 标记语言提供了一种描述样式的方法,定义了其中元素的显示方式。CSS 提供了丰富的文档样式外观,以及设置文本和背景属性的能力;允许为任何元素创建边框,以及元素边框与其他元素间的距离,以及元素边框与元素内容间的距离;允许随意改变文本的大小写方式、修饰方式以及其他页面效果。

CSS 通常由选择器和声明两部分组成,它的语法格式如下。

选择器{属性名 1:属性值 1;属性名 2:属性值 2;…;属性名 n:属性值 n}

属性的名字是一个合法的标识符,它们是 CSS 语法中的关键字。一种属性规定了格式修饰的一个方面。例如,color 是文本的颜色属性,而 text-indent 则规定了段落的缩进。

下面的例子中,p 是选择符,$\{color:red;font-size:12px;font-weight:bold;\}$ 是声明,表示把段落文本设置成红色,12 像素大小,粗体。

$p\{color:red;font-size:12px;font-weight:bold;\}$

如表 9-2 所示为文档添加样式通常使用的三种方式。

表 9-2　文档添加样式

行内样式	行内样式是写在特定的 HTML 标签的 style 属性里的。 <p style = "color:red;font-size:12px;">段落文本设置成红色,12 像素大小。</p>
嵌入样式	嵌入样式是放在 HTML 文档的 head 元素中。 <style type = "text/css"> 　　.stress{font-weight:bold;} 　　♯bigsizeid{font-size:25px;} </style>
链接样式	CSS 样式表可以单独存放在一个 CSS 文件中,这样我们就可以在多个页面中使用同一个 CSS 样式表。CSS 文件不属于任何页面文件,在任何页面文件中都可以将其引用。这样就可以实现多个页面风格的统一。 <link href = "style.css" rel = "stylesheet" type = "text/css">

如表 9-3 所示是 CSS 的常见属性。

表 9-3　CSS 的常见属性

	属性名	用　法
字体属性	font-size	定义字体的大小
	font-weight	定义字体的粗细
	font-style	定义字体风格,如设置斜体、倾斜等
	font-family	定义设置字体
文本属性	color	设置颜色
	word-space	英文单词之间的距离
	letter-space	字间距
	line-height	行间距
	text-decoration	设置文本的下划线,上划线,删除线等装饰效果
	text-align	设置文本内容的对齐方式,left:左对齐(默认值) right:右对齐 center:居中对齐
背景属性	background-color	设置背景颜色
	background-image	把图片设置为背景
	background-position	设置背景图片的起始位置
	background-repeat	设置背景图片如何重复

层叠就是对一个元素多次设置样式,这将使用最后一次设置的样式。例如,对一个站点中的多个页面使用了同一套 CSS 样式表,而某些页面中的某些元素想使用其他样式,就可以针对这些样式单独定义一个样式表应用到页面中。这些后来定义的样式将对前面的样式设置进行重写,在浏览器中看到的将是最后面设置的样式效果。

CLASS 属性允许向一组在 CLASS 属性上具有相同值的元素应用声明。BODY 内的所有元素都有 CLASS 属性。从本质上讲,可以使用 CLASS 属性来分类元素,在样式表中创建规则来引用 CLASS 属性的值,然后浏览器自动将这些属性应用到该组元素。类选择器以标志符".''开头,用于指示后面是哪种类型的选择器。

ID 属性的操作类似于 CLASS 属性,但有一点重要的不同之处:ID 属性的值在整篇文档中必须是唯一的。这使得 ID 属性可用于设置单个元素的样式规则。包含 ID 属性的选择器称为 ID 选择器。需要注意的是,ID 选择器的标志符是符号"♯"。

【例 9-3】 带 CSS 样式的服务器程序。

这个程序把包含 CSS 内容的字符串替换为例 9-1 中 return 后的字符串,其他不变,运行后打开浏览器,浏览器中显示这个字符串表示的网页。 在 HTML 中表示空格, 表示居中。如图 9-4 所示。

```
from flask import Flask
app = Flask(__name__)
@app.route("/")
def hello():
    return '''
<!DOCTYPE HTML>
<html>
<head>
<meta http-equiv="Content-Type" content="text/html;charset=utf-8">
<title>类和 ID 选择器的区别</title>
<style type="text/css">
    .stress{font-weight:bold;}
    .bigsize{font-size:25px;}
    #stressid{font-weight:bold;}
    #bigsizeid{font-size:25px;}
</style>
</head>
<body>
<center><h1>新型冠状病毒肺炎</h1></center>
    新型冠状病毒肺炎(Corona Virus Disease 2019,COVID-19),简
称"新冠肺炎",
```

世界卫生组织命名为"2019 冠状病毒病",是指 2019 新型冠状病毒感染导致的肺炎。\<br\>
    \<span id = "stressid"\>2020 年 2 月 11 日\</span\>,世界卫生组织总干事谭德塞在瑞士日内瓦宣布,将新型冠状病毒感染的肺炎命名为"COVID-19"。2 月 21 日,\<span class = "bigsize"\>国家卫生健康委\</span\>发布了关于修订新型冠状病毒肺炎英文命名事宜的通知,决定将"新型冠状病毒肺炎"英文名称修订为"COVID-19",与世界卫生组织命名保持一致,中文名称保持不变。\<span class = "stress"\>2020 年 8 月 18 日\</span\>,\<span id = "bigsizeid"\>国家卫健委\</span\>修订完成了新型冠状病毒肺炎诊疗方案。
\</body\>
\</html\>
'''

if __name__ == "__main__":
    app.run()

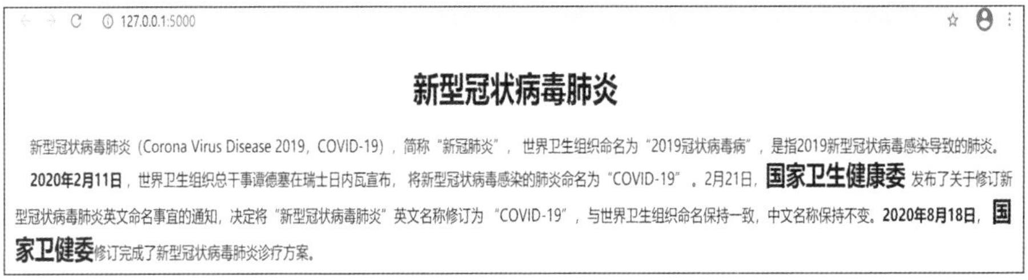

图 9-4　例 9-3 效果图

下面的语句定义了 CSS 样式:
\<style type = "text/css"\>
    .stress{font – weight : bold;}
    .bigsize{font – size : 25px;}
    #stressid{font – weight : bold;}
    #bigsizeid{font – size : 25px;}
\</style\>

把样式用到文本中:
\<span id = "stressid"\>2020 年 2 月 11 日\</span\>
\<span class = "stress"\>2020 年 8 月 18 日\</span\>
\<span class = "bigsize"\>国家卫生健康委\</span\>
\<span id = "bigsizeid"\>国家卫健委\</span\>

id 前用"#",class 前用".",效果一样,都是黑色。CSS 选择器的语法规则如表 9-4 所示。

表 9-4　CSS 选择器的语法规则

选择器	例　子	解　释
. class	. stress	选择 class＝stress 的所有节点
♯ id	♯ stressid	选择 id＝stressid 的所有节点
*	*	选择所有节点
element	span	选择所有 span 节点
element element	div p	选择 div 节点内部的所有 p 节点
element，element	div，p	选择所有 div 节点和所有 p 节点
element＞element	div＞p	选择父节点为 div 节点的所有 p 节点

在 HTML 文件中，所有的标签定义的内容都是节点，它们构成一棵 HTML DOM 树，如图 9-5 所示。

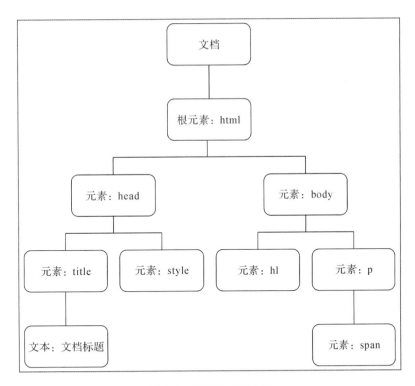

图 9-5　HTML DOM 树

树结构提供了一条路径，让你找到相应的元素。"p"节点是"body"节点的子节点，"head"节点是"title"节点的父节点。通过 XPATH 或 CSS 选择器来定位一个或多个节点，这在网络爬虫程序中非常有用。

9.2　Web 应用框架 Dash

Dash 是用于构建 Web 应用程序的高效 Python 框架，可以大大简化程序的开发。

Dash 是基于 Flask、Plotly.js 和 React.js 库实现的，是使用纯 Python 构建数据可视化应用程序的理想选择。它特别适合使用 Python 处理数据的人。它是低代码开发的有力工具。

Plotly 和 Dash 是同一个公司的产品，Dash 框架很容易集成 Plotly 产生的图形。Dash 生态有一系列模块，是对各种应用的包装。如表 9-5 所示

表 9-5　Dash 的模块

模块名	说　　明
dash	Web 应用框架
dash_core_components	html 各种组件的 Python 实现
dash_html_components	html 各种标签的 Python 实现
dash_bootstrap_components	bootstrap 前端框架的 Python 实现
dash_bio	生物信息模块
dash_table	表格处理模块
dash_cytoscape	社会网络模块

Dash 及相关模块是第三方模块，需要先安装才能使用，下面命令安装 dash 模块：
C:\>pip install dash

安装完成后，在交互式环境下使用 import dash 语句，如果没有错误提示，则说明安装成功。

dash_html_components 用模块名.标签名使用 html 标签，标签是模块的属性。

```
>>> import dash_html_components as html
>>> dir(html)
['A','Abbr','Acronym','Address','Area','Article','Aside','Audio','B','Base','Basefont',
'Bdi','Bdo','Big','Blink','Blockquote','Br','Button','Canvas','Caption','Center',
'Cite','Code','Col','Colgroup','Command','Content','Data','Datalist','Dd','Del',
'Details','Dfn','Dialog','Div','Dl','Dt','Element','Em','Embed','Fieldset',
'Figcaption','Figure','Font','Footer','Form','Frame','Frameset','H1','H2','H3','H4',
'H5','H6','Header','Hgroup','Hr','I','Iframe','Img','Ins','Isindex','Kbd','Keygen',
'Label','Legend','Li','Link','Listing','Main','MapEl','Mark','Marquee','Meta','Meter',
'Multicol','Nav','Nextid','Nobr','Noscript','ObjectEl','Ol','Optgroup','Option','Output',
```

```
'P','Param','Picture','Plaintext','Pre','Progress','Q','Rb','Rp','Rt','Rtc','Ruby','S',
'Samp','Script','Section','Select','Shadow','Slot','Small','Source','Spacer','Span',
'Strike','Strong','Sub','Summary','Sup','Table','Tbody','Td','Template','Textarea',
'Tfoot','Th','Thead','Time','Title','Tr','Track','U','Ul','Var','Video','Wbr','Xmp',
'_','__all__','__builtins__','__cached__','__doc__','__file__','__loader__','__name__',
'__package__','__path__','__spec__','__version__','_basepath','_component','_css_
dist','_current_path','_dash','_filepath','_imports_','_js_dist','_os','_sys','_
this_module','f','json','package','package_name']
```

下面程序代码：

```python
import dash_html_components as html
html.Div([
    html.H1('Hello Dash'),
    html.Div([
        html.P('Dash converts Python classes into HTML'),
        html.P("This conversion happens behind the scenes by Dash's JavaScript
        front-end")
    ])
])
```

转换成 html 语言程序代码：

```html
<div>
    <h1>Hello Dash</h1>
    <div>
        <p>Dash converts Python classes into HTML</p>
        <p>This conversion happens behind the scenes by Dash's JavaScript front-
        end</p>
    </div>
</div>
```

表示网页的一个区域，最外层的 div 区域是整个网页。标签的属性可以放在 style 字典中。

```python
import dash_html_components as html

html.Div([
    html.Div('Div 例子',style={'color':'red','fontSize':18}),
    html.P('P 标签例子',className='my-class',id='p-element')
],style={'marginBottom':15,'marginTop':45})
```

转换成 html 语言程序代码：

```
<div style = "margin - bottom:15px;margin - top:45px;">
    <div style = "color:red;font - size:18px">
        Div 例子
    </div>
    <p class = "my - class",id = "p - element">
        P 标签例子
    </p>
</div>
```

Dash 类的 HTML 属性和标签基本相同,但有几点区别,如表 9-6 所示。

表 9-6　HTML 属性和标签的几点区别

Dash 的 style 用字典表示
Dash 的属性名用骆驼式命名法。骆驼式命名法就是当变量名是由一个或多个单词连结在一起,第一个单词以小写字母开始;从第二个单词开始以后的每个单词的首字母都采用大写字母。font-size 就变成 fontSize
Dash 用 className 代替 HTML 中的 class
像素单位的样式属性仅提供数字,而不提供 px 单位

dash_core_components 模块有 Graph 方法和属性,可以集成用 Plotly 模块产生的图形:
```
>>> import dash_core_components as dcc
>>> dir(dcc)
[' Checklist ', ' ConfirmDialog ', ' ConfirmDialogProvider ', ' DatePickerRange ',
'DatePickerSingle','Dropdown','Graph','Input','Interval','Link','Loading',
'Location','LogoutButton','Markdown','RadioItems','RangeSlider','Slider','Store',
'Tab','Tabs','Textarea','Upload','_','__all__','__builtins__','__cached__','__doc__',
'__file__','__loader__','__name__','__package__','__path__','__spec__','__version__',
'_basepath','_component','_current_path','_dash','_filepath','_imports_','_js_dist','_os',
'_sys','_this_module','async_resources','f','json','package','package_name']
```

【例 9-4】 Dash 服务器程序,产生一些国家新冠肺炎地理分布图。

bWLwgP.css 是 Dash 模块自带的缺省 CSS 样式文件。放在 assets 目录中,assets 目录与程序文件 9 - 4.py 在同一目录中,如图 9-6 所示。目录名和位置不能错。

app = dash.Dash(__name__,external_stylesheets = external_stylesheets)创建一个 Dash 应用框架。

dcc.Markdown 是表示参数用 Markdown 格式书写。

dcc.Graph 的参数是用 Plotly 生成的图形。

```
∨ assets
    # bootstrap.min.css
    ▣ covid19.jpg
 🐍 9-4.py
 ▦ COVID_19.csv
```

图 9-6　目录

children 作为位置参数时始终是第一个参数,可省略。

它与第 7 章的例子不同,这是一个服务器程序,通过网址访问。

app.layout = html.Div([...])表示应用 App 的页面布局,每个参数代表一行,共 4 行。

```python
import dash
import dash_core_components as dcc
import dash_html_components as html
import plotly.express as px
import pandas as pd


external_stylesheets = ['bWLwgP.css']
app = dash.Dash(__name__,external_stylesheets = external_stylesheets)


data = pd.read_csv("covid_19.csv")
fig = px.scatter_geo(data,
                     locations = "Country",locationmode = "country names",
                     color_discrete_sequence = px.colors.qualitative.Light24,
                     color = "Country",size = "Cumulative_deaths",
                     hover_data = ["Cumulative_cases"],hover_name = "Country"
                     )
fig.update_layout(height = 450)
app.layout = html.Div([
    html.H1(children = '新型冠状病毒肺炎',style = {'textAlign':'center'}),
    dcc.Markdown(children = """新型冠状病毒肺炎(Corona Virus Disease 2019,
                 COVID-19),简称"新冠肺炎",世界卫生组织命名为"2019 冠
                 状病毒病",是指 2019 新型冠状病毒感染导致的肺炎。"""),
    dcc.Graph(figure = fig),
    dcc.Markdown(children = "相关数据可以从[世界卫生组织获得]   \
                 (https://covid19.who.int/info)",
             style = {'textAlign':'center'}
                 )
])
if __name__ == '__main__':
    app.run_server()
```

运行程序后显示:

* Running on http://127.0.0.1:8050/(Press CTRL + C to quit)

它的默认服务器端口为 8050,IP 地址为 127.0.0.1(代表本机,访问时也可以使用 localhost 表示),通过 Ctrl+ C 组合键退出服务器。127.0.0.1:8050/是这个程序的根目录,其他目录以这个目录为基准。

在浏览器 URL 输入：http：//127.0.0.1：8050(完整的地址是 http：//127.0.0.1：8050/，最后一个"/"可不写)，通过 http 协议把这个地址传给服务器程序。上面的服务器程序产生网页。

在 WWW 上，每一信息资源都有统一的且在网上有唯一的地址，该地址就叫 URL(Uniform Resource Locator，统一资源定位符)，它是 WWW 的统一资源定位标志，就是指网络地址。URL 的一般语法格式为(带方括号[]的为可选项)：

protocol：// hostname[：port] / path / [；parameters][? query]♯fragment，如：http：//127.0.0.1：8050/，举例说明如表 9-7 所示。

表 9-7　举例说明

名　称	举　例
protocol(协议)	http
hostname(主机名)	127.0.0.1，表示本机地址
port(端口号)	8050
path(路径)	/

绝对 URL(absolute URL)显示文件的完整路径，这意味着绝对 URL 本身所在的位置与被引用的实际文件的位置无关。

相对 URL(relative URL)以包含程序本身的文件夹位置为参考点，描述目标文件夹的位置，例 9-5以 9－5.py 为参考点。如果目标文件与当前页面(也就是包含 URL 的页面)在同一个目录，那么这个文件的相对 URL 仅仅是文件名和扩展名，如果目标文件在当前目录的子目录中，那么它的相对 URL 是子目录名，后面是斜杠，然后是目标文件的文件名和扩展名。

如果要引用文件层次结构中更高层目录中的文件，那么使用两个句点和一条斜杠。可以组合和重复使用两个句点和一条斜杠，从而引用当前文件所在的硬盘上的任何文件，一般来说，对于同一服务器上的文件，应该使用相对 URL，它们更容易输入，而且在将页面从本地系统转移到服务器上时更方便，只要每个文件的相对位置保持不变，链接就仍然是有效的。

dash_bootstrap_components 是用于 Plotly Dash 的 Bootstrap 组件库，它使编写复杂的响应式布局的应用程序变得更加容易。

网页布局是网页的整体框架，不是某个元素的具体设计。我们用 dash_bootstrap_components 模块编写网页布局。

```
>>> import dash_bootstrap_components as dbc
>>> dir(dbc)
['Alert','Badge','Button','ButtonGroup','Card','CardBody','CardColumns','CardDeck',
'CardFooter',' CardGroup ',' CardHeader ',' CardImg ',' CardImgOverlay ',' CardLink ',
'CardSubtitle','CardText','CardTitle','Checkbox','Checklist','Col','Collapse',
'Container','DatePickerRange','DatePickerSingle','DropdownMenu','DropdownMenuItem',
'Fade',' Form ',' FormFeedback ',' FormGroup ',' FormText ',' Input ',' InputGroup ',
'InputGroupAddon','InputGroupText','Jumbotron','Label','ListGroup','ListGroupItem',
'ListGroupItemHeading','ListGroupItemText','METADATA_PATH','Modal','ModalBody',
'ModalFooter','ModalHeader','Nav','NavItem','NavLink','Navbar','NavbarBrand',
'NavbarSimple','NavbarToggler','Popover','PopoverBody','PopoverHeader','Progress',
'RadioButton','RadioItems','Row','Select','Spinner','Tab','Table','Tabs','Textarea',
'Toast','Tooltip','__builtins__','__cached__','__doc__','__file__','__loader__','__
name__','__package__','__path__','__spec__','__version__','_component','_component_
name','_components','_css_dist','_current_path','_generate_table_from_df','_js_
dist','_table','os','sys','themes']
```

图 9-8 的网页布局共有 3 行。第二行有两列,第二行第一列又有两行。

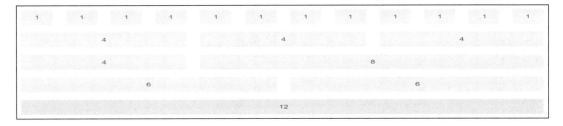

图 9-7　bootstrap 栅格模型

分成三行的语法模板如下。

app. layout = html.Div(children=[第一行,第二行,第 3 行])

bootstrap 把屏幕一行分为 12 等分,md=4 表示用 4 等分表示设计的 1 列,如图 9-7 的第二行。图 9-7 的第二行把一行分成 3 列。

dbc. Row 内的元素表示同一行,dbc. Col 表示一行的某一列。第二行有两列的语法模板如下:

secondline = dbc. Container([dbc. Row(children = [dbc. Col(..., md = 3), dbc. Col(..., md = 9)])])

一行中每列构成一个盒子,如图 9-9 所示。可用盒子模型设计每个盒子中的元素。如设置盒子模型的 margin_top 参数是 15px,它的语法模板是 style = {'marginTop': 15}。盒子模型的详细介绍请参考有关资料。

图 9-8 【例 9-5】效果图

【例 9-5】 产生如图 9-8 布局的服务器程序。

```
import dash
import dash_core_components as dcc
import dash_html_components as html
import dash_bootstrap_components as dbc
import plotly.express as px
import pandas as pd
#bootstrap.min.css 是 bootstrap 的 CSS 文件,放在 assets 目录下
external_stylesheets = ['bootstrap.min.css']
app = dash.Dash(__name__,external_stylesheets = external_stylesheets)
#covid19.jpg 是新冠病毒图片文件,windows 下目录也用/表示
pic = '/assets/covid19.jpg'
data = pd.read_csv("covid_19.csv")    #covid_19.csv 是新冠病毒数据文件
fig = px.scatter_geo(data,
                     locations = "Country",locationmode = "country names",
                     color_discrete_sequence = px.colors.qualitative.Light24,
                     color = "Country",size = "Cumulative_deaths",
                     hover_data = ["Cumulative_cases"],hover_name = "Country")

secondline = dbc.Container([dbc.Row
                     (children = [dbc.Col([html.Br(),
                           html.H4("""新型冠状病毒肺炎
                                 简称"新冠肺炎",世界卫生组织
                                 命名为"2019 冠状病毒病",是指
                                 2019 新型冠状病毒感染导致的肺
                                 炎。"""),
                           html.Img(src = pic,height = "130px",
                                 style = {'marginTop': 15}),
                           ],md = 3
                          ),
                           dbc.Col(html.Div(dcc.Graph(figure = fig))
                                 ,md = 9)
```

```
                                    ]
                                )
                            ])
app.layout = html.Div(children = [
    html.H1(children = '新型冠状病毒肺炎',      #第一行
            style = {"textAlign":"center",'marginTop': 15}),
    secondline,     #第二行
    dcc.Markdown(children = '''相关数据可以从[世界卫生组织获得]
                                (https://covid19.who.int/info)''',
                style = {'textAlign':'center','fontSize': 20}),
])
if __name__ == '__main__':
    app.run_server()
```

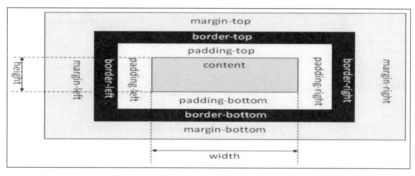

图 9-9　盒子模型

Web 应用程序开发主要包含两部分内容:网页布局设计和输入输出设计。

dash.dependencies 模块的"Input"和"Output"负责 web 程序的输入和输出。

```
>>> import dash
>>> dir(dash.dependencies)
['ALL','ALLSMALLER','ClientsideFunction','DashDependency','Input','MATCH','Output
','State','_Wildcard','__builtins__','__cached__','__doc__','__file__','__loader__','
__name__','__package__','__spec__','extract_callback_args','handle_callback_args',
'json','validate_callback']
```

【例 9-6】　从浏览器输入两个正整数,求它们的和。

这个程序运行分三个过程:输入、处理和输出,如表 9-8 所示。

表 9-8　程序运行过程

输入	dcc.Input(id = 'my - input1',value = '0',type = 'text')中 Input 是一个组件,用于输入。value = '0'表示初值是'0',type = 'text'表示类型是字符串。这一语句相当于 Python 的如下语句: my_input1 = '0' my_input1 = input()

续表

处理	@app.callback(Output('my‑output',component_property = 'children'), 　　　　　Input('my‑input1',component_property = 'value'), 　　　　　Input('my‑input2',component_property = 'value')) def update_output_div(value1,value2): 　　　return '和等于:{}'.format(int(value1) + int(value2)) 输入值传给回调函数 update_output_div。@app.callback 是装饰器,说明 update_output_div 是回调函数。 @app.callback(Output(…),Input(…),Input(…))中 Input 是输入值,作为实参传给 update_ output_div 的形参 value1 和 value2,Output 是输出值,my-output 标识符接受函数的返回值。 相当于 Python 的如下语句。 value1 = my‑input1 value2 = my‑input2 my‑output = '和等于:{}'.format(int(value1) + int(value2))
输出	html.Div(id = 'my‑output')

下面是完整程序:

```
import dash
import dash_core_components as dcc
import dash_html_components as html
from dash.dependencies import Input,Output


external_stylesheets = ['https://codepen.io/chriddyp/pen/bWLwgP.css']
app = dash.Dash(__name__,external_stylesheets = external_stylesheets)
app.layout = html.Div([
    html.H2("输入两个正整数求和",style = {"textAlign":"center"}),
    html.Div(["被加的数:",
            dcc.Input(id = 'my‑input1',value = '0',type = 'text')]),
    html.Div(["加上的数:",
            dcc.Input(id = 'my‑input2',value = '0',type = 'text')]),
    html.Br(),
    html.Div(id = 'my‑output'),
])
@app.callback(Output('my‑output',component_property = 'children'),
            Input('my‑input1',component_property = 'value'),
            Input('my‑input2',component_property = 'value'))
def update_output_div(value1,value2):
    return '和等于:{}'.format(int(value1) + int(value2))


if __name__ == '__main__':
    app.run_server()
```

打开浏览器,输入网址:127.0.0.1:8050,浏览器显示如图 9-10 所示。

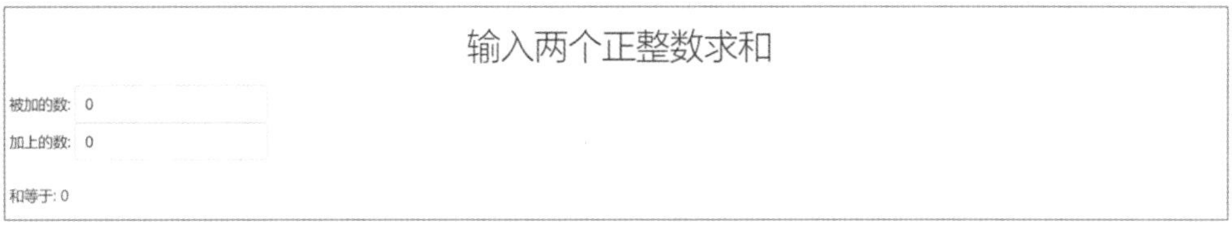

输入两个正整数求和

被加的数:　0

加上的数:　0

和等于:0

图 9-10　例 9-6 运行界面(一)

输入 7 和 45,浏览器显示如图 9-11 所示。

输入两个正整数求和

被加的数:　7

加上的数:　45

和等于:52

图 9-11　例 9-6 运行界面(二)

【例 9-7】　用 Plotly 生成的图,图中的输入输出操作不变。

图 9-12 中年份按钮是 Plotly 产生的,在用 Dash 模块编写的 Web 应用程序中可以正常使用。

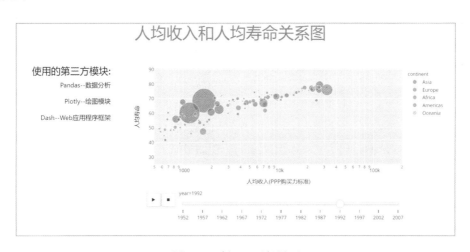

图 9-12　例 9-7 运行界面

下面是完整的程序:

```
import dash
import dash_core_components as dcc
import dash_html_components as html
import dash_bootstrap_components as dbc
import pandas as pd
import plotly.express as px

dataset = px.data.gapminder()
fig = px.scatter(
        dataset,x = "gdpPercap",y = "lifeExp",animation_frame = "year",
        animation_group = "country",size = "pop",color = "continent",
        hover_name = "country",log_x = True,size_max = 45,
        range_x = [500,200000],range_y = [25,90],
        labels = dict(gdpPercap = "人均收入(PPP 购买力标准)",lifeExp = "人均寿命")
        )


external_stylesheets = ['bootstrap.min.css']
app = dash.Dash(__name__,external_stylesheets = external_stylesheets)


secondline = dbc.Container([dbc.Row
                        (children = [dbc.Col(
                                [html.Br([]),html.Br([]),
                                html.H4('使用的第三方模块:'),
                                html.P('Pandas--数据分析'),
                                html.P('Plotly--绘图模块'),
                                html.P('Dash--Web 应用程序框架')
                                ],
                                md = 3,style = {'textAlign':'right'}),
                            dbc.Col(html.Div(dcc.Graph(figure = fig)),
                                md = 9),
                        ]
                    )
                ])
# 'color':"grey"代表灰色
app.layout = html.Div(children = [html.H1(children = '人均收入和人均寿命关系图',
                    style = {'textAlign':'center','color':"grey" }),
                    secondline])
app.run_server()
```

导航条是实现网页和用户交互的常用组件。dash_bootstrap_components 模块的 Nav 子模块实现了导航条功能。

运行例9-8程序,打开浏览器,输入网址:127.0.0.1:8050,浏览器显示如图9-13所示。

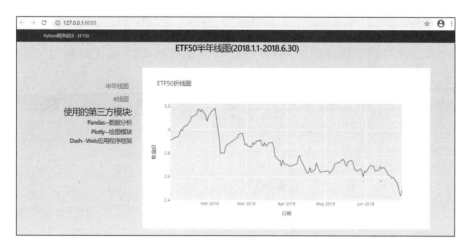

图9-13 半年线图

Python 程序设计-ETF50 是水平导航条,会打开网页:

https://dash-bootstrap-components.opensource.faculty.ai

```
dbc.NavbarSimple(brand = "Python 程序设计--EFT50",color = "dark",     #底色是黑色
                 dark = True,        #文字与底色相反显示
                 brand_href = https://dash-bootstrap-components.opensource.
                 faculty.ai
                 ,sticky = "top")
```

上面这条语句实现了水平导航条。

半年线图和 K 线图是两个导航项目,是垂直显示。点击"半年线图",返回网址"/",即根目录。点击"K 线图",返回网址"/candle"。

```
dbc.Nav([dbc.NavLink(html.H3("半年线图"),href = "/",active = "exact"),
        dbc.NavLink(html.H3("K 线图"),href = "/candle",active = "exact"),
        ],vertical = "md",  #vertical = "md"表示导航垂直显示
     )
```

dcc.Location(id = "url")接受输入的网址,回调函数 render_page_content 根据输入网址执行不同的操作。

网址是"/",调用 line()函数,画半年线。网址是"/candle",调用 candle()函数,画 K 线图。

```
@app.callback(Output("page-content","figure"),[Input("url","pathname")])
def render_page_content(pathname):
    if pathname == "/":
        return line()
    else:
        return candle()
```

点击"K线图",浏览器显示如图 9-14 所示,注意网址:127.0.0.1:8050/candle。

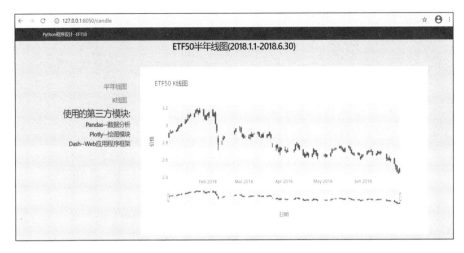

图 9-14　K 线图

【例 9-8】　绘制上证 50 指数半年线图和 K 线图(2018.1.1—2018.6.30)。

下面是完整的程序:

```
import dash
import dash_core_components as dcc
import dash_html_components as html
import dash_bootstrap_components as dbc
from draw import line,candle
from dash.dependencies import Input,Output

external_stylesheets = ['bootstrap.min.css','bWLwgP.css']    #使用多个 CSS 文件
app = dash.Dash(__name__,external_stylesheets = external_stylesheets)

first = dbc.NavbarSimple(
        brand = "Python 程序设计--EFT50",color = "dark",     #底色是黑色
        dark = True,    #文字与底色相反显示
        brand_href = "https://etf50.pythonanywhere.com/",
        sticky = "top"
        )
```

```
second = html.H1(children = 'ETF50 半年线图(2018.1.1 - 2018.6.30)',
                     style = {"textAlign":"center","color":"black"})
third = dbc.Container(
            [dbc.Row(
                [dbc.Col([html.Br([]),html.Br([]),#空行
                        dbc.Nav([dbc.NavLink(html.H3("半年线图"),href = "/",\
                                        active = "exact"),
                            dbc.NavLink(html.H3("K 线图"),href = "/candle",\
                                        active = "exact"),
                            ],vertical = "md", #vertical = "md"表示导航垂直显示
                        ),
                        html.H1('使用的第三方模块']'),
                        html.H3('Pandas - - 数据分析'),
                        html.H3('Plotly - - 绘图模块'),
                        html.H3('Dash - - Web 应用程序框架')
                        ],md = 3,style = {"textAlign":'right'}),
                    dbc.Col(dcc.Graph(id = 'page - content'),md = 9)],
                )
            ]
        )


@app.callback(Output("page - content","figure"),[Input("url","pathname")])
def render_page_content(pathname]
    if pathname == "/"]
        return line()
    else']
        return candle()


app.layout = html.Div([dcc.Location(id = "url"),first,
                    second,html.Br([]),html.Br([]),
                    third,html.Br([]),html.Br([])
                    ],
                    style = {"background - color"]"E0E0E0"})    #背景是灰色
app.run_server()
```

draw 模块用 plotly 画半年线和 K 线图：

```
import pandas as pd
import plotly.graph_objects as go
import plotly.express as px
etf = pd.read_csv("etf50.csv")
def candle():    # 日 K 线图
    fig = go.Figure(data = [go.Candlestick(x = etf["date"],open = etf["open"],
                                high = etf["high"],
                                low = etf["low"],close = etf["close"],
                                increasing_line_color = 'red',decreasing_line_color =
                                'green')])
    fig.update_layout(title = 'ETF50 K 线图',yaxis_title = '价格',xaxis_title = '日
                    期')
    return fig
def line()    # 半年线图
    fig = px.line(etf,x = "date",y = "close",title = 'ETF50 折线图',
                labels = {"date"]"日期","close"]"收盘价"})    # 修改显示的列名
    return fig
```

下面 3 个模块的详细内容请查看相对应的网站：

plotly 模块	https://plotly.com/python/
dash 模块	https://dash.plotly.com/
dash_bootstrap_components	https://dash-bootstrap-components.opensource.faculty.ai

9.3　面向公众的服务器上部署 Web 应用程序

在本地完成测试后，可以把网络应用程序部署到公共服务器上，又称公有云。Pythonanywhere 是一个免费的公共服务器，它为初学者提供账户以免费运行单个网络应用，特别适合部署 Python 的 Web 应用程序。输入网址：https://www.pythonanywhere.com/，就可以开始部署 Web 应用程序。

9.3.1　在服务器创建极简 Web 应用程序

步骤 1：选择 Pricing&signup，免费注册 Beginner account 账户。
步骤 2：用 login 登录，输入刚才创建的用户名和密码登录。etf50 是用户名。

图 9-15　Pythonanywhere 主界面

步骤 3:用 Flask 创建最简 Web 应用程序,如表 9-9 所示。

表 9-9　创建最简 Web 应用程序

在图 9-15 `Dashboard Consoles Files Web Tasks Databases` 中选择 Web

在出现的网页中,选择 `⊕ Add a new web app`

接着选择 `Next »`

选择 Flask 框架 `» Django » web2py » Flask » Bottle » Manual configuration (including virtualenvs)`

选择 Python 3.7 `» Python 3.7 (Flask 1.0.2)`,继续选择 `Next »` 就建好了极简网站。

打开浏览器,输入域名:etf50.pythonanywhere.com,浏览器会显示:Hello from Flask!。

免费网站功能有时会变化。如没有显示,则到 Web 标签页,单击 Reload etf50.pythonanywhere.com 按钮,启动 Web 应用程序。

9.3.2　发送程序到服务器

在 `Dashboard Consoles Files Web Tasks Databases` 框中选择 Files,显示网站的文件结构,如图 9-16 所示。

图 9-16　系统创建的文件和目录

图 9-16 的文件和目录在创建网站时系统自动生成。编写的程序和相关文件放在 mysite 目录下。点击"mysite"目录,屏幕显示如图 9-17 所示。flask_app.py 是系统用 Flask 创建的 Web 应用程序。

图 9-17　Web 应用程序 flask_app.py

用 New directory 创建目录,用 Upload a file 上传文件到云端。增加 assets 目录和一些文件。

assets 目录下有文件 bootstrap.min.css 和 bWLwgP.css。这也可以从 linux 终端看到。如图 9-18 所示。

图 9-18　新建的目录和上传的文件

点击"flask_app.py"文件,修改云端程序。

【例 9-9】 绘制上证 ETF50 指数图的云端程序。

由于 Pythonanywhere 云平台没有 dash 框架,因此必须先用 flask 框架创建一个应用 app。可用下面语句:app = flask.Flask(__name__)实现这个功能。

然后把 dash 创建的应用 app1 加到 app 应用程序中:

```
app1 = dash.Dash(__name__,server = app,routes_pathname_prefix = '/',
              external_stylesheets = external_stylesheets)
```

参数 server = app 表示 app1 使用 app 创建的服务。

参数 routes_pathname_prefix = '/'表示浏览器网址输入域名,app1 就执行,即输入 etf50. pythonanywhere. com 就执行。参数如改成 routes_pathname_prefix = '/example',则输入 etf50. pythonanywhere. com/example 才执行。

下面是 flask_app. py 的完整程序:

```
#! /usr/bin/python
# - * - coding: UTF - 8 - * -

import flask
import dash
import dash_core_components as dcc
import dash_html_components as html
import dash_bootstrap_components as dbc

from draw import line,candle
from dash. dependencies import Input,Output
external_stylesheets = ['bootstrap.min.css','bWLwgP.css']    #使用多个 CSS 文件

app = flask.Flask(__name__)     #创建 flask 应用
#在 flask 的 app 上创建 dash 的应用程序 app1,用这个参数 server = app 标明
app1 = dash.Dash(__name__,server = app,routes_pathname_prefix = '/',
              external_stylesheets = external_stylesheets)

first = dbc. NavbarSimple(
        brand = "Python 程序设计 - - EFT50",color = "dark",    #底色是黑色
        dark = True,    #文字与底色相反显示
        brand_href = "https ://dash - bootstrap - components. opensource. faculty. ai",
        sticky = "top")

second = html. H1(children = 'ETF50 半年线图(2018.1.1 - 2018.6.30)',
              style = {'textAlign':'center','color':"black"})
third = dbc. Container(
        [dbc. Row([dbc. Col
              ([html. Br([]),html. Br([]),    #空行
                dbc. Nav([dbc. NavLink(html. H3("半年线图"),href = "/",
                                  active = "exact"),
```

```
                              dbc.NavLink(html.H3("K 线图"),href = "/candle",
                                          active = "exact"),
                            ],vertical = "md",  #vertical = "md"表示导航垂直显示
                        ),
                    html.H1('使用的第三方模块:'),
                    html.H3('Pandas－－数据分析'),
                    html.H3('Plotly－－绘图模块'),
                    html.H3('Dash－－Web 应用程序框架')
                ],md = 3,style = {'textAlign':'right'}),
                dbc.Col(dcc.Graph(id = 'page－content'),md = 9)],
            )
        ])


@app1.callback(Output("page－content","figure"),[Input("url","pathname")])
def render_page_content(pathname):
    if pathname == "/":
        return line()
    else:
        return candle()


app1.layout = html.Div([dcc.Location(id = "url"),first,
                    second,html.Br([]),html.Br([]),
                    third,html.Br([]),html.Br([])],
                    style = {"background－color":"E0E0E0"})     #背景是灰色
if __name__ == '__main__':     #执行 flask 应用程序
    app.run()
```

请特别注意,draw.py 程序读文件用绝对地址,如 pd.read_csv("/home/etf50/mysite/etf50.csv")。

下面是 draw.py 的完整程序:

```
import pandas as pd
import plotly.graph_objects as go
import plotly.express as px


#用绝对地址"/home/etf50/mysite/etf50.csv"
etf = pd.read_csv("/home/etf50/mysite/etf50.csv")
```

```
def candle():    ♯日 K 线图
    fig = go.Figure(data = [go.Candlestick(x = etf["date"],open = etf["open"],
                           high = etf["high"],
                           low = etf["low"],close = etf["close"],
                           increasing_line_color = 'red',decreasing_line_color =
                           'green')])
    fig.update_layout(title = 'ETF50 K 线图',yaxis_title = '价格',xaxis_title = '日期')
    return fig


def line():    ♯半年线图
    fig = px.line(etf,x = "date",y = "close",title = 'ETF50 折线图',
                  labels = {"date":"日期","close":"收盘价"})♯修改显示的列名
    return fig
```

9.3.3　云端安装第三方模块和启动应用程序

在边框 `Dashboard Consoles Files Web Tasks Databases` 中选择 Consoles,再选择 Bash,进入 linux 命令行界面。如图 9-19 所示。

用 Bash 界面安装第三方的 Python 模块。安装 dash 模块,命令是 pip3.7 install －－user dash。命令中 pip3.7 表示使用 python3.7 版本,－－user 选项表示这个模块只是 etf50 这个用户使用。

pip3.7 install －－user dash_bootstrap_components 命令安装 dash_bootstrap_components 模块。

pip3.7 install －－user －－upgrade plotly 命令升级 plotly 模块到最新版本。

其他需要的模块可用同样方法安装。

图 9-19　云端模块安装

linux 有各种字符表示目录，"/"表示根目录，"."表示当前目录，".."表示上级目录，"～"表示 home 目录。

表 9-10 是 linux 的一些常用命令。

表 9-10　linux 的常用命令

ls	列文件和目录
cd	改变目录
pwd	显示当前目录路径
mkdir	创建目录
rmdir	删除目录
cp	文件拷贝
cat	显示文件内容

下面用 linux 命令查看创建的目录和新加的文件：

13：49 ～/mysite $ ls

__pycache__ assets draw.py etf50.csv flask_app.py

13：50 ～/mysite $ cd assets

13：50 ～/mysite/assets $ ls

bWLwgP.css bootstrap.min.css

13：50 ～/mysite/assets $ cd..

13：51 ～/mysite $ cat etf50.csv

date,open,high,close,low,volume,price_change,p_change,ma5,ma10,ma20,v_ma5,v_ma10,v_ma20

2018－06－29,2.45,2.5,2.49,2.45,5735634.5,0.05,2.05,2.492,2.555,2.616,6058098.6,5935506.5,5006421.05

2018－06－28,2.45,2.48,2.44,2.43,4680164.0,－0.03,－1.22,2.514,2.574,2.624,5935.8,5865536.95,4976609.78

2018－06－27,2.52,2.53,2.46,2.45,7526618.5,－0.06,－2.38,2.544,2.597,2.632,6232937.3,57157.8,5047198.95

2018－06－26,2.54,2.54,2.52,2.48,6896945.5,－0.03,－1.18,2.574,2.62,2.641,5674436.2,54592.75,4934872.1

2018－06－25,2.61,2.61,2.55,2.55,5451130.5,－0.05,－1.92,2.592,2.634,2.649,6029264.3,5147.68,4857484.75

。。。。。。

2018－01－02,2.86,2.91,2.91,2.86,4776970.0,0.05,1.75,2.87,2.875,2.868,5108968.2,4969266.33,5051746.58

。。。。。。　～at,6058098.6,5935506.5,5006421.052018－06－28,2.45

图 9-19 右上角的"≡"按钮可以实现在 Console、Files 和 Web 三个页面的切换。

最后一步是运行你的 Web 应用程序。回到 Web 标签页，单击"Reload etf50. pythonanywhere.com"按钮，启动 Web 应用程序。如图 9-20 所示。

请特别注意，对网站程序的任何修改，都必须重新单击"Reload etf50. pythonanywhere. com"按钮，才能有效。

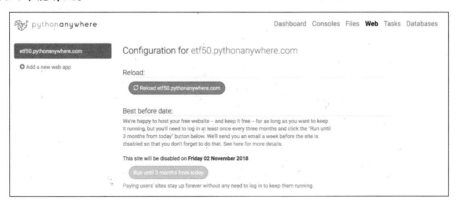

图 9-20　启动 Web 应用程序

点击"log files"按钮后，检查 log files 中的 Error log，看是否有 Error。如图 9-21 所示。

图 9-21　日志文件

如果一切正常，打开一个浏览器的窗口，在地址栏中输入 http://etf50. pythonanywhere. com/就可以看到自己做的网站了，显示效果和操作方式与例 9-8 一样。

如果不需要这个 Web App 了，可以删除。Pythonanywhere 是 Python 官方网站推荐的云平台，它还有许多新的功能，读者可以自己去探索。

9.4　网络爬虫

随着网络的迅速发展，万维网成为大量信息的载体，如何有效地提取并利用这些信息成为一个巨大的挑战。Python 有一个非常著名的 HTTP 库——requests，现在 requests 库的作者又发布了一个新库，叫做 requests-html，新的库把网页抓取和信息提取两个功能合二为一了。

requests-html 模块主要功能如表 9-11 所示。

表 9-11　requests-html 模块主要功能

jQuery 风格的 CSS 选择器
XPath 选择器
如同真正的网络浏览器一样模拟用户代理
自动跟踪重定向
连接池和 cookie 持久化
完全支持 JavaScript
支持 Async 方式

安装 requests-html 非常简单,一行命令即可做到。需要注意的一点就是,requests-html 只支持 Python 3.6 及以上版本。

```
C:\>pip install requests-html
```

9.4.1　获取网页

【例 9-10】　获取"https://python.org/"网页的链接,输出其中的 10 个链接。

程序代码:

```
from requests_html import HTMLSession
session = HTMLSession()  #建立会话
r = session.get('https://docs.python.org/3.7')     #获取网页
for url in list(r.html.absolute_links)[:10]:     #取 10 个链接,用绝对路径表示
    print(url)
```

运行程序,输出 10 个链接:

```
https://docs.python.org/3.10/
https://docs.python.org/3.7/tutorial/index.html
https://docs.python.org/3.7/search.html
https://docs.python.org/3.7/distributing/index.html
https://docs.python.org/3.7/installing/index.html
https://docs.python.org/3.7/reference/index.html
https://docs.python.org/3.7/copyright.html
https://devguide.python.org/
https://docs.python.org/3.7/whatsnew/index.html
https://docs.python.org/3.7/extending/index.html
```

r 是一个对象,它的方法可通过 dir()函数获取,我们使用 r.html 方法获取网页内容。

```
>>> dir(r)
['__attrs__','__bool__','__class__','__delattr__','__dict__','__dir__','__doc__','__
enter__','__eq__','__exit__','__format__','__ge__','__getattribute__','__getstate__',
'__gt__','__hash__','__init__','__init_subclass__','__iter__','__le__','__lt__','__
module__','__ne__','__new__','__nonzero__','__reduce__','__reduce_ex__','__repr__','_
_setattr__','__setstate__','__sizeof__','__str__','__subclasshook__','__weakref__',
'_content','_content_consumed','_from_response','_html','_next','apparent_
encoding','close','connection','content','cookies','elapsed','encoding','headers',
'history','html','is_permanent_redirect','is_redirect','iter_content','iter_lines
','json','links','next','ok','raise_for_status','raw','reason','request','session',
'status_code','text','url']
```

r. html 也是一个对象,它的方法也可通过 dir()函数知道。

```
>>> dir(r.html)
['__class__','__delattr__','__dict__','__dir__','__doc__','__eq__','__format__','__ge
__','__getattribute__','__gt__','__hash__','__init__','__init_subclass__','__iter__',
'__le__','__lt__','__module__','__ne__','__new__','__next__','__reduce__','__reduce_
ex__','__repr__','__setattr__','__sizeof__','__str__','__subclasshook__','__weakref_
_','_encoding','_html','_lxml','_make_absolute','_next','_pq','absolute_links','add
_next_symbol','base_url','default_encoding','element','encoding','find','full_
text','html','links','lxml','next_symbol','page','pq','raw_html','render','search',
'search_all','session','skip_anchors','text','url','xpath']
```

9.4.2 分析网页元素

request-html 支持 CSS 选择器和 XPATH 两种语法来选取 HTML 元素。这里介绍 CSS 选择器。常用 CSS 选择器的语法格式如表 9-12 所示。

表 9-12 常用 CSS 选择器的语法格式

标签选择器,如 p	匹配所有标签为 p 的元素
id 选择器,如♯about	匹配所有 id 等于 about 的元素
类选择器,如. info	匹配所有 class 属性中包含 info 的元素
通用选择器,如 *	匹配所有元素
组合选择器,如 div,p	匹配所有 div 元素和所有 p 元素
后代选择器,如 div p	匹配所有 div 元素里面的 p 元素
子元素选择器,如 div>p	匹配所有 div 元素的下一代 p 元素
属性选择器,如[target]	匹配带有 target 属性的所有元素

后代选择器和子元素选择器是有区别的,如 nav ul 与 nav>ul 说明如下:
nav>ul 只选择 nav 下一级里面的 ul 元素。

nav ul 选择 nav 内所包含的所有 ul 元素。

选择器需要使用模块的 find() 函数实现，该函数有 5 个参数，作用如表 9-13 所示。

表 9-13　find() 函数的 5 个参数

selector，要用的 CSS 选择器
clean，布尔值，如果为真，会忽略 HTML 中 style 和 script 标签造成的影响
containing，如果设置该属性，会返回包含该属性文本的元素
first，布尔值，如果为真，会返回第一个元素，否则会返回满足条件的元素列表
_encoding，编码格式

```
>>> from requests_html import HTMLSession
>>> session = HTMLSession()
>>> r = session.get('https://www.python.org/psf-landing/')
>>> about = r.html.find('#about',first=True)      #找 id = about 的元素

>>> print(about.text)      #输出 about 元素的文本
About
Mission statement
Public records
PSF Workgroups
Annual Impact Report
Elections

>>> print(about.attrs)      #输出 about 元素的属性
{'id':'about','class':('tier-1','element-1'),'aria-haspopup':'true'}
>>> print(about.html)
<li id = "about" class = "tier-1 element-1" aria-haspopup = "true">
<a href = "/psf/about/" title = "" class = "">About</a>
<ul class = "subnav menu" role = "menu" aria-hidden = "true">
<li class = "tier-2 element-1" role = "treeitem"><a href = "/psf/mission/" title
 = "">Mission statement</a></li>
<li class = "tier-2 element-2" role = "treeitem"><a href = "/psf/records/" title
 = "">Public records</a></li>
<li class = "tier-2 element-3" role = "treeitem"><a href = "/psf/committees/" title
 = "">PSF Workgroups</a></li>
```

```
<li class = "tier‐2 element‐4" role = "treeitem"><a href = "/psf /annual‐report /
2020 /" title = "">Annual Impact Report </a></li>
<li class = "tier‐2 element‐5" role = "treeitem"><a href = "/nominations /elections /
" title = "">Elections </a></li>
</ul>
</li>
```

request-html 还有 HTML 方法，可以在不通过下载网页的情况下，直接分析符合 HTML 语法的字符串结构。

```
>>> dir(requests_html)
['AsyncHTMLSession', 'BaseParser', 'BaseSession', 'Cleaner', 'DEFAULT_ ENCODING',
'DEFAULT_NEXT_ SYMBOL', 'DEFAULT_ URL', 'DEFAULT_ USER_ AGENT', 'Element', 'HTML',
'HTMLResponse','HTMLSession', 'HtmlElement', 'List', 'MaxRetries', 'MutableMapping',
'Optional', 'PyQuery', 'Result', 'Set', 'ThreadPoolExecutor', 'TimeoutError', 'Union',
'UserAgent','_Attrs','_BaseHTML','_Containing','_DefaultEncoding','_Encoding','_
Find','_HTML','_LXML','_Links','_Next','_NextSymbol','_RawHTML','_Result','_Search
','_Text','_URL','_UserAgent','_XPath','__builtins__','__cached__','__doc__','__file
__','__loader__','__name__','__package__','__spec__','_get_first_or_list','asyncio',
'cleaner','etree','findall','html_to_unicode','lxml','lxml_html_tostring','parse_
search','partial','pyppeteer','requests','soup_parse','sys','urljoin','urlparse',
'urlunparse','user_agent','useragent']
```

下面是按照 HTML 语法写成的字符串，用选择器取各种元素。

```
<div class = "sidebar‐extra"><p>此 web 应用程序使用了以下 Python 第三方库:</p>
<ul><li>Plotly ‐‐ 数据可视化库</li><li>Pandas ‐‐ 数据处理及分析库</li>
    <li>Tushare ‐‐ 财经数据接口库</li><li>Flask ‐‐  Web 应用框架</li>
</ul>
</div>
```

要取上面元素，CSS 选择器为"div. sidebar-extra"，因为 sidebar-extra 是 class，所以用". "，返回值是一个列表。

'div. sidebar‐extra >p'选择器选择"<p>此 web 应用程序使用了以下 Python 第三方库:</p>"这个元素。

要获取元素的文本内容，用 text 属性；要获取元素的 attribute，用 attrs 属性。

【例 9-11】 获取 HTML 文本的元素和属性。

程序代码：

```python
from requests_html import HTML
doc = """<div class = "sidebar - extra"><p>此 web 应用程序使用了以下 Python 第三方
库:</p>
<ul>
                <li>Plotly －－ 数据可视化库</li>
                <li>Pandas －－ 数据处理及分析库</li>
                <li>Tushare －－ 财经数据接口库</li>
                <li>Flask －－   Web 应用框架</li>
</ul>
</div>"""
html = HTML(html = doc)
elements = html.find('div.sidebar - extra')
print(elements)
print("－－－－－－－－－－－－－－－－－－－－－－")
for element in elements:
    print(element.text)
    d = element.attrs     # 属性返回是字典
    print(d['class'])
print("－－－－－－－－－－－－－－－－－－－－－－")
eps = html.find('div.sidebar - extra>p')
print(eps)
for ep in eps:
    print(ep.text)
print("－－－－－－－－－－－－－－－－－－－－－－")
eus = html.find('div.sidebar - extra>ul')
print(eus)
for eu in eus:
    print(eu.text)
```

程序运行结果:

```
[<Element 'div' class = ('sidebar - extra',)>]
－－－－－－－－－－－－－－－－－－－－－
此 web 应用程序使用了以下 Python 第三方库:
Plotly －－ 数据可视化库
Pandas －－ 数据处理及分析库
Tushare －－ 财经数据接口库
```

```
Flask -- Web 应用框架
('sidebar-extra',)
----------------------------
[<Element 'p'>]
此 web 应用程序使用了以下 Python 第三方库:
----------------------------
[<Element 'ul'>]
Plotly -- 数据可视化库
Pandas -- 数据处理及分析库
Tushare -- 财经数据接口库
Flask -- Web 应用框架
```

【例 9-12】 教育部 2017—2018 年计算机科学与技术专业大学排名。

用 chrome 打开网页"https://www.dxsbb.com/news/7566.html",可看到教育部 2017—2018 年计算机科学与技术专业大学排名表。在 chrome 选择开发者工具,可看到如图 9-22 所示。

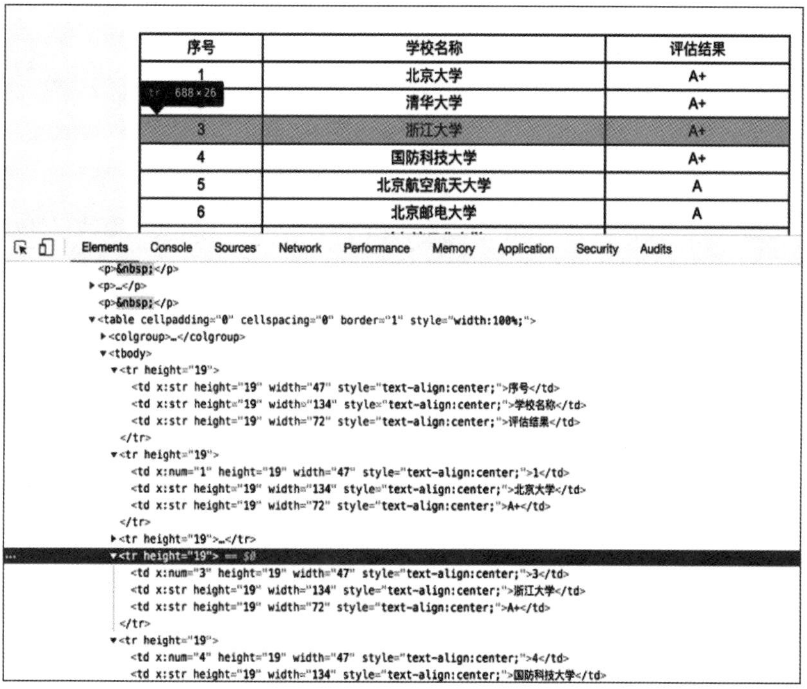

图 9-22 chrome 中 HTML 代码和对应网页部分

从深色的行可看出用 CSS 选择器,"tbody>tr"可以把表格中的所有行都选出来。

程序代码:

```
from requests_html import HTMLSession
session = HTMLSession()
url = 'https://www.dxsbb.com/news/7566.html'
r = session.get(url)
table = r.html.find('tbody>tr')
for row in table[:21]:          #取前20行
    l = row.text.split()        #row.text取3列,返回字符串。split变为列表
    s = ''
    for i in l:
        s = s + '{0:^14}'.format(i)
    print(s)
```

程序运行结果：

序号学校名称评估结果

序号	学校名称	评估结果
1	北京大学	A+
2	清华大学	A+
3	浙江大学	A+
4	国防科技大学	A+
5	北京航空航天大学	A
6	北京邮电大学	A
7	哈尔滨工业大学	A
8	上海交通大学	A
9	南京大学	A
10	华中科技大学	A
11	电子科技大学	A
12	北京交通大学	A-
13	北京理工大学	A-
14	东北大学	A-
15	吉林大学	A-
16	同济大学	A-
17	中国科学技术大学	A-
18	武汉大学	A-
19	中南大学	A-
20	西安交通大学	A-

汉字显示和英文字母及数字的显示宽度不同,所以没有对齐。要显示整齐的格式,可用第 7 章介绍的 plotly 库实现。

本章小结

1.简要介绍了 HTML 语言,说明 CSS 选择器的用法。

2.详细说明使用 Dash 模块开发 Web 应用程序的过程,举例说明如何把桌面应用程序改造成 Web 应用程序。绘制上证 50 指数 K 线图和半年线图是一个综合应用例子,并把它部署到网上"etf50.pythonanywhere.com"。

3.网络爬虫是 Python 语言的主要应用之一,介绍了用 Requests-html 模块编写网络爬虫的方法。

习 题

一、单选题

1.下面网址表示本机地址的是_____。

A. 127.0.0.1　　　　　　　　　　B. 128.0.0.1

C. 10.0.0.1　　　　　　　　　　　D. www.flask.com

2.本地 Flask Web 服务器的缺省网址是_____。

A. 128.0.0.1:5000　　　　　　　　B. 127.0.0.1:5000

C. 127.0.0.1:80　　　　　　　　　D. 127.0.0.1:25

3.下面 Python 库中,用于建立 Web 应用的是_____。

A. Flask　　　　B. Plotly　　　　C. Pandas　　　　D. Numpy

二、填空题

下面程序的输出结果是_____。

```
from requests_html import HTML
doc = '''
<div class = "wrap">
    <div id = "container">
        <ul class = "list">
            <li class = "item-0">first-item</li>
            <li class = "item-1"><a href = "link2.html">second item</a></li>
            <li class = "item-0 active"><a href = "link3.html"><span class = ""bold
            >third item</span></a></li>
            <li class = "item-1 active"><a href = "link4.html">fourth item</a></li>
            <li class = "item-0"><a href = "link5.html">fifth item</a></li>
        </ul>
    </div>

</div>
'''
html = HTML(html = doc)
elements = html.find('.list.item-0.active a')
for e in elements:
    print(e.text)
```

三、编程题

1. 创建一个网页,显示学号、姓名、手机号、电子邮箱。

2. 使用 Dash 模块实现一个网页版的通讯录,用文件实现数据的存储。通讯录的字段有学号、姓名、手机号、电子邮箱,可以实现添加、存储和查找。

3 在 Pythonanywhere 上创建一个介绍自己、社团、学校、课程等内容的网站。

CHAPTER 10
第10章
Python语言高级特性

10.1 迭代器和生成器

10.1.1 迭代器和可迭代对象

迭代器是一个表示数据流的对象,这个对象每次只返回一个元素。Python 迭代器必须支持__next__()方法,这个方法不接受参数,并总是返回数据流中的下一个元素。如果数据流中没有元素,__next__()会抛出 StopIteration 异常。迭代器未必是有限的。Python 有几种内置数据类型支持迭代,最常见的就是列表和字典。

【例 10-1】 生成迭代对象,通过__next__方法产生迭代。

```python
class MulBy(object):
    def __init__(self,number):
        self.base = number
        self.counter = 0


    def __next__(self):
        self.counter += 1
        return self.counter * self.base


ite = MulBy(10)
print(ite.__next__(),end = " ")
print(ite.__next__(),end = " ")
print(ite.__next__(),end = " ")
print(ite.__next__())
```

上面程序中的 ite 是一个迭代对象,它是一个表示数据流"10 20 30 40..."的对象。__next__方法定义了产生数据的逻辑,是数据流的下一个值。执行上面这个程序,输出:

10 20 30 40

　　ite 对象直接用 for 循环会失败，因为它还不是一个可迭代对象。

```
class MulBy(object):
    def __init__(self,number):
        self.base = number
        self.counter = 0
    def __next__(self):
        self.counter += 1
        return self.counter * self.base


ite = MulBy(10)
for i in ite:
    print(i)
```

　　执行上面这个程序，会出现下面这个错误：

```
for i in ite:
TypeError :'MulBy' object is not iterable
```

　　用内置函数 iter()可以把它变为可迭代对象。可迭代对象是可以用 for 循环生成值序列的任何对象。iter()函数接受任意对象并试图返回一个可迭代对象来输出对象的内容或元素，如果对象不支持__iter()__方法，用 for 语句循环时会抛出 TypeError 异常。内置函数 iter()的语法：

```
iter(object,[sentinel])
```

　　第一个参数是支持迭代协议（对象有 __iter__() 方法）的集合对象或可调用的对象；

　　第二个参数则是触发 StopIteration 的条件，当__next()__方法取得的值等于第二个参数时，触发 StopIteration 异常，循环终止。

　　【例 10-2】 用 iter()函数产生可迭代对象。

```
class MulBy(object):
    def __init__(self,number):
        self.base = number
        self.counter = 0

    def __next__(self):
        self.counter += 1
        return self.counter * self.base


ite = MulBy(10)
ite1 = iter(ite.__next__,40)
for i in ite1:
    print(i,end = " ")
```

执行上面这个程序,当__next()__方法返回 40,循环终止。程序输出:

10 20 30

迭代器是可迭代对象,for 语句会自动从可迭代对象创建一个迭代器。

10.1.2　生成器和 yield 语句

生成器是一类用来简化编写迭代器工作的特殊函数。生成器函数简称生成器。普通的函数返回一个值,而生成器返回一个产生数据流的迭代器。

毫无疑问,你已经对如何在 Python 中调用普通函数很熟悉了,这时候函数会获得一个创建局部变量的私有命名空间。当函数到达 return 表达式时,局部变量会被销毁,然后返回给调用者。之后调用同样的函数时会创建一个新的私有命名空间和一组全新的局部变量。但是,生成器在退出一个函数时不扔掉局部变量而且可以在退出函数的地方重新恢复运行。生成器可以被看成可恢复的函数。

【例 10-3】　生成器函数的定义及执行过程。

图 10-1 定义一个生成器函数。

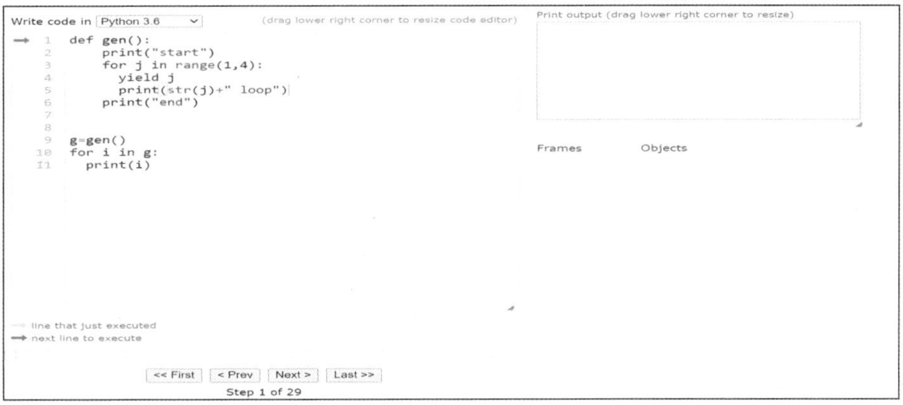

图 10-1　生成器函数

图 10-2 表示运行生成器函数 gen(),用生成器函数创建生成器 g。

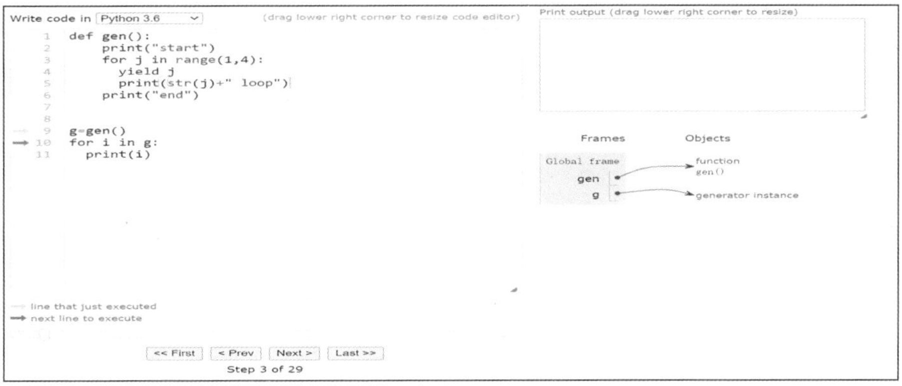

图 10-2　创建生成器 g

图 10-3 执行 yield 语句,返回 j 的值 1,但并不退出函数,这是生成器函数与普通函数的不同之处。

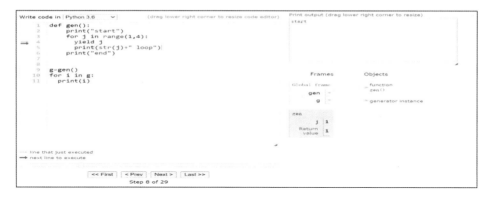

图 10-3　返回 j 的值

图 10-4 表示打印返回值 1,再次循环。

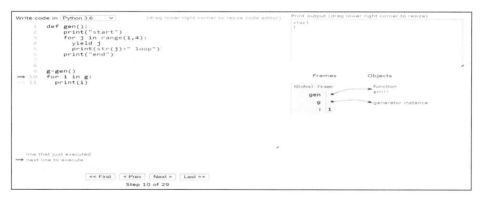

图 10-4　打印返回值 1

图 10-5 返回到 yield 语句处,准备执行函数的余下部分。

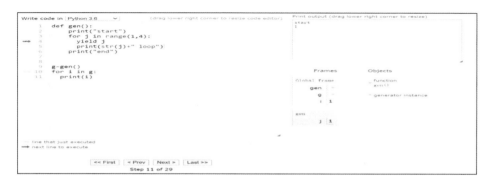

图 10-5　返回到 yield 语句处

图 10-6 执行 yield 下面的 print() 函数,打印出"1 loop"。

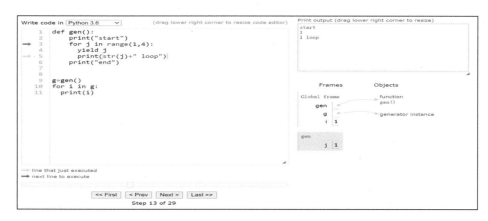

图 10-6　打印出"1 loop"

图 10-7 显示最后的运行结果。

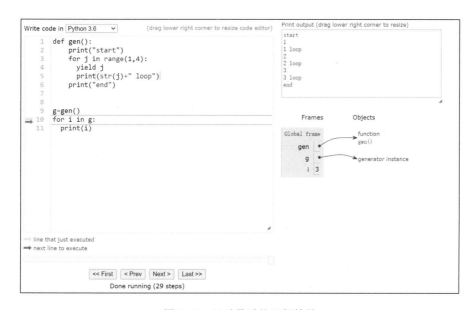

图 10-7　显示最后的运行结果

yield 语句仅在定义生成器函数时使用,并且仅被用于生成器函数的函数体内部。在函数定义中使用 yield 语句使得该定义创建的是生成器函数而非普通函数。

yield 语句有以下两种形式:

yield 表达式
yield from 生成器

【例 10-4】　扁平化嵌套列表。

扁平化嵌套列表就是把一个嵌套列表变成不是嵌套的列表。如把嵌套列表[1,4,[3,7,[5,6],8],9]变成不嵌套列表[1,4,3,7,5,6,8,9]。

```
def flat(items):
    for x in items:
        if isinstance(x,list):
            yield from flat(x)
        else:
            yield x

items = [1,4,[3,7,[5,6],8],9]
flatlst = []
for t in flat(items):
    flatlst.append(t)
print(flatlst)
```

执行程序，输出：

[1,4,3,7,5,6,8,9]

flat 是生成器，当列表元素 x 是数字时，用"yield x"生成元素，当列表元素 x 是列表时，递归调用 flat 生成器，用"yield form flat(x)"从生成器 flat(x)生成元素。

生成器在处理大数据量的文件时非常有用。生成器返回一个像列表一样的对象，但跟普通列表不同，它一次只生成一个对象，而不是一次性生成全部对象再返回。这被称为惰性计算。这种特性在处理大数据时能显著提高内存的利用率。列表和生成器内存占用比较如图 10-8 所示。

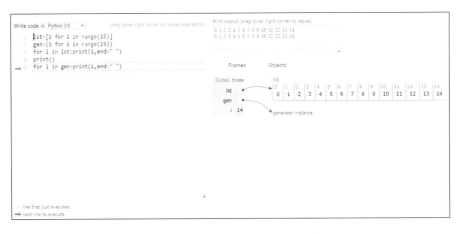

图 10-8 列表和生成器内存占用比较

lst 是列表，gen 是生成器。列表用"[……]"产生，而生成器用"(……)"产生，输出是一样的，但内存占用情况完全不同。

【例 10-5】 用生成器读大数据文件。

big.dat 是一个大数据文件，一次全部读入，内存可能不够，可以用生成器分块读入。下面程序每次产生 4096 字节的内容，分块读入。

```
def read_in_blocks(file):
    while True:
        data = file.read(4096)
        if not data:
            break
        yield data


f = open("big.dat","rb")
for block in read_in_blocks(f):
    处理 block 数据
```

10.1.3 回溯法和生成器应用

回溯法是通过一种系统的搜索尝试过程寻找解的一种方法。在搜索尝试寻找问题解的过程中,当发现已不满足求解条件时,就"回溯"返回,尝试别的路径。这种走不通就退回再走的技术称为回溯法,而满足回溯条件的某个状态的点称为"回溯点"。许多复杂的、规模较大的问题都可以使用回溯法处理,它是一种通用解题方法。

8 皇后问题是用回溯法解决的典型案例。在 8×8 方格的国际象棋摆放 8 个皇后,使其不能互相攻击,即任意两个皇后都不能处于同一行、同一列或同一斜线上,问有多少种摆法。8 皇后问题如果用枚举法需要尝试 $8^8=16777216$ 种情况。每一行放一个皇后,可以放在第 1 列,第 2 列,……,直到第 8 列。穷举的时候从所有皇后都放在第 1 列的方案开始,检验皇后之间是否会相互攻击。回溯法将皇后放在第 1 行以后,第 2 行皇后如放在发生冲突的地方,这时候不必继续放第 3 行的皇后,而是调整第 2 行皇后的位置直到没有冲突。继续放第 3 行,第 4 行,……直到 8 个皇后全部放好。

生成器是逐渐产生结果的复杂递归算法的理想实现工具。回溯法需要保存大量的中间结果,生成器正好满足这个要求。递归调用只要创建 yield 部分就可以了。

【例 10-6】 用生成器实现回溯法解决 8 皇后问题。

每一种放法用列表表示。如[7,1,4,2,0,6,3,5]表示第 1 行皇后放在第 8 列,第 2 行皇后放在第 2 列,第 3 行皇后放在第 5 列,以此类推。

board 是放皇后的棋盘,用列表表示,随时在变。刚开始是空棋盘,所以 board=[]。

check 是检查皇后放在 x 列是否冲突的函数,请注意,下一个皇后一定是放在已放皇后个数的下一行,就是"y=

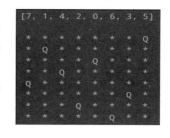

图 10-9 8 皇后问题一个解

len(board)"行。如果下一个皇后放在(y,x)位置,如与以前放的皇后位置列相同,则"abs(board[i]−x)==0";如在同一斜线上,则"abs(board[i]−x)==y−i",就是水平距离等于垂直距离。图 10-9 中 queens()函数的第一个参数是皇后的个数,第二个参数表示放在棋盘上的皇后。

图 10-10 是产生 4 个皇后问题第 1 个解的回溯过程,从左到右。

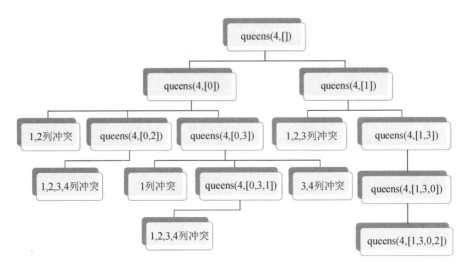

图 10-10 4 皇后问题第一个解的回溯过程

图 10-10 中第 1 行是空棋盘,queen(4,[])的第 2 个参数是空列表。

图 10-10 中第 2 行放棋盘上第 1 行皇后。queen(4,[0])表示第 1 行皇后放在第 1 列。

图 10-10 中第 3 行放棋盘上第 2 行皇后。queen(4,[0,2])表示第 1 行皇后放在第 1 列,第 2 行皇后放在第 3 列。

图 10-10 中第 4 行放棋盘上第 3 行皇后。queen(4,[0,3,1])表示第 1 行皇后放在第 1 列,第 2 行皇后放在第 4 列,第 3 行皇后放在第 2 列。

图 10-10 中第 5 行放棋盘上第 4 行皇后。queen(4,[1,3,0,2])表示第 1 行皇后放在第 2 列,第 2 行皇后放在第 4 列,第 3 行皇后放在第 1 列,第四行皇后放在第 3 列。这是用回溯法产生的第 1 个解。

下面程序是用非生成器方法编写的皇后问题解法。

【例 10-6-1】 board 是列表,存放当前皇后摆放的情况

```python
def check(board,x):        #检查是否有冲突
    y = len(board)
    for i in range(y):
        if abs(board[i] - x) in (0,y - i):
            return True
    return False


def queens(num = 8,board = []):     #回溯产生皇后问题的解
    for col in range(num):
```

```
        if not check(board,col):
            if len(board) == num - 1:        #已产生解
                board = board + [col]
                result.append(board)
            else:
                board = board + [col]
                queens(num,board)        #改变的棋盘上递归调用
                del board[-1]        #递归返回,恢复原棋盘


result = []        #存放结果
queens(4)
print(len(result))
for s in result:
    print(s)
```

执行程序显示:

```
2
[1,3,0,2]
[2,0,3,1]
```

【例 10-6-2】 用生成器方法编写皇后问题解法。

queens()函数中使用 yield 语句,它就是生成器。程序用生成器返回结果,不用全局变量。程序用"yield [col]和 yield [col]+result"返回结果。4 个皇后问题第 1 个解的产生过程如下:

```
queens(4,[])
  queens(4,[1])
    queens(4,[1,3])
        queens(4,[1,3,0])
        产生 [2]
      产生 [0]+[2]=[0,2]
    产生 [3]+[0,2]=[3,0,2]
产生 [1]+[3,0,2]=[1,3,0,2]
```

下面是求 8 个皇后问题解的程序:

```
#board 是列表,存放当前皇后摆放的情况
def check(board,x):        #检查是否有冲突
    y = len(board)
    for i in range(y):
        if abs(board[i] - x) in (0,y - i):
            return True
```

```
        return False


def queens(num = 8,board = []):
    for col in range(num):
        if not check(board,col):
            if len(board) == num - 1:
                yield [col]      #返回[col],但不结束函数
            else:
                for result in queens(num,board + [col]):
                    yield [col] + result   #返回[col]+result,但不结束函数


print(len(list(queens(8))))
for i in queens(8):
    print(i)
    break
```

　　执行程序,输出:

```
92
[0,4,7,5,2,6,1,3]
```

　　表示 8 皇后问题有 92 种放法。[0,4,7,5,2,6,1,3]是此程序的第一种放法。

　　如果要求最初两个皇后放在[7,1],那有几种放法呢?

　　把 board 初值设置成"board=[7,1]"就可以了,生成器变成:"queens(num=8,board=[7,1])",下面是完整的程序:

```
#board 是列表,存放当前皇后摆放的情况
def check(board,x):        #检查是否有冲突
    y = len(board)
    for i in range(y):
        if abs(board[i] - x) in (0,y - i):
            return True
    return False


def queens(num = 8,board = [7,1]):
    for col in range(num):
        if not check(board,col):
            if len(board) == num - 1:
                yield [col]      #返回[col],但不结束函数
            else:
                for result in queens(num,board + [col]):
```

```
                    yield[col]+result        #返回[col]+result,但不结束函数
print(len(list(queens(8))))
for i in queens(8):
    print(i)
```
执行程序,输出:
```
2
[3,0,6,4,2,5]
[4,2,0,6,3,5]
```
表示有两种放法及后面 6 个皇后放的位置。

请考虑对 8 皇后问题加一些改变,程序如何改呢? 例如:

(1)第 3 行、第 4 列不容许放皇后。

(2)第 1 行的皇后一定放在第 5 列。

(3)输入 n,在 n×n 棋盘上放 n 个皇后。

10.2 装饰器和上下文管理器

10.2.1 嵌套函数和 nonlocal 语句

Python 容许在函数中定义函数,这通常被称为嵌套函数或内部函数。

【例 10-7】 嵌套函数的定义和运行过程。下面程序中 outer()函数是外层函数,里面又定义了一个内部函数 inner()。

```
def outer(n):
    k = 8
    def inner(x):
        t = x ** n + k
        return t
    return inner


f = outer(2)
print(f(4))
```

执行"outer(2)"后,从图 10-11 可以看到:

(1)全局命名空间有"outer"标识符,它是外部函数。

(2)外部函数"outer"有自己的局部命名空间"f1:outer",其中有"inner"标识符。

(3)外部函数"outer"在执行过程中,将要创建的内部函数"inner"。

(4)"inner(x)[parent=f1]"表示局部命名空间"outer"是"inner"的闭合作用域(enclosing scope)。

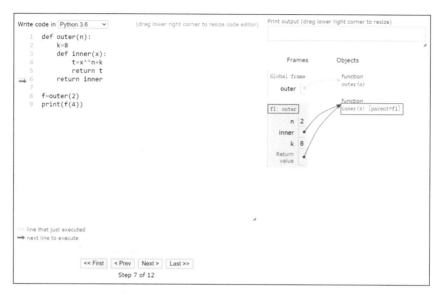

图 10-11　嵌套函数的运行

从图 10-12 看到：

(1)执行"f=outer(2)"赋值后,全局命名空间有"f"标识符,这样可以在外部调用内部函数"inner"。

(2)请特别注意,在执行"print(f(4))"语句时,虽然"outer()"函数已执行完,但因为内部函数"inner()"还存在,所以"outer()"的局部空间还存在,变量 n,k 的值还可被引用。

3.t=x ** n+k=4 ** 2+8=24,return t,最后输出是 24。

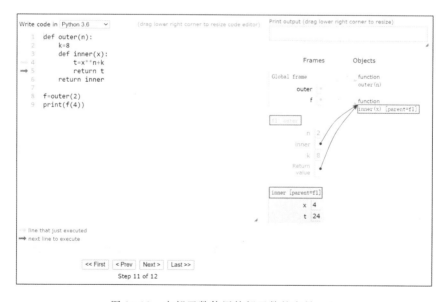

图 10-12　内部函数使用外部函数的变量 n,k

由于函数可以嵌套定义,所以出现了一类新的命名空间:外部嵌套函数命名空间。

Python 标识符按照 LEGB 规则查找,先查找局部命名空间 L,再查找外部嵌套函数名字空间 E,然后查找全局命名空间 G,最后查找内置模块命名空间 B,如表 10-1 所示。如果还找不到,则提示错误信息。

表 10-1　LEGB 缩写含义

L	局部命名空间
E	外部嵌套函数命名空间
G	全局命名空间
B	内置模块命名空间

在函数中引用全局命名空间的变量,可以通过 global 语句说明。如何引用外部嵌套函数命名空间里的变量呢? 这可以用 nonlocal 语句实现。

【例 10-8】 nonlocal 语句使用。

```python
g = 1      #g是全局变量
lo = 1      #lo是全局变量
print("全局变量g:{},全局变量lo:{}".format(g,lo))

def outer():
    lo = 2      #局部变量,与全局变量同名
    print("in outer : g = {},lo = {}".format(g,lo))
    def inner():
        global g
        nonlocal lo      #lo是外部嵌套函数命名空间里的lo,不是新定义的变量
        g = 5
        lo = 5
        print("in inner : g = {},lo = {}".format(g,lo))
    inner()
    print("inner 执行后: g = {},lo = {}".format(g,lo))
outer()
print("最后的值: g = {},lo = {}".format(g,lo))
```

执行程序,输出:

```
全局变量g:1,全局变量lo:1
in outer : g = 1,lo = 2
in inner : g = 5,lo = 5
inner 执行后: g = 5,lo = 5
最后的值: g = 5,lo = 1
```

请注意输出的第 4 行,输出"inner 执行后: g = 5,lo = 5",inner()函数改变了在

outer()函数中定义的 lo 变量,这是因为在 inner()函数中用 nonlocal 语句说明 lo 变量
是外部嵌套函数命名空间里的变量

10.2.2　装饰器

装饰器是在不修改函数代码的情况下,给函数增加新的功能。典型应用有:
为程序的运行计时
日志记录
把函数变成 flask 框架的 api 接口
身份验证

函数是 Python 的对象。作为对象,Python 函数有以下特点:
函数可以赋值给变量,因此函数可以有多个名称
函数可以作为其他函数的参数
函数可以嵌套
函数的返回值可以是函数

【例 10-9】　装饰器函数的定义与使用。

程序中"deco()"函数是装饰器函数,"myfunc()"函数是被装饰函数。这个程序是
在不改变"myfunc()"函数的前提下,打印被装饰函数的名字。具体做法是在被装饰函
数上面一行加上"@装饰器函数名"。这题就是"@deco",它的作用等价于:

```
myfunc = deco(myfunc)
def deco(func):
    def wrapper(*args, **argv):
        print("运行的函数:{}".format(func.__name__))
        return func(*args, **argv)
    return wrapper

@deco
def myfunc(para):
    print(para)
myfunc("hello")
```

上面这个程序和下面程序的效果是一样的。

```
def deco(func):
    def wrapper( * args, ** argv):
        print("运行的函数:{}".format(func.__name__))
        return func( * args, ** argv)
    return wrapper
def myfunc(para):
    print(para)


myfunc = deco(myfunc)


myfunc("hello")
```

执行程序,输出:

```
运行的函数:myfunc
hello
```

写装饰器函数有几个要点:

(1)装饰器函数中的形参一般是函数,实参是被装饰函数的名字,如上例中:

def deco(func)和 deco(myfunc)

(2)装饰器函数中嵌套定义另一个函数,如本例的"def wrapper(* args, ** argv)"。

形参" * args"表示 0 个或多个位置参数,形参" ** argv"表示 0 个或多个关键字参数,一般用来传递被装饰函数的实参。

有三个函数 c()、s()和 v(),输入半径 r,分别计算圆的周长、圆的面积和圆球的体积。这三个函数都没有检查实参是否是正数,我们知道半径不可能是负数。写一个装饰器函数,检查参数。

```
import math
def c(r):
    return 2 * math.pi * r
def s(r):
    return math.pi ** 2 * r
def v(r):
    return 3 /4 * math.pi * r ** 3
```

【例 10-10】 用装饰器函数检查参数。

```
import math


def checkpara(func):
    def wrap(num):
        if type(num) != float:
```

```
            raise TypeError("参数不是数字")
        elif num <0 :
            raise ValueError("参数不能是负数")
        else:
            return func(num)
    return wrap
```

```
@checkpara
def c(r):
    return 2 * math.pi * r
@ checkpara
def s(r):
    return math.pi ** 2 * r
@checkpara
def v(r):
    return 3 /4 * math.pi * r ** 3
r = float(input())
print(c(r))
r = float(input())
print(s(r))
r = float(input())
print(v(r))
```

执行程序,输出:

输入: 2.5

输出: 15.707963267948966

输入: − 3

输出: ValueError("参数不能是负数")

一个函数可以用多个装饰器函数装饰。下面程序用两个装饰器"make_bold"和"make_italic"装饰 hello()函数。先执行"make_italic",然后执行"make_bold"。

```
def make_bold(fn):
    return lambda:"<b>" + fn() + "</b>"
def make_italic(fn):
    return lambda:"<i>" + fn() + "</i>"


@make_bold
@make_italic
def hello():
```

```
    return "hello world"
```

```
helloHTML = hello()
print(helloHTML)
```

执行程序,输出

```
<b><i>hello world</i></b>
```

10.2.3　测量程序执行时间

测量程序执行时间是装饰器函数的典型应用。time 是 Python 的模块,time.time()可以获得当前时间戳。时间戳是根据 1970 年 1 月 1 日 00:00:00 开始按秒计算的偏移量。程序结束的时间戳减程序开始的时间戳就是程序执行时间。运行下面程序,输出就是下面程序的运行时间:

```
import time
start = time.time()
x = 1
while x<50000000:
    x = x + 1
end = time.time()
print(str(end - start) + "秒")
```

输出:

```
7.541226863861084 秒
```

0—1 背包问题是计算机科学的一个典型问题。有 N 件物品和一个容量为 V 的背包。第 i 件物品的重量是 w[i],价值是 v[i]。求解将哪些物品装入背包可使这些物品的重量总和不超过背包容量,且价值总和最大。物品的重量和价值如表 10-2 所示。

表 10-2　物品的重量和价值

物　品	价值/万元	重量/千克
1	6	3
2	7	3
3	8	2
4	9	5

有 4 件物品,每件物品的重量和价值如表 10-3 所示。背包容量为 5 千克,背包能放物品的最大价值是多少? 在这个问题中,可以考虑 4 个物品所有子集,共有 2^4 个子集。求出每个子集的重量和价值,最后得到满足条件的最大值。表 10-3 显示 15 是最大值。

表 10-3 物品子集的重量和价值

子 集	总价值/万元	总重量/千克
{}	0	0
{1}	6	3
{2}	7	3
{3}	8	2
{4}	9	5
{1,2}	13	6
{1,3}	14	5
{1,4}	15	8
{2,3}	15	5
{2,4}	16	8
{3,4}	17	7
{1,2,3}	21	8
{1,2,4}	22	11
{1,3,4}	23	10
{2,3,4}	24	10
{1,2,3,4}	30	13

【例 10-11】 用回溯法解 0−1 背包问题。

choice 是列表,放可选择的物品,如:

choice=[["1",6,3],["2",7,3],["3",8,2],["4",9,5]]

avail 是可承受的重量,如:avail=5。

result 是元组,第一项是选中物品的价值,第二项是选中的物品。 如:

result=(15,(['3',8,2],['2',7,3]))表示价值是 15,选中"2"、"3"两件物品。

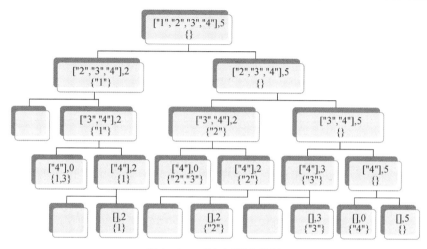

图 10-13 背包问题决策树

背包问题决策树如图 10-13 所示，最上面的方框表示根节点，["1"，"2"，"3"，"4"]，5 表示可取物品是"1"，"2"，"3"，"4"，5 表示可承受的重量是 5。{}表示取的物品为空。

左边节点表示取第一个元素的情况，右边节点表示不取第一个元素的情况。没有文字的节点表示超重无法生成节点。

先生成左边节点，再生成右边节点。如果都无法生成，则返回父节点重复这个过程。

下面是用回溯法实现的程序：

```
def  knap(choice,avail):      #choice 是可选择的物品，用列表表示，avail 表示承受的
                             重量
    if choice == [] or avail == 0:     #可选择的物品为空或可承受的重量为 0，结束
        result = (0,())
    elif choice[0][2]>avail:     #要选物品的重量超过可承受的重量，不选
        result = knap(choice[1:],avail)
    else:
        #选当前物品，然后递归求解剩下物品最大值
        nextnode = choice[0]
        leftval,lefttotake = knap(choice[1:],avail − nextnode[2])
        leftval += nextnode[1]
        #不选当前物品，递归求解剩下物品最大值
        rightval,righttotake = knap(choice[1:],avail)
        #比较大小，取大的值
        if leftval>rightval:
            result = (leftval,lefttotake + (nextnode,))
        else:
            result = (rightval,righttotake)
    return result


names = ["1","2","3","4"]
vals = [6,7,8,9]
weights = [3,3,2,5]
items = []
for i in range(len(vals)):
    items.append([names[i],vals[i],weights[i]])
val,taken = knap(items,5)
print(knap(items,5))
```

执行程序，输出：

```
(15,(['3',8,2],['2',7,3]))
```

可以用计时装饰器测量 30 个物品的程序运行时间：

```
#计时装饰器
import time
def timer(func):
    def wrap( * argc, * * args):
        start = time.time()
        func( * argc, * * args)
        end = time.time()
        print(str(end - start) + "秒")
    return wrap
def   knap(choice,avail):      #choice 是可选择的物品,用列表表示,avail 表示承受的
                                重量
    if choice == [] or avail == 0:      #可选择的物品为空或可承受的重量为 0,结束
        result = (0,())
    elif choice[0][2]>avail:      #要选物品的重量超过可承受的重量,不选
        result = knap(choice[1:],avail)
    else:
        #选当前物品,然后递归求解剩下物品最大值
        nextnode = choice[0]

        leftval,lefttotake = knap(choice[1:],avail - nextnode[2])
        leftval += nextnode[1]
        #不选,递归求解剩下物品最大值
        rightval,righttotake = knap(choice[1:],avail)
        #比较大小,取大的值
        if leftval>rightval:
            result = (leftval,lefttotake + (nextnode,))
        else:
            result = (rightval,righttotake)
    return result
@timer
def main():
    names = ['1','2','3','4','5','6','7','8','9','10','11','12','13','14','15',
        '16','17','18','19','20','21','22','23','24','25','26','27','28','29','30']
    vals = [9,9,5,1,5,10,5,3,1,5,8,10,7,1,8,1,4,6,9,1,8,
        1,3,7,2,10,5,4,1,3]
    weights = [7,9,10,2,9,10,7,3,1,2,7,5,6,8,2,5,1,4,
        5,4,8,4,3,5,4,8,5,1,4,6]
```

```
items = []
    for i in range(len(vals)):
        items.append([names[i],vals[i],weights[i]])
    val,taken = knap(items,60)
    print(val,taken)
```

```
main()
```

执行程序,输出:

```
94 (['28',4,1],['26',10,8],['24',7,5],['23',3,3],['19',9,5],['18',6,4],['17',4,
1],['15',8,2],
['13',7,6],['12',10,5],['11',8,7],['10',5,2],['9',1,1],['8',3,3],['1',9,7])
356.1345274448395 秒
```

请注意:不同机器执行程序的时间是不一样的。

动态规划算法通常用于求解具有某种最优性质的问题。在这类问题中,可能会有许多可行解。每一个解都对应于一个值,我们希望找到最优解。动态规划算法基本思想是将待求解问题分解成若干个子问题,先求解子问题,然后从子问题的解得到原问题的解。适合于用动态规划求解的问题,经分解得到子问题往往不是互相独立的,有些子问题被重复计算了很多次。如果我们能够保存已解决子问题的答案,需要时查表求得答案,这样就可以避免大量的重复计算,节省时间。我们可以用字典来记录所有已解子问题的答案。不管该子问题以后是否被用到,只要它被计算过,就将其结果填入字典中。这是用动态规划法解本题的基本思路。

【例 10-12】 用动态规划算法解 0—1 背包问题。

从图 10-13 看到,有两个相同的子问题:["3","4"],2。求完一个,把答案放在字典中,下一个查字典就可以了。

memo 是字典,键是可放的物品和可承受的重量,如(("3","4"),2),值是问题的解。由于是从左到右取物品,所以可以用可放物品的数量代替具体物品。键(("3","4"),2)可写成(2,2)。

下面程序运行结果是在同样硬件条件下产生的:

```
import time
def timer(func):
    def wrap( * argc, ** args):
        start = time.time()
        func( * argc, ** args)
        end = time.time()
        print(str(end - start) + "秒")
    return wrap

def memoknap(choice,avail,memo = {}):        #choice 是可选择的物品,avail 表示承受的重量
```

```python
        if (len(choice),avail) in memo:      #先查字典,有直接返回,不在递归调用
            result = memo[(len(choice),avail)]
        elif choice == [] or avail == 0:  #可选择的物品为空或可承受的重量为0,结束
            result = (0,())
        elif choice[0][2]>avail:      #要选物品的重量超过可承受的重量,不选
            result = memoknap(choice[1:],avail)
        else:
            #选当前物品,然后递归求解剩下物品最大值
            nextnode = choice[0]
            leftval,lefttotake = memoknap(choice[1:],avail-nextnode[2])
            leftval += nextnode[1]
            #不选当前物品,递归求解剩下物品最大值
            rightval,righttotake = memoknap(choice[1:],avail)
            #比较大小,取大的值
            if leftval>rightval:
                result = (leftval,lefttotake + (nextnode,))
                else:
                result = (rightval,righttotake)
        memo[(len(choice),avail)] = result


    return result


@timer
def main():
    names = ['1','2','3','4','5','6','7','8','9','10','11','12','13','14','15',
        '16','17','18','19','20','21','22','23','24','25','26','27','28','29','30']
    vals = [9,9,5,1,5,10,5,3,1,5,8,10,7,1,8,1,4,6,9,1,8,
        1,3,7,2,10,5,4,1,3]
    weights =  [7,9,10,2,9,10,7,3,1,2,7,5,6,8,2,5,1,4,
    5,4,8,4,3,5,4,8,5,1,4,6]
    items = []
for i in range(len(vals)):
        items.append([names[i],vals[i],weights[i]])
    val,taken = memoknap(items,60)
    print(val,taken)


main()
```

执行程序,输出:

94 (['28',4,1],['26',10,8],['24',7,5],['23',3,3],['19',9,5],['18',6,4],['17',4,1],['15',8,2],

['13',7,6],['12',10,5],['11',8,7],['10',5,2],['9',1,1],['8',3,3],['1',9,7])

0.009703397750854492 秒

对比执行时间,用动态规划算法的程序运行速度大大加快。

10.2.4 上下文管理器和 with 语句

上下文管理器是一个对象,它定义了在执行 with 语句时建立的上下文环境。它用于规定某个对象的使用范围,一旦进入或离开该使用范围,会有__enter()__或者__exit()__方法被调用。它可以有效地管理资源。上下文管理器的典型用法包括保存和恢复各种全局状态、锁定和解锁资源、关闭打开文件等。

它的两种语法形式如下:

with 表达式 as 变量

语句块

with 表达式

语句块

【例 10-13】 使用上下文管理器读取文件。

用 read()和 close()函数读取文件:

```
fread = open("data.txt","r")
try:
    for line in fread:
        print(line)
finally:
    fread.close()
```

用上下文管理器读取文件:

```
with open("data.txt","r") as fread:
    for line in fread:
        print(line)
```

也可以自定义上下文管理器。Python 提供了内置模块 contextlib,用它容易把一个对象变成上下文管理器。下面是一个抽象的示例,展示如何确保正确的资源管理:

```
from  contextlib import contextmanager

@contextmanager
def manage_resource( * args, ** argv):
    resource = acquire_resource( * args, ** argv)
```

```
    try:
        yield resource
    finally:
        release_resource(resource)
```

被装饰的函数在被调用时,必须返回一个生成器。这个生成器由 yield 产生,yield 产生的值会被用在 with 语句中,绑定到 as 后面的变量。下面程序把函数 write_file()变成上下文管理器

【例 10-14】 用 contextlib 编写上下文管理器。

```
from  contextlib import contextmanager


@ contextmanager
def write_file(file_name):
    try:
        fread = open(file_name,"w")
        yield fread
    finally:
        fread.close()


with write_file("data.txt") as f:
    f.write("hello world\n")
    f.write("writing into file")
```

程序执行后,产生文件 data.txt。

10.3 异步编程

10.3.1 同步编程和异步编程

同步编程方式是先处理一个任务,等这个任务处理完成后再处理下一个任务,异步编程方式则不同。异步编程是一种处理缓慢且不可预测资源的有效方式。异步程序能够同时高效地处理多种资源,而不是处理完一个资源后再处理下一个。异步编程比同步编程要难,因为这需要处理外部请求,而这些外部请求的到达顺序不可预测,处理它们所需的时间也不是固定的,还可能意外失败。

现代计算机利用各种不同的存储器来存储数据和执行操作。通常,计算机中包含昂贵但运行速度快的内存,有价格便宜但运行速度缓慢的外存,还有通过网络存取的云存储器,后者通常用来存储大量的数据。

在存储器层次结构的顶端是 CPU 寄存器,它们集成在 CPU 中,用于存储和执行机器指令。访问寄存器中的数据所需的时间通常为几个时钟周期。寄存器下面那层是

CPU 缓存,如图 10-14 所示。缓存有多级,也可能被集成到处理器中。缓存的速度比寄存器慢些,但在一个数量级内。存储器层次结构中接下来一层是内存,它能够存储的数据比缓存多得多,但速度更慢。从内存中获取一个元素所需的时间通常是几百个时钟周期。硬盘设备能够存储的数据更多,但速度比内存差几个数量级。为寻找并获取一个元素,硬盘可能需要几毫秒。云存储器访问是通过网络访问的,速度最慢。

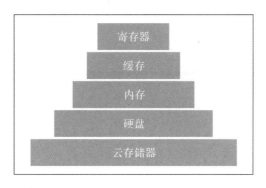

图 10-14 存储器层次图越上面存取速度越快

如有 3 个网络数据下载任务要完成,每个任务都需要 10 秒时间完成。同步方式是执行完一个任务后再执行下一个任务。异步方式是执行某个任务处于等待状态时,CPU 不会等待,执行下一个任务。

图 10-15 中深色的方框表示 CPU 执行时间,浅色的方框表示 CPU 等待时间。同步执行方式,CPU 大部分时间都在等待。异步执行方式在某个任务等待的时候,CPU可以执行另一个任务,等待的时间减少。因此,异步执行方式快于同步执行方式。如图 10-16 所示。

图 10-15 三个任务同步执行

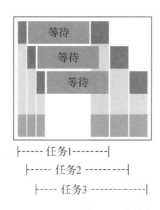

图 10-16 三个任务异步执行

【例 10-15】 同步方式和异步方式执行时间比较。

下面这段程序是用同步方式完成三个任务需要的时间：

```python
#crawl1 是取第一个网站数据,需要 5 秒,用 sleep(5)仿真
#crawl2 是取第二个网站数据,需要 3 秒,用 sleep(3)仿真
#crawl3 是取第三个网站数据,需要 5 秒,用 sleep(5)仿真
import time

def crawl1():
    time.sleep(5)      #等待 5 秒
    return
def crawl2():
    time.sleep(3)      #等待 3 秒
    return
def crawl3():
    time.sleep(5)      #等待 5 秒
    return

start = time.time()
crawl1();crawl2();crawl3()      #执行三个任务
end = time.time()
print("{:.2f}秒".format(end - start))     #完成三个任务的时间
```

程序输出：

```
13.01 秒
```

下面这段程序是用异步方式完成三个任务需要的时间：

```python
#crawl1 是取第一个网站数据,需要 5 秒,用 sleep(5)仿真
#crawl2 是取第二个网站数据,需要 3 秒,用 sleep(3)仿真
#crawl3 是取第三个网站数据,需要 5 秒,用 sleep(5)仿真
import time
import asyncio

async def crawl1():
    await asyncio.sleep(5)         #等待 5 秒
async def crawl2():
    await asyncio.sleep(3)         #等待 3 秒
async def crawl3():
    await asyncio.sleep(5)         #等待 5 秒
```

```
async def main():
    task1 = asyncio.create_task(crawl1())
    task2 = asyncio.create_task(crawl2())
    task3 = asyncio.create_task(crawl3())
    await task1
    await task2
    await task3

start = time.time()
asyncio.run(main())
end = time.time()
print("{:.2f}秒".format(end - start))    #完成三个任务的时间
```

程序输出：

```
5.01秒
```

从执行时间可以看出，异步方式比同步方式要快。

10.3.2 协程和异步编程

可以用协程、线程或进程编写异步程序，本节介绍用协程编写异步程序。请注意本节代码需 Python 3.7 及后续版本运行。

首先用 async 关键字创建异步函数。它的语法格式：

```
async def 函数名(参数):
    函数体
```

下面的 crawl1() 函数就是一个异步函数。

```
async def crawl1():
    await asyncio.sleep(5)    #等待5秒
```

调用函数时，会生成函数对象。调用异步函数，也会创建对象，这个对象称为协程。

这条语句 "task1＝asyncio.create_task(crawl1())" 调用异步函数 "crawl1()"，创建协程。进程、线程和协程之间的关系如图 10-17 所示。

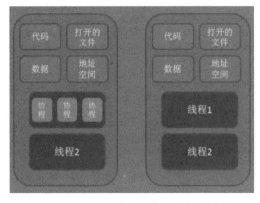

图 10-17　进程、线程和协程之间的关系

一个进程可以包含多个线程,一个线程也可以包含多个协程。协程不是进程也不是线程,而是一个特殊的函数,这个函数可以在某个地方挂起,并且可以重新在挂起处继续运行。一个线程内多个协程执行是串行的,多个协程的执行切换是由自己的程序所决定的。这个程序某个协程"sleep()"时,切换到别的协程。

await 是一个关键字,它将异步函数的控制权交给事件循环对象,并挂起当前协程的执行。

下面程序当运行"await asyncio.sleep(5)"时挂起协程 crawl1(),等待 5 秒,再运行协程 crawl1():

```
async def crawl1():
    await asyncio.sleep(5)    #等待 5 秒
```

await 使用要注意以下规则:

(1)await 只能用在异步函数内部,普通函数中使用 await 会引起异常。

(2)await 后面必须是可等待对象。协程和任务是可等待对象,如任务 asyncio.sleep(5)是可等待对象。

(3)await 后面是协程函数时,必须等待协程函数返回。

(4)asyncio 是用来编写异步代码的标准模块,可以使用 async/await 语法编写异步程序。

(5)asyncio 被用作多个高性能 Python 异步框架的基础,包括网络和网站服务、数据库连接、分布式队列等。

asyncio 提供一组高层 API,用于:

并发地运行 Python 协程,并对其执行过程实现完全控制

执行网络 IO 和 IPC

控制子进程

通过队列实现分布式任务

用 asyncio.create_task()函数创建的任务负责在事件循环对象中执行协程。语句"task1 = asyncio.create_task(crawl1())"用 asyncio.create_task()函数创建任务 task1。

asyncio.gather()函数是另一种创建任务的方法。它的参数是协程,能够将协程作为任务异步执行。

用 asyncio.run()函数启动异步程序执行,函数参数是协程,只能被调用一次。此函数总是会创建一个新的事件循环对象并在结束时关闭。语句"asyncio.run(main())"执行协程 main,并创建事件循环对象,协程 main 创建三个任务 task1、task2 和 task3,放入事件循环中异步执行。

【例 10-16】 用 asyncio.gather()函数编写异步程序。

```
#crawl1 是取第一个网站数据,需要 5 秒,用 sleep(5)仿真
#crawl2 是取第二个网站数据,需要 3 秒,用 sleep(3)仿真
#crawl3 是取第三个网站数据,需要 5 秒,用 sleep(5)仿真
import time
```

```
import asyncio
async def crawl1():
    await asyncio.sleep(5)     #等待5秒
async def crawl2():
    await asyncio.sleep(3)
async def crawl3():
    await asyncio.sleep(5)


async def main():
    await asyncio.gather(crawl1(),crawl2(),crawl3())


start = time.time()
asyncio.run(main())
end = time.time()
print("{:.2f}秒".format(end-start))      #完成三个任务的时间
```

执行程序,输出:

5.01 秒

与例 10-15 效果一样,但程序编写简单不少!

10.3.3　用异步编程模式编写网络爬虫

抓取网络数据,通常是用 requests 或 requests-html 模块,用同步方式实现。如果想异步实现的话需要引入 aiohttp 模块。用 aiohttp 模块建立一个 session 对象,然后用 session 对象去打开网页。session 可以进行多项操作,比如 post、get、put、head 等。

"async with ClientSession() as session"表示这是异步上下文管理器。

【例 10-17】　用异步方式获取豆瓣网主页。

```
import time
import asyncio
from aiohttp import ClientSession


url = "https://www.douban.com"
async def crawl(url):
    async with ClientSession() as session:
        async with session.get(url) as response:
            response = await response.read()


async def main():
    await asyncio.gather(crawl(url))
```

```
start = time.time()
asyncio.run(main())
end = time.time()
print("{:.2f}秒".format(end - start))       # 完成任务的时间
```

执行程序显示：

0.68 秒

【例 10-18】 用异步方式获取多个豆瓣网页。

```
import time
import asyncio
from aiohttp import ClientSession

urls = ["https://www.douban.com","https://book.douban.com/",
        "https://movie.douban.com/","https://music.douban.com/",
        "https://www.douban.com/location/hangzhou/",
        "https://www.douban.com/group/explore",
        "https://read.douban.com/?dcs = top - nav&dcm = douban",
        "https://douban.fm/user - guide",
        "https://m.douban.com/time/?dt_time_source = douban - web_top_nav"]

async def crawl(url):
    async with ClientSession() as session:
        async with session.get(url) as response:
            response = await response.read()
    async def main():
        await asyncio.gather(crawl(urls[0]),crawl(urls[1]),crawl(urls[2]),
                            crawl(urls[3]),crawl(urls[4]),crawl(urls[5]),
                            crawl(urls[6]))

start = time.time()
asyncio.run(main())
end = time.time()
print("{:.2f}秒".format(end - start))       # 完成任务的时间
```

执行程序显示：

0.80 秒

从执行时间上看，下载单个网页和多个网页执行时间相差不多，这就是异步的效果。读者可以用前面讲的方法编写同步下载多个网页程序比较执行时间。

本章小结

本章介绍了迭代器、生成器、装饰器和上下文管理器原理及使用场景。

协程是异步编程的基础,用 async 关键字创建协程。await 后接可等待对象,等待的事件完成后结束等待。异步编程在有些 I/O 密集的应用场景可以加快程序执行速度。

asyncio 是 Python 语言标准库,用于异步编程的程序。表 10-4 是异步编程的几个重要概念。

表 10-4　异步编程的几个重要概念

async	创建异步函数关键字
await	关键字,挂起协程的执行
asyncio	异步函数模块
coroutine	协程,异步编程的基本单元
task	任务,可以并发执行
asyncio. gather	把任务放入循环事件对象中
asyncio. run	异步程序的入口
循环事件对象	一个队列,存放要并发执行的任务

回溯法和动态规划法是两种常用的算法思想。

习 题

一、判断题

1.下面程序的输出结果是 1500。　　　　　　　　　　　　　　　　（　　）

```python
class MulByTwo(object):
    def__init__(self,number):
        self.number = number
        self.counter = 0
    def__next__(self):
        self.counter += 1
        returnself.counter * self.number
it = MulByTwo(500)
```

```
it.__next__()
it.__next__()
it.__next__()
print(it.__next__())
```

2. 下面程序的输出是 6。   （   ）

```
i = 6
def f():
    def g():
        print(i)
    g()
    i = 10
f()
```

3. await 可以在非异步函数中使用。   （   ）

4. async 模块是 Python 异步编程模块。   （   ）

5. asyncio 是 Python 关键字。   （   ）

6. 下面程序的输出是 3125。   （   ）

```
def outer(n):
    def inner(x):
        t = x ** n
        return t
    return inner(n)
print(outer(5).inner)
```

二、编程题

在国际象棋中，皇后是最厉害的棋子，可以横走、直走，还可以斜走。棋手马克斯·贝瑟尔于 1848 年提出著名的 8 皇后问题，即在 8×8 的棋盘上摆放 8 个皇后，使其不能互相攻击——即任意两个皇后都不能处于同一行、同一列或同一条斜线上。要求：(1)第 1 行的皇后放在第 1 列，问有多少种摆法？(2)第二行第四列不能放皇后，问有多少种摆法？

APPENDIX A
附录A

Python摘要

A.1 运算符

表 A-1 对 Python 中运算符的优先顺序进行了总结,从最低优先级到最高优先级。相同单元格内的运算符具有相同优先级。除了幂运算的运算顺序是从右至左外,其他相同单元格内运算符的运算顺序均是从左至右。

表 A-1 运算符

运算符	描 述
lambda	lambda 表达式
if —— else	条件表达式
or	布尔逻辑或 OR
and	布尔逻辑与 AND
not	布尔逻辑非 NOT
in,not in,is,is not, <,<=,>,>=,!=,==	比较运算,包括成员检测和标识符检测
|	按位或 OR
^	按位异或 XOR
&	按位与 AND
<<,>>	移位
+,−	加和减
*,@,/,//,%	乘,矩阵乘,除,整除,取余
+x,−x,~x	一元运算符正,负,按位非

续表

运算符	描　述
＊＊	乘方
await　x	await 表达式
x［index］,x［index：index］, x(arguments...),x. attribute	抽取,切片,调用,属性引用
(expressions...),［expressions...］,｛key： value...｝,｛expressions...｝	绑定或加圆括号的表达式,列表显示,字典显示,集合 显示

注:幂运算符 ＊＊ 绑定的紧密程度低于在其右侧的算术或按位一元运算符,也就是说 2＊＊ －1 为
0.5。

A.2　字　符　串

Python 中的字符串字面量由单引号、双引号或三个引号括起。所有字符串方法都返回新值。它们不会更改原始字符串。如表 A-2 所示。

表 A-2　字符串

函数和方法	描　述	示　例	返回值
capitalize()	把首字符转换为大写	"hello". capitalize()	"Hello"
count()	返回指定值在字符串中出现的次数	"banana". count("an")	2
decode()	返回字符串解码	u ＝ '中文' str ＝ u. encode('gb2312') print(str. decode('gb2312'))	中文
encode()	返回字符串的编码	"你好". encode("UTF-8")	b '\xe4\xbd\xa0\xe5\xa5\xbd'
find()	在字符串中搜索指定的值并返回它被找到的位置	"banana". find("n")	2
format()	格式化字符串中的指定值	"｛0｝ is ｛1｝". format("john",35)	"john is 35"
index()	在字符串中搜索指定的值并返回它被找到的位置	"hello". index("e")	1
isalnum()	如果字符串中的所有字符都是字母、数字,则返回 True	"com 12". isalnum()	False
isalpha()	如果字符串中的所有字符都在字母表中,则返回 True	"Com10". isalpha()	False

续表

函数和方法	描　述	示　例	返回值
isdigit()	如果字符串中的所有字符都是数字,则返回 True	"2049".isdigit()	True
islower()	如果字符串中出现的字母都是小写,则返回 True	"hello !".islower()	True
isupper()	如果字符串中出现的字母都是大写,则返回 True	"This".isupper()	False
join()	使用间隔符连接序列元素	"－".join(["1","2","3"])	"1－2－3"
len()	求字符串长度	len("welcome")	7
lower()	把字符串转换为小写	"Hello".lower()	"hello"
replace()	返回字符串,其中指定的值被替换为指定的值	"bananas".replace("bananas","apples")	"apples"
split()	在指定的分隔符处拆分字符串,并返回列表	"welcome to China".split()	['welcome','to','China']
strip()	去掉字符串首尾两端空格	" apple ".strip()	"apple"
title()	把每个单词的首字符转换为大写	"hello world".title()	"Hello World"
upper()	把字符串转换为大写	"hello world".upper()	"HELLO WORLD"

A.3　列表

列表是一个有序且可更改的数据集。在 Python 中,列表用方括号表示。如表 A-3 所示。

表 A-3　列表

函数和方法	描　述	示　例	返回值
append()	在列表的末尾添加一个元素	["apple","banana",].append("cherry")	无返回值,列表变为["apple","banana","cherry"]
clear()	删除列表中的所有元素	[" apple ","banana","cherry"].clear()	无返回值,列表变为[]
copy()	创建新列表,值是列表的副本	["apple"," banana","cherry"].copy()	["apple","banana","cherry"]

续表

函数和方法	描　述	示　例	返回值
count()	返回指定值的元素出现的次数	[1,3,5,1,2].count(1)	2
extend()	将列表元素(或任何可迭代的元素)添加到当前列表的末尾	["1","3"].extend([1,3])	无返回值,列表变为["1","3",1,3]
index()	返回指定值的第一个元素的索引	[1,3,5,1,2].index(1)	0
insert()	在指定位置添加元素	[1,3,1,2].insert(1,"one")	无返回值,列表变为[1,"one",3,1,2]
len()	返回列表元素个数	len([1,[2,3]])	2
max()	返回列表元素最大值	max([57,36,145])	145
min()	返回列表元素最小值	min([57,36,145])	36
pop()	返回指定位置的元素并删除	[57,36,145].pop(1)	36
remove(57)	删除指定值的项	[57,36,145].remove(57)	无返回值,列表变为[36,145]
reverse()	颠倒列表的顺序	[57,36,145].reverse()	无返回值,列表变为[145,36,57]
sort()	对列表进行排序	["2","172","one"].sort()	无返回值,列表变为["172","2","one"]

A.4　元组

元组是一个有序且不可更改的数据集。在 Python 中,元组用圆括号表示。如表 A-4 所示。

表 A-4　元组

函数和方法	描　述	示　例	返回值
count()	返回指定值的元素出现的次数	(1,3,5,1,2).count(1)	2
index()	返回指定值的第一个元素的索引	(1,3,5,1,2).index(5)	2
len()	返回元组元素个数	len((1,[2,3]))	2
max()	返回元组元素最大值	max((57,36,145))	145
min()	返回元组元素最小值	min((57,36,145))	36

A.5　集 合

集合中元素是无序的,返回值集合元素顺序不定。如表 A-5 所示。

表 A-5　集合

函数和方法	描　　述	示　　例	返回值
add( )	向集合添加元素	{3,6,9}.add(5)	{9,3,5,6}
clear( )	删除集合中的所有元素	{3,6,9}.clear( )	{}
copy( )	创建新集合,返回原集合的副本	{3,6,9}.copy( )	{3,6,9}
difference( )	返回包含两个集合差的集合	{3,6,9}.difference({2,4,6})	{9,3}
intersection( )	返回为两个其他集合的交集的集合	{3,6,9}.intersection({2,4,6})	{6}
isdisjoint( )	两个集合没有交集,返回 True	{3,6,9}.isdisjoint({2,4,6})	False
issubset( )	返回另一个集合是否包含在参数集合中	{3,6,9}.issubset({2,4,6,3,9})	True
issuperset( )	返回另一个集合是否包含参数集合	{2,4,6,3,9}.issuperset({3,6,9})	True
len( )	返回集合元素个数	len({3,6,9})	3
min( )	返回集合最小元素	min({3,6,9})	3
max( )	返回集合最大元素	max({3,6,9})	9
remove( )	从集合中删除指定元素。	{3,6,9}.remove(3)	{9,6}
symmetric_difference( )	返回两个集合中不重复的元素集合	{3,6,9}.symmetric_difference({2,4,6})	{2,3,4,9}
union( )	返回集合的并集	{3,6,9}.union({2,4,6})	{2,3,4,6,9}
update( )	把序列或集合参数加入原集合	{3,6,9}.update([2,4,6])	{2,3,4,6,9}

A.6　字 典

字典中元素是无序的,返回值字典元素顺序不定。如表 A-6 所示。

表 A-6　字典

函数和方法	描　　述	示　　例	返回值
clear()	删除字典中的所有元素	{"312":78,"343":97}.clear()	{}
copy()	创建新字典,值是原字典的副本	{"312":78,"343":97}.copy()	{"312":78,"343":97}
get()	返回指定键的值	{"312":78,"343":97}.get("312")	78
items()	返回包含每个键值对元组的列表	{"312":78,"343":97}.items()	[("312",78),("343",97)]
keys()	返回包含字典键的列表	{"312":78,"343":97}.keys()	["312","343"]
pop()	删除拥有指定键的元素	{"312":78,"343":97}.pop("312")	{"343":97}
update()	使用指定的键值对字典进行更新	{"312":78,"343":97}.update({"747":68})	{"312":78,"343":97,"747":68}
values()	返回字典中所有值的列表	{"312":78,"343":97}.values()	[78,97]

A.7　文　件

对文件的操作用函数或方法实现,如表 A-7 所示。

表 A-7　文件

函数或方法	描　　述
open()	打开文件
close()	关闭文件
flush()	刷新内部缓冲区
read()	返回文件全部内容
readline()	返回文件中的一行
readlines()	返回以文件中的行为元素的列表
seek()	更改文件位置
tell()	返回当前的文件位置
write()	把指定的字符串写入文件
writelines()	把字符串列表写入文件

A.8 各种数据类型的 True 和 False 对象

各种数据对象都可转换成布尔对象,如表 A-8 所示。

表 A-8 数据类型的 Frue 和 False 对象

数据类型	True	False
整数	非 0,如 1	0
浮点数	非 0	0.0
复数	非 0	0j
布尔值	True	False
None		None
字符串	非空字符串	""
列表	非空列表	[]
元组	非空元组	( )
集合	非空集合	set( )
字典	非空字典	{}

APPENDIX B
附录B

配套习题与答案

本书的配套习题和答案均放在拼题 A 上。拼题 A 全称为"Programming Teaching Assistant",网址:https://pintia.cn。目前用 Chrome 浏览器或火狐浏览器浏览效果最佳。提交的题目(主观题除外)都由系统自动批改,此功能非常有利于教师的教学。拼题 A 的教师使用手册是 https://docs.pintia.cn/。

B.1 获取本书的配套习题和答案

1.申请教师权限:对于首次使用系统的教师,请先自行注册一个账号,然后将真实姓名、注册邮箱、所属学校的全称、手机号码发到管理员邮箱(chenyue@zju.edu.cn),索要教师权限

2.把具有教师权限的账号发到作者邮箱:cchui@zju.edu.cn

3.作者把习题分享码发送给申请者

4.教师用账号登录后,选择我的题目集

5.使用习题分享码创建习题集后,就可将配套习题复制到自己的习题集内

1-3 2-3.下面程序的运行结果是4。 (1分)
```
i=3
i++
```

T   F

1-4 当输入是: 45,8 时, 下面程序的输出结果是37。 (1分)
```
a,b = input().split(',')
b=int(b)
c=int('a',b)
print(c)
```

T   F

教师提交 ☑ 显示答案(仅教师)

6.选择显示答案,可查看判断题、选择题和填空题答案

续表

7. 点击解题报告,可查看编程题答案

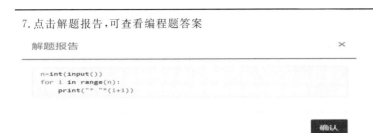

B.2　编程题的反馈信息说明

试题的解答提交后由评分系统评出即时得分,每一次提交判决结果会及时通知;系统可能的反馈信息,如表 B-1 所示。

表 B-1　反馈信息

结　果	说　明
提交成功	对于判断、选择、填空题,系统已经接收到您的提交
稍后显示	对于判断、选择、填空题,在题目集关闭之前,不显示判题结果
已被覆盖	对于判断、选择、填空题,该提交已经被您的当前提交所覆盖,系统将只评判题目集关闭前对该题目的最后一次提交
等待评测	评测系统还没有评测到这个提交,请稍候
正在评测	评测系统正在评测,稍候会有结果
编译错误	您提交的代码无法完成编译,点击"编译错误"可以看到编译器输出的错误信息
答案正确	恭喜! 您通过了这道题
部分正确	您的代码只通过了部分测试点,继续努力!
格式错误	您的程序输出的格式不符合要求(比如空格和换行与要求不一致)
答案错误	您的程序未能对评测系统的数据返回正确的结果
运行超时	您的程序未能在规定时间内运行结束
内存超限	您的程序使用了超过限制的内存
异常退出	您的程序在运行过程中崩溃了
非零返回	您的程序结束时返回值非 0,如果使用 C 或 C++ 语言要保证 int main()函数最终 return 0
段错误	您的程序发生段错误,可能是数组越界,堆栈溢出(比如,递归调用层数太多)等情况引起
浮点错误	您的程序运行时发生浮点错误,比如遇到了除以 0 的情况
输出超限	您的程序输出了过多内容,一般可能是无限循环输出导致的结果
内部错误	评测系统发生内部错误,无法评测。工作人员会努力排查此种错误

B.3 常见问题

∗选择 Python2 还是 Python3 解释器？

选择 Python3 解释器。

∗我应该从哪里读输入，另外应该输出到哪里？

如果没有特别说明，你的程序应该从标准输入（stdin，传统意义上的"键盘"）读入，并输出到标准输出（stdout，传统意义上的"屏幕"），多文件编程题使用文件做输入输出。由于系统是在你的程序运行结束后开始检查输出是否是正确的，对于有多组测试数据的输入，可以全部读入之后再输出，也可以处理一组测试数据就输出一组。

∗为什么我的程序得到了"非零返回"？

返回零表示一个程序正常结束，如果没有返回零，则系统认为程序没有正常结束，这时即便输出了正确的内容也不予通过。一般情况表示 Python 程序有错误。

∗程序的时间和内存占用是如何计算的？

程序的运行时间为程序在所有 CPU 核占用的时间之和，内存占用取程序运行开始到结束占用内存的最大值。

∗为什么同样的程序运行时间和所用内存会不同？

程序运行时间会受到许多因素的影响，尤其是在现代多任务操作系统以及在使用动态库的情况下，多次使用同一输入运行同一程序所需时间和内存有一些不同是正常现象。我们的题目给出的运行限制一般为标准程序的若干倍，也就是说，选用正确的算法和合适的语言，那么运行限制是富余的。

∗我提交的代码可以做什么，有什么限制吗？

没有。这里没有系统调用白名单，也没有针对语言限制可使用的包或库。虽然我们比较宽容大度，但还是请不要做不符合道义的事情。如果你需要使用我们系统没有提供的某个语言的某个库，或者需要更改编译参数，可以联系百腾公司。

∗输出格式问题

仔细阅读题目中对于输出格式的要求。因为在服务器上程序是严格地按照预设的输出来比对你的程序的输出。

常见的输出格式问题包括：

- 行末要求不带空格（或带空格）
- 输出要求分行（或不分行）
- 有空格没空格要看仔细
- 输出中的标点符号要看清楚，尤其是绝对不能用中文全角的标点符号，另外单引号"'"和一撇"`"要分清楚
- 当输出浮点数时，通常题目中会做适当处理，要求比较明确的输出格式，一定要严格遵守，因为浮点数会涉及输出的精度问题
- 当输出浮点数时，如果可能输出 0，而数据可能为负时，有可能出现输出 −0.0 的情况，需要自己写代码判断，保证不出现 −0.0

附录C

数据整理及交互式可视化项目

plotly. data. gapminder()是 plotly 模块的数据源之一,用于教学等目的。它是一个二维表,共有 1704 行,收集了各个国家若干年的人均 GDP 和人均预期寿命的数据。获取数据程序如[例 C-1],data 变量表示数据,是一张表格。

Python 3 自带了一个数据库 SQLite 管理系统,sqlite3 是标准模块。它用一个文件存储整个数据库,操作非常方便。sample. db 是样列数据库,lifeExp 是数据库中存放人均 GDP 和人均预期寿命数据的表。

C.1 数据获取

从网络获取	data＝plotly. data. gapminder()
从 sample 数据库获取	import sqlite3 import pandas as pd conn＝sqlite3. connect("sample. db") data＝pd. read_sql("select ＊ from lifeExp",conn)

pd. read_sql("select ＊ from lifeExp",conn)是用 read_sql()函数调用 SQL 语句。

【例 C-1】 从网络取数据,显示前 15 行。

```
import plotly
from plotly import figure_factory as FF
data = plotly. data. gapminder()
fig = FF. create_table(data.head(15))      ＃取数据前 15 行
fig. show()
```

country	continent	year	lifeExp	pop	gdpPercap	iso_alpha	iso_num
Afghanistan	Asia	1952	28.801	8425333	779.4453145	AFG	4
Afghanistan	Asia	1957	30.331999999999997	9240934	820.8530296	AFG	4
Afghanistan	Asia	1962	31.997	10267083	853.1007099999999	AFG	4
Afghanistan	Asia	1967	34.02	11537966	836.1971382	AFG	4
Afghanistan	Asia	1972	36.088	13079460	739.9811057999999	AFG	4
Afghanistan	Asia	1977	38.438	14880372	786.11336	AFG	4
Afghanistan	Asia	1982	39.854	12881816	978.0114388000001	AFG	4
Afghanistan	Asia	1987	40.821999999999996	13867957	852.3959447999999	AFG	4
Afghanistan	Asia	1992	41.674	16317921	649.3413952000001	AFG	4
Afghanistan	Asia	1997	41.763000000000005	22227415	635.341351	AFG	4
Afghanistan	Asia	2002	42.129	25268405	726.7340548	AFG	4
Afghanistan	Asia	2007	43.828	31889923	974.5803384	AFG	4
Albania	Europe	1952	55.23	1282697	1601.056136	ALB	8
Albania	Europe	1957	59.28	1476505	1942.2842440000002	ALB	8
Albania	Europe	1962	64.82	1728137	2312.888958	ALB	8

图 C-1　gapminder 前 15 行数据

country 表示国家,continent 表示国家所在大州,year 表示年份,lifeExp 表示预期人均寿命,pop(population 缩写)表示人口数量,gdpPercap 表示以购买力为计算标准的人均 GDP,iso_alpha 表示国家或地区缩写,iso_num 表示国家或地区编号。

用 info()函数查看列名和每列的数据类型。

```
print(data.info())
<class 'pandas.core.frame.DataFrame'>
RangeIndex:1704 entries,0 to 1703
Data columns (total 8 columns):
 #    Column     Non-Null Count   Dtype
---------------------------------------
 0    country    1704 non-null    object
 1    continent  1704 non-null    object
 2    year       1704 non-null    int64
 3    lifeExp    1704 non-null    float64
 4    pop        1704 non-null    int64
 5    gdpPercap  1704 non-null    float64
 6    iso_alpha  1704 non-null    object
 7    iso_num    1704 non-null    int64
dtypes:float64(2),int64(3),object(3)
memory usage:86.6+ KB
```

object 类型代表字符串。

C.2 表格数据读写

SQL 语句中,data 表示表名。

操　作	表　示
取表格全部数据	取 data 表全部数据
	Pandas：data
	SQL：select * from data
从表中选择特定列	取 data 表中"country","year","pop"这 3 列数据
	Pandas：data[["country","year","pop"]]
	SQL：select country,year,pop from data
选取不同的值	取所有国家名,没有重复
	Pandas：data["country"]. drop_duplicates()
	SQL：select distinct country from data
根据条件选择行	取人口大于 1 亿的亚洲国家数据
	Pandas：data[(data["continent"]=="Asia") & (data["pop"]>= 100000000)]
	SQL：select * from data where continent="Asia" and pop >= 100000000
根据条件选择特定行	取 2007 年的"country","pop"2 列数据
	Pandas：data[data["year"]==2007][["country","pop"]]
	SQL：select country,pop from data where year=2007
用 IN 选择行	取中日印三国 2007 年的"country","pop","year"3 列数据
	Pandas：data[(data["year"]==2007)& (data["country"]. isin(["China","Japan","India"]))] \ [["country","pop","year"]]
	SQL：select country,pop,year from data where year=2007 and country in ("China","Japan","India")
重命名列	把 continents,pop 命名为洲名,人口数
	Pandas：data[["continent","pop"]]. rename(columns={"continent":"洲名","pop":"人口数"})
	SQL：select continent as 洲名,pop as 人口数 from data

【例 C-2】 产生国家和洲名对照表 country_continent。

```
import plotly
from plotly import figure_factory as FF
import pandas as pd

data = plotly.data.gapminder()
country_continent = data[["country","continent"]].drop_duplicates()
```

C.3　长表格和宽表格转换

　　长表格通常表示原始数据,又称一维数据列表。每一行代表完整的一条数据记录,可以方便地进行数据录入、更新、查询等。图 C-2 所示是长表格数据。

　　宽表格是二维数据列表,又称透视表。它的行和列都是字段,行列相交位置是数据。这类表格通常由分类汇总而来。图 C-3 所示是宽表格数据。

country	year	pop
China	1997	1230075000
China	2002	1280400000
China	2007	1318683096
India	1997	959000000
India	2002	1034172547
India	2007	1110396331
Japan	1997	125956499
Japan	2002	127065841
Japan	2007	127467972

图 C-2　长表格

country	1997	2002	2007
China	1230075000	1280400000	1318683096
India	959000000	1034172547	1110396331
Japan	125956499	127065841	127467972

图 C-3　宽表格

【例 C-3】　长表格和宽表格转换。

pd. pivot_table(dataframe,index,columns,values)函数把长表格变成宽表格。

　　　　dataframe:数据表格

　　　　index:分组的列

　　　　columns:宽表格的列名

　　　　values:汇总、统计的列

pd. melt(dataframe,id_vars,value_vars,var_name,value_name)函数把宽表格变成长表格。

　　　　dataframe:数据表格

　　　　id_vars:所表示的变量保持原样

　　　　value_vars 需要转换的列名,全部转换就不用写

　　　　var_name:转换后的列名

　　　　value_name:var_name 值的列名

```
import plotly
from plotly import figure_factory as FF
import pandas as pd
data = plotly. data. gapminder()
# originldata 是原始数据
origindata = data[(data["country"]. isin(["China","Japan","India"])) & \
        (data["year"]. isin(["1997","2002","2007"]))][["country","year","
        pop"]]
# wdata 是宽表格数据,又称透视图,如图-3
wdata = pd. pivot_table(origindata, index = "country", columns = "year", values = "
pop")
wdata = wdata. reset_index()
# ldata 是长表格数据,如图-2
    ldata = pd. melt(wdata, id_vars = "country", var_name = "years", value_name = "
pop")
```

C.4　表格连接

Pandas 模块用 merge()函数来连接表,merge 与 SQL 语言中的 join 相似,可以将不同数据集按照某些字段进行合并,得到新的数据集。

参　　数	说　　明
how	连接方式,分别是: inner 表示的是只合并两个表格都具有的行,是缺省合并方式 outer 表示的是两个表格里所有的行都进行合并 left 表示的是合并之后显示左边表格的所有行 right 表示的是合并之后显示右边表格的所有行
left_on	左表格连接字段
right_on	右表格连接字段
sort	排序参数
suffixes	加后缀区分相同列名

调用格式如下:

表格名.merge(left,right,how='inner',left_on=None,right_on=None)

【例 C-4】 表格连接。

```
import plotly
from plotly import figure_factory as FF
import pandas as pd

data = plotly.data.gapminder()

data1 = data[(data["year"].isin([1952,2007]))      \
        & (data["country"].isin(["China","Japan","India"]))]      \
        [["country","pop","year"]]
data2 = pd.DataFrame([["China","中国"],["Japan","日本"],["Indonesia","印度尼西
                亚"]],
columns = ("英文名","中文名"))
# inner 方式合并 data1 和 data2
data3 = pd.merge(data1,data2,how = "inner",left_on = "country",right_on = "英文
名")
# outer 方式合并 data1 和 data2
data4 = pd.merge(data1,data2,how = "outer",left_on = "country",right_on = "英文
名")
```

表名：data1

country	pop	year
China	556263527	1952
China	1318683096	2007
India	372000000	1952
India	1110396331	2007
Japan	86459025	1952
Japan	127467972	2007

表名：data2

英文名	中文名
China	中国
Japan	日本
Indonesia	印度尼西亚

country	pop	year	英文名	中文名
China	556263527	1952	China	中国
China	1318683096	2007	China	中国
Japan	86459025	1952	Japan	日本
Japan	127467972	2007	Japan	日本

图 C-4　inner 方式

nan 表示没有数据。

inner 连接方式的 SQL 语句如下（sqlite 不支持外连接）：

```
select country,year,pop,英文名,中文名 from "data1","data2"
    where "data1".country = "data2".英文名
```

C.5　交互式可视化动画

现在生成人均收入和预期寿命关系的动画,如图 C-5 所示。

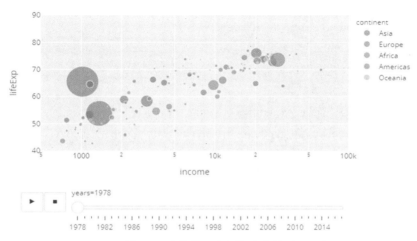

图 C-5　人均收入和预期寿命关系

图 C-5 显示从 1978 到 2017 年世界各国人均收入(按购买力计算)和人均预期寿命的动态变化图。每个洲用不同颜色表示。

【例 C-5】 人均收入和预期寿命关系图。

(1)首先需要获取数据。从 https://www.gapminder.org/data/下载：Income、Life expectancy、Population 表格文件。

(2)这三个文件都是宽表格文件,要用 melt()函数转成长表格文件。以 Population 为例,数据格式如图 C-6 所示。

country			1959	1960	1961	1962	1963	1964	1965		
Afghanistan	○ ○ ○ ○ ○		8830000	9000000	9170000	9350000	9540000	9740000	9960000	○ ○ ○ ○ ○	
Albania			1590000	1640000	1690000	1740000	1790000	1840000	1900000		
Algeria			10800000	11100000	11300000	11600000	11900000	12200000	12600000		
Andorra			12500	13400	14400	15400	16400	17500	18500		
Angola			5380000	5450000	5530000	5610000	5680000	5730000	5770000		
Antigua and Barbuda	○ ○ ○ ○ ○		53200	54100	55000	55800	56700	57600	58700	○ ○ ○ ○ ○	
Argentina			20100000	20500000	20800000	21200000	21500000	21800000	22200000		
Armenia			1810000	1870000	1940000	2010000	2080000	2150000	2210000		
Australia			10000000	10200000	10400000	10600000	10800000	11100000	11300000		
Austria			7040000	7070000	7110000	7160000	7210000	7260000	7310000		
Azerbaijan			3770000	3900000	4030000	4170000	4320000	4460000	4590000		
Bahamas	○ ○ ○ ○ ○		104000	110000	115000	121000	127000	134000	140000	○ ○ ○ ○ ○	
Bahrain			157000	162000	168000	173000	178000	183000	187000		
Bangladesh			46700000	48000000	49400000	50800000	52200000	53700000	55400000		

图 C-6 Population 长表格数据

(3)用 merge()函数合并三张表。

(4)用 plotly 模块的 scatter()函数产生动画。

程序代码:

```
import plotly
import plotly.express as px
from plotly import figure_factory as FF
import pandas as pd
# 整理人口数量数据
pop = pd.read_csv("population_total.csv")
pop = pd.melt(pop,id_vars = "country",var_name = "years",value_name = "pop")
pop = pop[(pop["years"]>="1978") & (pop["years"]<="2017")]
# 整理预期寿命数据
lifeExp = pd.read_csv("life_expectancy_years.csv")
lifeExp = pd.melt(lifeExp,id_vars = "country",var_name = "years",value_name = "lifeExp")
lifeExp = lifeExp[(lifeExp["years"]>="1978") & (lifeExp["years"]<="2017")]
# 整理人均收入数据,按购买力计算
```

```
income = pd. read_csv("income_per_person_gdppercapita_ppp_inflation_adjusted.
csv")
income = pd. melt (income, id_vars = "country", var_name = "years", value_name = "
income")
income = income[(income["years"]>="1978") & (income["years"]<="2017")]
#合并人口数量、人均收入和预期寿命数据
life_income = pd. merge(lifeExp, income, left_on = ["country","years"], right_on = ["
country","years"])
life_income_pop = pd. merge(life_income, pop, left_on = ["country","years"], right_
on = ["country","years"])
#取洲信息
data = plotly. data. gapminder()
continent = data[["country","continent"]]
continent = continent. drop_duplicates()     #国家和所在州对照表
finish = pd. merge (life_income_pop, continent, left_on = "country", right_on = "
country")
#画交互图,这是一个动画
fig = px. scatter(finish, x = "income", y = "lifeExp", animation_frame = "years",
                ,
                size = "pop", color = "continent", hover_name = "country",
                log_x = True,     size_max = 45,     range_x = [500,100000],
                range_y = [40,90])
fig. show()
```

animation_frame＝"years"参数表示以年为单位产生动画的一帧。

animation_group＝"country"参数表示在不同帧中代表相同对象。

range_x＝[500,100000]参数是 X 的范围,从 $500－$100000。

range_y＝[40,90]参数是 Y 的范围,年龄从 40－90 岁。

C.6　SQLite 数据库管理工具

SQLiteStudio 是一个跨平台的 SQLite 数据库开源管理工具,网址是 https://sqlitestudio. pl/。它的主要特性:

(1)便携性,无须安装和卸载,下载解压即可使用。

(2)支持跨平台,可在 Windows、Linux 和 MacOS X 操作系统上运行。

(3)功能强大,同时保持轻量级且快速。

sample 数据库内容如图 C-7 所示。

Python 程序设计

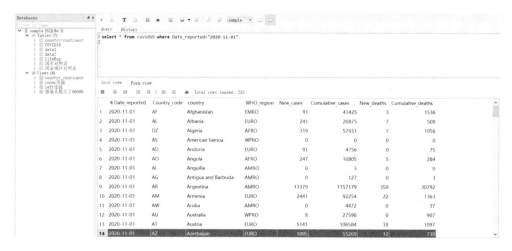

图 C-7　Sample 数据库内容

APPENDIX D

附录D

生物信息比对

Dash Bio 是一套生物信息学组件，能分析生物信息数据并可视化。Dash bio 模块的主要功能如表 D-1 所示。

表 D-1　生物信息

类　　型	功　　能
Custom chart types	Dash Volcano Plot
	Dash Clustergram
	Dash Manhattan Plot
	Dash Needle Plot
	Dash Circos
Sequence analysis tools	Dash Alignment Chart
	Dash Onco Print
	Dash Forna Container
	Dash Sequence Viewer
Visualization tools	Dash Mol2D
	Dash Mol3D
	Dash Speck
	Dash Ngl

下面以生物信息比对图为例说明模块的使用。

Alignmemt 图可用于多组生物信息的比对。图 D-1 是一个具体的生物信息比对图。

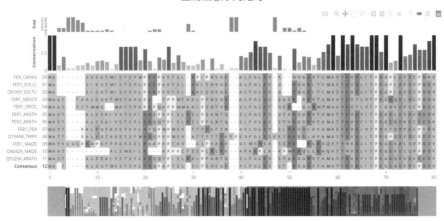

图 D-1　生物信息序列比对

可以使用 dir() 函数查看 dash_bio 模块的函数。

```
>>> import dash_bio
>>> dir(dash_bio)
['AlignmentChart','Circos','Clustergram','FornaContainer','Ideogram','Igv',
'ManhattanPlot','Molecule2dViewer','Molecule3dViewer','NeedlePlot','NglMoleculeViewer',
'OncoPrint','SequenceViewer','Speck','VolcanoPlot','_','__builtins__','__cached__',
'__doc__','__file__','__loader__','__name__','__package__','__path__','__spec__','__
version__','_basepath','_component','_components','_css_dist','_current_path','_
dash','_filepath','_js_dist','_os','_sys','_this_module','absolute_import','async_
resources','component_factory','f','json','package','package_name']
```

生物信息常用 fasta 文件格式保存，图 D-1 的数据文件是 fasta 文件，保存在 sample. fasta 中。格式如下：

```
>FER_CAPAN
MA - - - - - - SVSATMISTSFMPRKPAVTSL - KPIPNVGE - - ALFGLKS - A - - NGGKVTCMASY
KVKLITPDGPIEFDCPDNVYILDQAEEAGHDLPYSCRAGSCSSCAGKIAGGAVDQTDGNFLDDDQLEEGWVLTCVAYPQSDVTI
ETHKEAELVG -
>FER1_SOLLC
MA - - - - - - SISGTMISTSFLPRKPAVTSL - KAISNVGE - - ALFGLKS - G - - RNGRITCMAS
YKVKLITPEGPIEFECPDDVYILDQAEEEGHDLPYSCRAGSCSSCAGKVTAGSVDQSDGNFLDEDQEAAGFVLTCVAYP
KGDVTIETHKEEEL TA -
>Q93XJ9_SOLTU
MA - - - - - - SISGTMISTSFLPRKPVVTSL - KAISNVGE - - ALFGLKS - G - - RNGRITCMA SYK
VKLITPDGPIEFECPDD
```

VYILDQAEEEGHDLPYSCRAGSCSSCAGKVTAGTVDQSDGKFLDDDQEAAGFVLTCVAYPKCDVTIETHKEEELTA —

>FER1_MESCR

MAAT — — TAALSGATMSTAFAPK — — TPPMTAALPTNVGR — — ALFGLKS — SASR — GRVTAMAAYKVTL

VTPEGKQELECPDDVYILDAAEEAGIDLPYSCRAGSCSSCAGKVTSGSVNQDDGSFLDDDQIKEGWVLTCVAYPTGDVTIETHK

EEELTA —

>FER1_SPIOL

MAAT — — TTTMMG — — MATTFVPKPQAPPMMAALPSNTGR — — SLFGLKT — GSR — — GGRMTMAAYKVT

LVTPTGNVEFQCPDDVYILDAAEEEGIDLPYSCRAGSCSSCAGKLKTGSLNQDDQSFLDDDQIDEGWVLTCAAYPVSDVTIETH

KEEELTA —

>FER1_ARATH

MAST — — — — ALSSAIVGTSFIRRSPAPISLRSLPSANTQ — — SLFGLKS — GTARGGRVTAMATYKVK FITPE

GELEVECDDDVYVLDAAEEAGIDLPYSCRAGSCSSCAGKVVSGSVDQSDQSFLDDEQIGEGFVLTCAAYPTSDVTIETH

KEEDIV — —

°°°°°°

>O80429_MAIZE

MAAT — — — — — — — — ALSMSILR — — — APPPCFSSPLRLRV — — AVAKPLA — APMRRQ

LLRAQATYNVKLITPEGEVELQVPDDVYILDFAEEEGIDLPFSCRAGSCSSCAGKVVSGSVDQSDQSFLNDNQVADGWV

LTCAAYPTSDVVIETHKEDDLL — —

>Q93Z60_ARATH

MAST — — — — ALSSAIVSTSFLRRQQTPISLRSLPFANTQ — — SLFGLKS — STARGGRVTAMATYKVKFI

TPEGEQEVECEEDVYVLDAAEEAGLDLPYSCRAGSCSSCAGKVVSGSIDQSDQSFLDD — — — — — — — — —

— — — — — — — — — — — — — — — — —

 语句 dash_bio.AlignmentChart(id = "my_alignemnt",data = data,height = 550)调用 AlignmentChart 函数创建生物信息对比图。

 参数 data 的值用语句 data = open("sample.fasta","r").read()获得。

 输入 id 用参数 id = "my_alignemnt"表示。

 完整的程序如下:

```python
import dash
import dash_bio
import dash_html_components as html


style = ["https://codepen.io/chriddyp/pen/bWLwgP.css"]
app = dash.Dash(__name__,external_stylesheets = style)
data = open("sample.fasta","r").read()
app.layout = html.Div([html.H3("生物信息序列比对",style = {"textAlign":"center"}),
dash_bio.AlignmentChart(id = "my_alignemnt",data = data,height = 550),
html.Div(id = 'alignment-Viewer-output')
])


@app.callback(
dash.dependencies.Output('alignment-Viewer-output','value'),
    [dash.dependencies.Input('my_alignemnt','value')])
def update_output(value):
    if value is None:
        return 'No data.'
    return str(value)


if __name__ == '__main__'
    app.run_server()
```